纺织高职高专"十二五"部委级规划教材

纺织面料

(第2版)

邓沁兰　主　编

沈细周　副主编

中国纺织出版社

内 容 提 要

　　本书主要包括纺织纤维、纱线、纺织面料的组织结构、纺织面料的染整加工、纺织面料的性能、新型纺织面料介绍、纺织面料的鉴别、纺织面料的使用及储藏和保养、纺织面料的发展方向等内容。

　　本书既可作为纺织高职高专院校相关专业的教材，也可供有关科研人员或工程技术人员参考。

图书在版编目（CIP）数据

纺织面料/邓沁兰主编. —2 版.—北京：中国纺织出版社，2012.2 （2023.2 重印）
纺织高职高专"十二五"部委级规划教材
ISBN 978—7—5064-8233-2

Ⅰ.①纺… Ⅱ.①邓… Ⅲ.①纺织品 Ⅳ.①TS106

中国版本图书馆 CIP 数据核字(2012)第 001822 号

策划编辑：江海华　　　责任校对：寇晨晨
责任设计：何　建　　　责任印制：何　建

中国纺织出版社出版发行
地址：北京市朝阳区百子湾东里 A407 号楼　　邮政编码：100124
销售电话：010—67004422　　传真：010—87155801
http://www.c-textilep.com
中国纺织出版社天猫旗舰店
官方微博 http://weibo.com/2119887771
三河市延风印装有限公司印刷　　各地新华书店经销
2008 年 8 月第 1 版　　2012 年 2 月第 2 版
2023 年 2 月第 12 次印刷
开本：787×1092　1/16　　印张：15
字数：300 千字　　定价：35.00 元

凡购本书，如有缺页、倒页、脱页，由本社图书营销中心调换

　　《国家中长期教育改革和发展规划纲要》（简称《纲要》）中提出"要大力发展职业教育"。职业教育要"把提高质量作为重点。以服务为宗旨，以就业为导向，推进教育教学改革。实行工学结合、校企合作、顶岗实习的人才培养模式"。为全面贯彻落实《纲要》，中国纺织服装教育协会协同中国纺织出版社，认真组织制订"十二五"部委级教材规划，组织专家对各院校上报的"十二五"规划教材选题进行认真评选，力求使教材出版与教学改革和课程建设发展相适应，并对项目式教学模式的配套教材进行了探索，充分体现职业技能培养的特点。在教材的编写上重视实践和实训环节内容，使教材内容具有以下三个特点：

　　（1）围绕一个核心——育人目标。根据教育规律和课程设置特点，从培养学生学习兴趣和提高职业技能入手，教材内容围绕生产实际和教学需要展开，形式上力求突出重点，强调实践。附有课程设置指导，并于章首介绍本章知识点、重点、难点及专业技能，章后附形式多样的思考题等，提高教材的可读性，增加学生学习兴趣和自学能力。

　　（2）突出一个环节——实践环节。教材出版突出高职教育和应用性学科的特点，注重理论与生产实践的结合，有针对性地设置教材内容，增加实践、实验内容，并通过多媒体等形式，直观反映生产实践的最新成果

　　（3）实现一个立体——开发立体化教材体系。充分利用现代教育技术手段，构建数字教育资源平台，开发教学课件、音像制品、素材库、试题库等多种立体化的配套教材，以直观的形式和丰富的表达充分展现教学内容。

　　教材出版是教育发展中的重要组成部分，为出版高质量的教材，出版社严格甄选作者，组织专家评审，并对出版全过程进行跟踪，及时了解教材编写进度、编写质量，力求做到作者权威、编辑专业、审读严格、精品出版。我们愿与院校一起，共同探讨、完善教材出版，不断推出精品教材，以适应我国职业教育的发展要求。

中国纺织出版社

教材出版中心

　　本书是在校内自编教材的基础上,根据纺织院校染整技术专业、服装营销专业、现代纺织技术专业、纺织检测专业等的教学需要改编的。内容主要包括纺织纤维、纱线、纺织面料的组织结构、纺织面料的染整加工、纺织面料的性能、新型纺织面料介绍、纺织面料的鉴别、纺织面料的使用及储藏和保养、纺织面料的发展方向等内容。

　　本书针对纺织行业的发展需要,结合纺织院校教学的特点,突出了重在应用的新特色。同时,也充分考虑到专业教学改革的需要,在编写过程中得到全国多所纺织院校的支持或提出编写意见,使其具有广泛的代表性。

　　为更好地介绍纺织面料方面的科学与技术知识,我们在《纺织面料》第1版的基础上对内容进行了完善和修改,增加了纳米纤维、新型机织面料组织、新型针织面料、天然彩色茧丝面料、中长纤维面料、碳纤维面料、针织物的练漂、涂料染色、混纺面料染色、染色发展的新方向、面料的紫外线防护性能和面料的隔音吸声性能等内容,力求做到深入浅出,使该书既适于作为纺织高职高专院校相关专业的教材,也可供有关科研人员或工程技术人员参考。

　　本书由广东纺织职业技术学院、常州纺织服装职业技术学院和江苏信息职业技术学院组织具有副高级以上技术职称的教师编写。主编为邓沁兰,副主编为沈细周。具体章节的编者:第一章周美凤,第二章王维亚,绪论及第三章沈细周,第四章刘静,第六章彭慧,第七章梁冬,第八章李伟勇,第九章吴佳林,第十章邓沁兰、刘旭峰(以上作者均来自广东纺织职业技术学院),第五章为辛春晖(江苏信息职业技术学院)及梁冬(广东纺织职业技术学院),第十一章为黄艳丽(常州纺织服装职业技术学院),全书由邓沁兰统稿。

　　由于编者水平有限,全书不妥之处,恳请同行及读者批评指正。

编者
2011 年 11 月

☞ 课程设置指导

本课程设置意义 "纺织"是一个大的概念,它包括相互联系的纺纱、织造、印染和服装等加工过程。通过本课程的设置,可以形成一个完整的教学体系,使学生对纺织加工有感性的认识,有利于各专业课程的讲授。

本课程教学建议 "纺织面料"是染整技术、服装营销、现代纺织技术、纺织检测等专业的主干课程,建议 80 课时,每课时讲授字数建议控制在 4000 字以内,教学内容包括本书全部内容。

本课程教学目的 通过本课程的学习,学生应了解以下内容:纤维、纱线、新型纺织面料、纺织面料的染整加工、纺织面料的发展方向等内容,掌握各类纺织面料的组织结构、主要品种、性能特征及其应用。学生在本课程结束后,应学会纺织面料的鉴别、使用、储藏和保养等技能。

目录

绪 论

自从人类进入文明社会,便知道使用兽皮、树叶和树皮等缝合衣服,用以遮体、御寒、防暑或打扮。而当时人们所披的这些兽皮、围的树叶,或用来缝合衣服的皮条、藤葛之类的物质,便是最早的纺织原料。

随着人类社会的进步和科学技术的发展,人们对服装的要求越来越高,以棉、麻、毛、丝等天然纤维为原料的纺织面料,以及以涤纶、锦纶、腈纶、丙纶、维纶、氯纶、氨纶等合成纤维和黏胶、醋酯等人造纤维为原料的纺织面料相继出现。随着纺织面料的发展,服装的款式和种类也在不断地发生变化,服装对人体所起的作用已不是简单地用以遮体、御寒、防暑了,而是要满足人体在不同场合、不同气候条件下的不同需求。

一、纺织面料必须具备的优良性能

(一)外观质量好

纺织面料要能满足人们越来越高的装饰审美要求。即具有优雅的光泽,舒适的触感,面料的可染性、衣服的成型性和形态的保持性要高,要能够表现个性、兴趣爱好、审美观和素质修养,达到外观美、内在舒适性和流行性的要求,引人注目。

(二)卫生保健性能好

纺织面料要能满足人体卫生保健的需要,防护身体。即具有优良的保暖或散热、导热、透气、吸湿、导湿、抗辐射、防沾污、防水、防火、防毒等性能,抗皮肤刺激、无束缚感、活动自如等。另外,重量要适宜。

(三)经济实用

纺织面料要能满足人们礼节、友好、道德、伦理、风俗、习惯等要求,适宜活动、休养和运动娱乐,提高生活质量。即具有柔软、舒适、吸汗、透气、实用等性能,湿强度高,耐用易保养。

二、纺织面料的类型及基本概念

纺织面料是指以纺织纤维为原料,运用各种方法制成的柔软的片状物。纺织面料主要有机织面料、针织面料和非织造布等。

机织面料是指由相互垂直配置的两个系统的纱线(经、纬纱),在织机上按照一定的规律纵横交错织成的制品。

针织面料是指由一根或一组纱线在针织机的织针上弯曲形成线圈,并相互串套而成的制品。包括针织布和成形衣着产品。

非织造布又称"无纺布"、"不织布",是指未经传统的纺织工艺,直接由短纤维或长丝铺置成网,或由纱线铺置成层,经机械或化学加工连缀而成的片状物。

目前,以机织面料和针织面料应用最为广泛,产量最高,特别是在服装领域。非织造布主要用于工业、建筑、医疗、卫生等方面,近年来也有部分用于服装的制作。

三、机织面料和针织面料的比较

机织面料和针织面料是最主要的纺织面料,由于构成方式的不同,因而在组织结构、生产工艺、服用性能和用途等方面各具特性。

(一)组织结构方面

机织面料是由相互垂直的经纬纱交织而成;针织面料则是由线圈相互串套而成,基本构成要素是连续的线圈。判断这两类面料不能只凭外观。有些面料的外观很像针织面料,但不存在线圈。而有些面料很像机织面料,却完全是由线圈构成的。因此,应根据面料的构成要素是弯曲的线圈还是垂直交织的纱线来判断。

机织面料中的纱线联系紧密,结构坚实,形态稳定性好。而针织面料由于线圈的弯曲结构,使其伸缩性较大,结构松散,易变形。

(二)生产工艺方面

(1)机织面料的生产工艺流程较长,速度慢,产量低;而针织面料的生产工艺流程短,速度快,产量高。

(2)机织面料要求纱线有较好的强力,一般捻度大于针织用纱,多数情况下经纱还需要上浆;而针织用纱一般较为柔软,均匀度要求较高。

(3)针织机可直接生产成形产品或半成形产品,大幅度减少了裁剪、缝制工序,提高了生产率;机织面料必须通过裁剪缝制才能做成服装。

(三)服用性能方面

(1)机织面料强度高,耐磨,尺寸稳定性好;针织面料易勾丝,起毛,卷边,脱散性大。

(2)机织面料较硬挺,柔软性、悬垂性不如针织面料;针织面料的抗皱性和延伸性均优于机织面料。

(3)针织面料具有的伸缩性、柔软性和多孔性使得针织面料被穿着时没有束缚的感觉,有些还很贴合身体轮廓,即具有合体性和舒适感。

(四)用途方面

机织面料风格多样,用途广泛。除用于各种服装外,在室内装饰和工农业生产中也大量使用。针织面料由于柔软、弹性好,合身性优良,特别适合于制作内衣、紧身衣、运动服装等。袜子、手套、毛线衣等成形产品也都是由针织面料制成。目前,针织面料也大量用于外衣,并与机织面料、皮革等搭配使用。机织面料便于制作家庭服装,针织面料则需专用设备缝制。机织面料与针织面料各有千秋,使用时可根据穿着要求、服装风格、面料特点、缝制工艺等进行整体性分析和选择。

第一章 纤 维

1. 了解纺织纤维的分类和概念;认识常见的纺织纤维。
2. 了解天然纤维的种类和特征。
3. 掌握天然纤维的主要性能和应用情况。
4. 了解化学纤维的形成、分类、制造方法和工艺过程。
5. 掌握常规化学纤维的主要性能。
6. 了解化学纤维新品种和主要特性。

第一节　纺织纤维及其分类

一、纺织纤维

纺织面料是由一定种类的纱线组成的,不同纱线又由不同的纤维构成。

所谓纤维,是指直径很细,一般为几微米到几十微米,长度又比细度大很多倍(百倍、千倍以上),并且具有一定柔韧性的物质。如棉花、毛发、肌肉等。

自然界中纤维的种类很多,但不是所有的纤维都可以用来纺纱织布,只有能够用来生产纺织面料的纤维才能称为纺织纤维。如棉花、羊毛、蚕丝、麻、涤纶、锦纶、腈纶等。

作为纺织纤维,应具备以下性能:

1. 良好的物理机械性能　纺织纤维必须经过工艺加工才能用以织成面料。不管是在纺织加工过程中,还是在缝制与穿用过程中,它们要承受各种各样的外力,如拉伸、扭转、弯曲、摩擦,以及反复负荷的外力,而使纺织品产生相应的形变。

2. 一定的细度和长度　纤维的细度和长度要适合纺织加工工艺的要求。因纤维在纺织生产的过程中,一般还需把纤维捻合在一起,才能纺成纱线。

3. 良好的保温性　衣服要具有御寒保温和防高温强热的性能,则纤维必须是热的不良导体,否则就不能适应外界气温的冷热温差的变化。

4. 一定的吸湿性和透气性　吸湿与透气是纤维必备的卫生性能。吸湿性可便于吸收人体的汗脂,并使面料可以印染着色。透气性使服装穿着舒适,有凉爽之感。

5. 一定的化学稳定性　纺织纤维对于光、热、酸和碱类等必须具有一定的化学稳定性,只有

3

这样才不致使纤维在上述物质的作用下,减少使用寿命,以致受到破坏。

6.一定的染色性能 纺织品一般都要经过印染加工加上各种颜色或花纹才能成为最终的用途,因而纺织纤维应具有一定的染色性能。

二、纺织纤维的分类

（一）按纤维来源分

纺织纤维的种类很多,按习惯和来源可分为天然纤维和化学纤维两种。

天然纤维指的是从自然界或人工养育的动植物上直接获取的纤维。如棉、麻、毛、丝等。

化学纤维指的是用天然或合成高分子化合物经化学加工制得的纤维。化学纤维又分为再生纤维、合成纤维和无机纤维。

纺织纤维的分类情况如下:

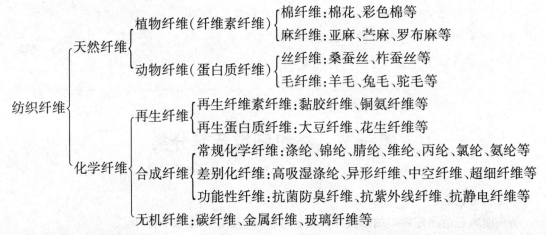

（二）按纤维长度分

按纤维长度,纺织纤维可分为长丝和短纤维。长丝的长度达几十或上千米,如一根蚕丝平均长800~1000m。长度较短的纤维称为短纤维,如棉纤维的长度一般为10~40mm,毛纤维的长度一般为50~75mm。化学纤维可根据需要制成长丝或短纤维,化学短纤维又可分为棉型短纤维:长度为30~40mm,用于仿棉或与棉混纺;中长型短纤维:长度为40~75mm,用于仿毛;毛型短纤维:长度为75~150mm,用于仿毛或与毛混纺。

第二节 天然纤维

用天然纤维制作纺织材料历史悠久。我国早在9000年前就掌握了植棉、种麻、养羊、育蚕的技术。据记载,距今4500年的时候,我国劳动人民就懂得养蚕产丝;约在公元前4500年,埃及有了麻面料;印度在公元前3000年左右有了棉纱和棉布。可见在化学纤维问世之前的一个漫长历史时期,天然纤维一直被人类作为纺织的主要原料,天然纤维主要有棉、麻、毛、丝。

一、棉纤维

(一)棉纤维的分类

棉纤维是棉花的种子纤维。棉花大多是一年生植物,它是由棉花种子上滋生的表皮细胞发育而成的。棉花种类很多,目前主要有两种分类方法。

1. 按棉花的品种分类

(1)细绒棉:细绒棉又称陆地棉。纤维线密度和长度中等,一般长度为25～35mm,线密度为1.56～2.12dtex,强力在4.5cN/dtex左右。我国目前种植的棉花大多属于此类,约占我国棉花种植面积的95%。

(2)长绒棉:长绒棉又称海岛棉。纤维细而长,一般长度在33mm以上,线密度在1.18～1.54dtex,强力在4.0cN/dtex以上。它的品质优良,主要用于纺制细于10dtex的优等棉纱。目前,我国种植较少,除新疆长绒棉外,进口的主要有埃及棉、苏丹棉等。

2. 按棉花的初加工分类 从棉田中采得的是籽棉,无法直接进行纺织加工,必须先进行初加工,即将籽棉中的棉籽除去,得到皮棉,方可用于纺织生产。该初加工又称轧棉。按初加工方法不同,棉花可分为锯齿棉和皮辊棉。

(1)锯齿棉:采用锯齿轧棉机加工得到的皮棉称锯齿棉。目前,细绒棉大都采用锯齿轧棉。

(2)皮辊棉:采用皮辊轧棉机加工得到的皮棉称皮辊棉。长绒棉一般采用皮辊轧棉。世界棉花主要产地有美国、印度、巴基斯坦、巴西、埃及等国。我国棉花的种植几乎遍布全国,其中以黄河流域和长江流域为主,再加上西北内陆、辽河流域和华南共五大棉区。

(二)棉纤维的组成物质和形态结构

1. 棉纤维的组成物质 棉纤维的主要组成物质是纤维素,约占94%左右。此外,还有糖分、蜡质、蛋白质、脂肪、水溶性物质、灰分等伴生物。

2. 棉纤维的形态结构 棉纤维呈细而长的扁平带状,纵向有螺旋状的转曲(或扭曲),未成熟纤维转曲较少。棉纤维截面为椭圆或腰圆形,中间有中腔,成熟纤维中腔较小,未成熟纤维中腔较大,品质较差。

棉纤维的形态结构见图1-1。

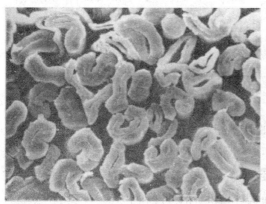

图1-1 棉纤维的形态结构

（三）棉纤维的基本特性

棉纤维细长柔软，手感温暖，吸湿性好，而且穿着舒适，不易产生静电。染色性较好，光泽较暗淡，风格自然朴实。棉纤维湿强比干强大，耐湿热性好，因此棉纤维面料耐水洗，并可以用热水浸泡、高温烘干。棉纤维耐碱不耐酸，烧碱会使棉纤维直径膨胀，长度缩短，面料发生强烈收缩。此时，若施加张力，限制其收缩，棉纤维面料会变得平整光滑，并大大改善染色性能和光泽，这一加工称为丝光。酸性物质会使其损伤，如长期穿着棉织品未及时清洗或清洗不当，人体汗液中的酸性物质会使纤维发黄脆损，因此穿着后应及时清洗。棉纤维易发霉而色变，保养时应注意。棉纤维面料的缺点是：弹性差，不挺括，穿着时易起皱，耐磨性不够好，经常摩擦的地方易变薄、损坏。

二、麻纤维

（一）麻纤维的分类

麻纤维是从各种麻类植物上获取的纤维的统称。天然麻的品种很多，但其分类十分简单，以纤维所在部位可分为两大类。一类是由麻类植物茎秆上的韧皮加工制得，如苎麻、亚麻、大麻、黄麻等；另一类是由麻类植物的叶子加工制得，如焦麻、剑麻等。纺织上用得较多的是苎麻和亚麻。

苎麻起源于中国，又称为"中国草"。目前中国、菲律宾、巴西是苎麻的主要产地。我国苎麻主要产于"两湖"、"两广"、江西、四川、贵州等地，我国苎麻中的纤维素含量高，强度高，光泽好，广受国际市场欢迎。亚麻主要产于俄罗斯、波兰、德国、比利时、法国、爱尔兰等国。其中北爱尔兰和比利时为世界最大亚麻出口国。黑龙江、吉林是我国亚麻的主要产地。近年市场上还出现了一些大麻、罗布麻面料。由于罗布麻具有杀菌消炎等作用，常用于保健面料。

（二）麻纤维的组成物质和形态结构

1.麻纤维的组成物质　麻纤维的主要组成物质是纤维素、果胶、木质素、蜡质、水溶性物质等。麻纤维的组成物质和百分比见表1—1。

表1—1　麻纤维的组成物质和百分比

纤维种类	纤维素	半纤维素	木质素	果胶	水溶性物质	脂肪和蜡质	灰分	其他
苎麻	65～75	14～16	0.8～1.5	4～5	4～8	0.5～1.0	2～5	—
亚麻	70～80	12～15	2.5～5	1.4～5.7	—	1.2～1.8	0.8～1.3	0.3～0.6
罗布麻	40.82	15.46	12.14	13.28	17.22	1.08	3.82	—

纤维素的含量高，麻纤维的品质就好；木质素的含量高，麻纤维就粗硬、脆、弹性差、光泽差，而且染色困难。因此，麻纤维的成分对其性质的好坏有很大影响。

2.麻纤维的形态结构　麻纤维粗细不匀，截面不规则。苎麻横截面为扁圆形，有较大中腔，粗看截面上有小裂纹，不像棉那样光滑细致。亚麻的截面为不规则的多角形，也有中腔；纵向平直，有横节纵纹，这很大程度上决定了麻面料自然粗犷的外观和手感。

苎麻纤维的形态结构见图1—2。亚麻纤维的形态结构见图1—3。

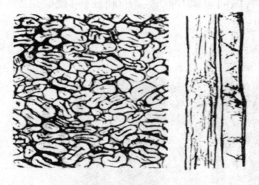
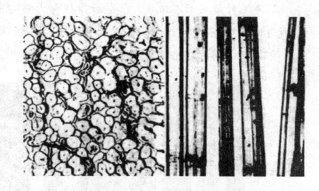

图1-2 苎麻纤维的形态结构 图1-3 亚麻纤维的形态结构

（三）麻纤维的基本特性

麻纤维吸湿性好，吸湿放湿都很快，而且导热性好，挺爽，出汗后不贴身，尤其适用于夏季面料。麻纤维不易产生静电。麻纤维光泽较好，颜色为象牙色、棕黄色、灰色等，纤维之间存在色差，形成的面料往往具有颜色不匀和粗细不匀的纹理特征。麻纤维不易漂白染色。麻纤维具有高的强度，面料比较结实耐用，较耐水洗。麻纤维的耐热性好，熨烫温度可达190～210℃，在常见纤维中熨烫温度最高。麻纤维耐碱不耐酸，耐酸碱性比棉强些。麻纤维的缺点是弹性差，其面料比较粗硬，易于起皱，褶皱不易消失。毛羽与人接触时有刺痒感。高级西装和外套的麻面料都要经过防皱整理，经改性可制得较柔软平滑的产品。麻纤维较脆硬，压缩弹性差，经常折叠的地方容易断裂，因此保存时不应重压，在面料褶裥处不宜重复熨烫，避免导致褶裥处断裂。

（四）苎麻与亚麻的区别

苎麻与亚麻性能相近，只是苎麻比亚麻纤维更粗长，强度更高，更脆硬，在折叠的地方更易于折断，因此在设计苎麻服装时应避免褶裥造型，保养时不要折压。苎麻颜色洁白，光泽好，染色性比亚麻好，易于得到比亚麻更丰富的颜色。苎麻和亚麻除用于服装外，还广泛应用于装饰布、桌布、餐巾、手绢、帐篷、子弹袋、水龙带等用品。

三、毛纤维

（一）羊毛的来源

通常所说的羊毛主要指绵羊毛，是刚从绵羊身上剪下来的毛。原毛中含有很多羊脂、羊汗和植物性杂草、灰尘等，必须经过洗毛、炭化等工艺去除各种杂质，才能用于纺织生产。由于绵羊的产地、品种、羊毛生长的部位、生长环境等的差异，羊毛的品质相差很大。我国的绵羊毛主要分布在新疆、内蒙古、东北三省、西藏等地。澳大利亚是世界上产毛量最高的国家，其主要品种美丽奴（Merino）羊毛纤维较细，品质优良，加之卓越的质量保证体系享誉全球，是高档毛纤维面料的优良原料。其次是新西兰、俄罗斯、阿根廷、乌拉圭等国。国际羊毛局（IWS）是国际上最权威的羊毛研究和信息发布机构，国际羊毛局的纯羊毛标志是世界最著名的纺织品保证商标。

（二）羊毛纤维的组成物质和形态结构

1. 羊毛纤维的组成物质 羊毛纤维的组成物质是一种不溶性蛋白质，称角朊。

2. 羊毛纤维的形态结构　羊毛纤维具有天然卷曲,纵向呈鳞片状覆盖的圆柱体;截面是圆形或近似圆形,由外向内分为鳞片层、皮质层和髓质层。

羊毛的纵向形态结构见图1-4。羊毛的截面形态结构见图1-5。

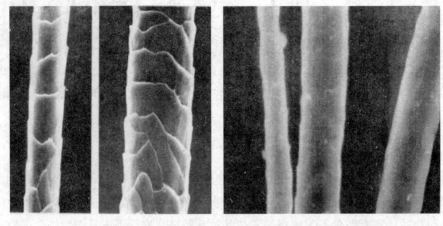

(a) 羊毛鳞片　　　　　　　　　　　　(b) 剥去鳞片后羊毛的外观

图1-4　羊毛的纵向形态结构

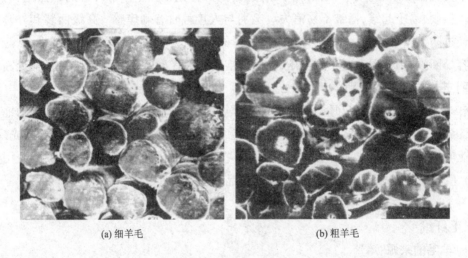

(a) 细羊毛　　　　　　　　　　　　(b) 粗羊毛

图1-5　羊毛的截面形态结构

鳞片不仅对毛纤维起保护作用,而且影响羊毛的光泽。由于鳞片的存在,使羊毛纤维面料在热、湿和揉搓等的作用下,纤维发生相互间的滑移、纠缠、咬合,使面料发生毡缩而尺寸缩短,无法回复,这种现象称为缩绒。工业生产中常采用破坏鳞片或填平鳞片的方法,使纤维表面光滑,以避免缩绒的产生。如防缩的羊毛内衣、机可洗羊毛衫等都经过这样的加工。工业上还常利用羊毛的缩绒性,对羊毛纤维面料进行缩绒处理,处理后的面料更加紧密厚实,表面有一层毛绒,手感柔软丰满,保暖性提高,形成粗纺毛纤维面料的独特风格。

皮质层是羊毛的主要组成部分,一般由正皮质和偏皮质两种细胞组成,是决定羊毛的物理化学性质的主要组成物质,是羊毛卷曲的根本原因。

一般细羊毛没有髓质腔,而粗羊毛有髓质腔。随着纤维变粗,髓质腔比例变大,这时纤维的卷曲变少,硬挺度增加。

羊毛的细度和长度是衡量毛纤维和最终产品品质的重要指标,尤其细度是决定羊毛品质和贸易价格的最重要指标。一般细度越细,长度越长,羊毛品质越好。

(三)羊毛纤维的基本特性

羊毛纤维面料手感柔糯,触感舒适,贴身穿着会有刺痒感。羊毛在天然纤维中吸湿性最好,穿着舒适,且吸收相当的水分不显潮湿。毛纤维吸湿后,弹性明显下降,导致抗皱能力和保型能力明显变差,因此高档毛纤维面料应防止雨淋水洗,以维持其原有外观。羊毛卷曲蓬松,热导率低,保暖性好,是理想的冬季面料。毛纤维弹性好,其面料保型性好,有身骨,不易起皱,通过湿热定型易于形成所需造型,所以适用于制作西服、套装等。羊毛耐酸性比耐碱性强,对碱较敏感,不能用碱性洗涤剂洗涤。羊毛对氧化剂比较敏感,尤其是含氯氧化剂会使其变黄、强度下降,因此羊毛不能用含氯漂白剂漂白,也不能用含漂白粉的洗衣粉洗涤。高级羊毛纤维面料应采用干洗,以避免毡缩和外观尺寸的改变。羊毛耐热性差,洗涤时不能用开水烫,熨烫时最好垫湿布。羊毛易被虫蛀,也会发霉,因此保存前应洗净、熨平、晾干,高级呢绒服装勿叠压,并放入樟脑球防止虫蛀。

(四)特种毛纤维

1. 山羊绒　又称羊绒,是紧贴山羊表皮生长的浓密细软的绒毛,又叫开司米。羊绒最早因克什米尔地区出产的山羊绒披肩而闻名于世,此后,开司米便成了山羊绒面料的名称。我国是羊绒的生产和出口大国,约占世界产量的60%。山羊绒具有细腻、轻盈、柔软、保暖性好等优点,常用于羊绒衫、羊绒大衣呢、高级套装等面料。由于其品质优、产量小,一只山羊产绒100~200g,所以很名贵,素有“软黄金”之称。

2. 马海毛　马海毛原产于土耳其安哥拉地区,所以又称安哥拉山羊毛。目前南非、土耳其、美国是马海毛的三大产地。马海毛纤维粗长,卷曲少,弹性足,强度高,加入面料中可增加身骨,提高产品的外观保持性。纤维鳞片扁平,重叠少,光泽强,可形成闪光的特殊效果,而且不易毡缩,易于洗涤。马海毛常与羊毛等纤维混纺,用于高档服装、羊毛衫、围巾、帽子等面料,同时还是生产提花地毯、长毛绒、顺毛大衣呢等的理想原料。

3. 兔毛　兔毛品种中,安哥拉兔毛品质最好,面料应用最广。兔毛由5~30μm的绒毛(占90%)和30~100μm的粗毛(占10%)组成。兔毛的髓腔发达,无论粗毛或细绒都有髓腔,所以兔毛具有轻、软、保暖性优异的优点。但由于兔毛纤维鳞片不发达,卷曲少,强度较低,因此纤维间抱合力差,容易掉毛。所以兔毛很少单独纺纱,经常与羊毛或其他纤维混纺制成针织面料、大衣呢等产品。

4. 骆驼毛　骆驼有单峰与双峰两种。单峰驼的毛较少,短且粗,很少使用。双峰驼的毛质轻,保暖性好,强度大,具有独特的驼色光泽,被广泛采用。我国是世界上骆驼毛的最大产地,主要产于内蒙古、新疆、宁夏、青海等地区,其中宁夏毛最好。骆驼毛也有粗毛和绒毛之分,粗毛多用于制衬垫、衬布、传送带等产品,经久耐用。绒毛可制成高档的针织、粗纺等面料,用于高级大衣、套装等产品。

5. 牦牛毛　牦牛主要分布在中国、阿富汗、尼泊尔等国家。我国主要产于西藏、青海等地区,绒产量居世界首位。牦牛毛有粗毛和绒毛之分,绒毛很细,柔软,滑腻,弹性好,光泽柔和,保暖性好,是毛纺行业的高档原料。

6. 羊驼毛　羊驼毛主要产于秘鲁。羊驼毛富有光泽,有丝光感,比马海毛更细,手感柔软、滑糯。

四、蚕丝

(一)蚕丝的来源

蚕丝是蚕的腺分泌物在空气中凝固而形成的丝状纤维物质。蚕丝最早产于中国,目前产量最大的是中国、日本等地。蚕丝分为家蚕丝和野蚕丝两类。家蚕以桑叶为饲料,也称桑蚕丝,桑蚕丝在纺织原料中称为真丝。野蚕丝的主要代表是柞蚕丝,是在野外柞枫树上放育的蚕所吐的丝,是我国主要特产之一,被外国称为"中国柞蚕丝"。

(二)蚕丝的组成物质和形态结构

1. 蚕丝的组成物质　蚕丝由丝素和丝胶构成,它们都是蛋白质。丝素不溶于水,含量占蚕丝的 70% ~80%;丝胶含量占 20% ~30%,可溶于热水、碱液,不溶于冷水。此外,还有少量色素、灰分、蜡质、碳水化合物等。

2. 蚕丝的形态结构　每根茧丝由两根丝素外覆丝胶组成,除去丝胶后的单根丝素截面呈不规则三角形;纵向平直光滑,富有光泽。单根茧丝由于线密度和强力的原因,没法满足加工和使用的要求,从蚕茧上分离下来的茧丝,要经合并形成生丝,生丝再脱去丝胶,形成柔软光亮的熟丝,才能用于织造加工。

蚕丝的形态结构见图 1-6。

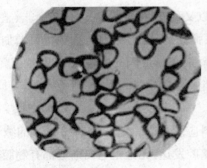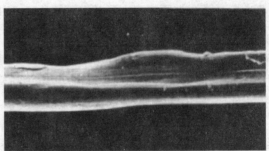

图 1-6　蚕丝的形态结构

(三)蚕丝的主要特性

蚕丝触感柔软舒适,光泽优雅悦目;纤维吸湿性好,穿着舒适;染色性好,色彩鲜艳。桑蚕丝未脱胶之前为白色或淡黄色,脱胶漂白后颜色洁白。野蚕丝未脱胶时为棕色、黄色、橙色、绿色等,脱胶以后一般为淡黄色。与羊毛一样,蚕丝不能用含氯的漂白剂处理,洗涤时应避免碱性洗涤剂。蚕丝能耐弱酸和弱碱,耐酸性低于羊毛,耐碱性比羊毛稍强。蚕丝不耐盐水侵蚀,汗液中的盐分可使蚕丝强度降低,所以夏天蚕丝服装要勤洗勤换。丝面料经醋酸处理会变得更加柔软,手感松软滑润,光泽变好,所以洗涤丝绸服装时,在最后清水中可加入少量白醋,以改善外观和手感。蚕丝耐光性差,过多的阳光照射会使纤维发黄变脆,因此丝绸服装洗后应阴干。蚕丝的熨烫温度为160~180℃,熨烫最好选用蒸汽熨斗,一般要垫布,以防止烫黄和水渍的出现。蚕丝易被虫蛀也会发霉,白色蚕丝因存放时间过长会泛黄。蚕丝相互摩擦时会产生特殊的轻微声响,这就是蚕丝面料独有的丝鸣现象。

（四）桑蚕丝与柞蚕丝的区别

无论是桑蚕丝还是柞蚕丝,在天然纤维中都具有较好的强度和伸度,可以纺织高档的面料。桑蚕丝纵向平直光滑,截面近似三角形,颜色洁白,光泽好,在丝织品中用量最大,品种最多。柞蚕丝的光泽不如桑蚕丝亮,手感不如桑蚕丝光滑,略显粗糙。此外,柞蚕丝含有天然淡黄色的色素,不易去除。但柞蚕丝的坚牢度、吸湿性、耐热性、耐化学药品性等性能都比桑蚕丝好,柞蚕丝具有很好的强伸度。在天然纤维中,柞蚕丝的强度仅次于麻,伸长度仅次于羊毛。柞蚕丝的湿强度比干强度大4%,耐水性好,适用于耐水性强的特殊用途。柞蚕丝耐酸耐碱性较桑蚕丝好。柞蚕丝的吸湿性较桑蚕丝大,在相对湿度70%时,柞蚕丝的回潮率为11.6%,桑蚕丝的回潮率为10.7%。在日光曝晒下柞蚕丝的强度、伸长度减小,但比桑蚕丝减少程度要低。柞丝绸具有穿着坚牢、耐晒、富有弹性、滑挺等优点,在我国丝绸面料中占相当的地位,可制作男女西装、套装、衬衫、妇女衣裙,还可做耐酸服,带电作业的均压服。但其表面粗硬,糙节较多,吸色能力较差,所以在纺织面料应用及面料外观上都不及桑蚕丝,其价值稍逊一筹。

第三节 化学纤维

化学纤维是指用天然或人工合成的高分子物质为原料,经过化学或物理方法加工而获得的纤维的总称。其发展十分迅速,自从18世纪纺制第一根人工丝以来,化学纤维的品种、成纤方法、纺丝工艺技术等方面都有很大的进展。如今,化学纤维无论是品种和总产量均已超过天然纤维总产量。它不仅使用在衣着上,而且也应用于国民经济的各个领域,在工业、农业、交通、国防、航空及医疗等方面起着极其重要的作用。

一、再生纤维

再生纤维是利用天然高分子化合物为原料,经过化学处理与机械加工而制得的纤维。以天然纤维素为原料制成的纤维称为再生纤维素纤维,例如黏胶纤维、铜氨纤维、醋酸纤维、绿赛纤维等;以天然蛋白质为原料制成的纤维称为再生蛋白质纤维,如大豆蛋白纤维、酪素纤维(牛奶蛋白纤维)等。

（一）黏胶纤维

1.黏胶纤维的来源 黏胶纤维是以木材、棉短绒、甘蔗渣、芦苇等为原料,经过一系列物理化学加工制成的纤维。黏胶纤维是最早工业化的化学纤维,1905年便在美国实现工业化生产,其原料丰富,价格便宜,技术较成熟,在化学纤维中占有重要地位。

目前黏胶有很多品种,最常见的是普通黏胶纤维,此外还有高湿模量黏胶纤维(如富强纤维)、强力黏胶纤维等。黏胶纤维有长丝和短纤维两种形式,黏胶长丝又称人造丝。黏胶长丝常用于纯纺或与蚕丝交织,其面料市场上很多,如美丽绸、富春纺、黏胶丝软缎等。黏胶短纤维有棉型、毛型和中长型纤维,棉型黏胶短纤维俗称人造棉,常用于仿棉或与棉及其他棉型合成纤维混纺,毛型黏胶短纤维常用于与毛及其他毛型合成纤维混纺,中长型黏胶短纤维常与中长型涤纶混纺制成粘/涤仿毛产品。

2. 黏胶纤维的组成物质和形态结构 黏胶的主要成分是纤维素,因此很多性能与棉相似。

普通黏胶纤维纵向为平直的柱状体,表面有凹槽,截面为锯齿状,皮厚无中腔。富强纤维纵向光滑,截面近似圆形。

黏胶纤维的形态结构见图1-7。

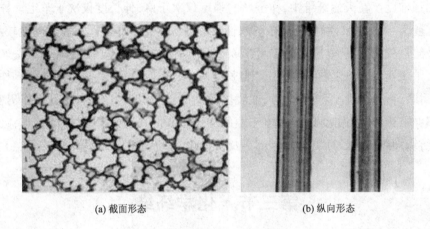

(a) 截面形态   (b) 纵向形态

图1-7 黏胶纤维的形态结构

3. 黏胶纤维的基本性能

(1)吸湿能力优于棉,在一般大气条件下回潮率可达13%左右,导热性较好,穿着凉爽舒适,不易产生静电,不易起毛起球。

(2)染色性好,色谱齐全,色彩鲜艳。

(3)强力低,耐磨性差,尤其湿态性能较差,湿强只有干强的50%左右,不耐水洗和湿态加工,小负荷下容易变形,尺寸稳定性较差;面料弹性差,起皱严重,且不易回复。

(4)耐碱不耐酸,耐碱性不如棉。

(5)黏胶面料触感柔软平滑,光泽柔和,悬垂性好。但易发霉,尤其在高温高湿条件下易发霉变质,保养时应注意。

(二)醋酯纤维

1. 醋酯纤维的来源 醋酯纤维是用含纤维素的天然材料经过一定的化学加工制得的。常见的醋酯纤维分为二醋酯纤维和三醋酯纤维两种。

2. 醋酯纤维的组成物质和形态结构 醋酯纤维的主要成分是纤维素醋酸酯。

醋酯纤维纵向平直光滑,横截面一般为花朵状。

醋酯纤维的形态结构见图1-8。

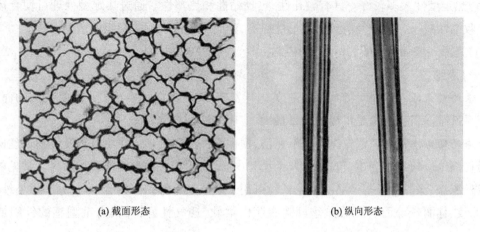

(a) 截面形态　　　　　　　　　　　　(b) 纵向形态

图1-8 醋酯纤维的形态结构

3. 醋酯纤维的基本性能 醋酯纤维吸湿性、舒适性较纤维素纤维差。三醋酯纤维易产生静电。二醋酯纤维的强度比黏胶纤维差,湿强也低,但湿强下降的幅度没有黏胶纤维大,耐磨性较差。醋酯面料质量较轻,手感平滑柔软。三醋酯纤维面料较二醋酯纤维面料结实耐用。醋酯纤维能耐弱化学试剂,但耐酸碱性不如纤维素纤维。二醋酯纤维的回潮率为6%~7%,为避免面料缩水变形,通常采用干洗。三醋酯纤维的回潮率为2.5%~3.5%,面料不易缩水变形,可以水洗。二醋酯纤维耐热性较差,很难进行热定型加工,三醋酯纤维耐热性比二醋酯纤维高,可以进行热定型,形成褶裥。

二醋酯纤维常为长丝,大多以丝绸风格出现,常用于里料、领带、披肩等。三醋酯纤维常为短纤维,与锦纶混纺,用于织制经编起绒面料,做罩衫、裙装等。三醋酯纤维具有较好的弹性和回复性,弹性大于二醋酯纤维和纤维素纤维。

二、合成纤维

合成纤维是以煤、石油、天然气中的低分子化合物为原料,通过聚合形成高分子化合物,经溶解或熔融形成纺丝液,然后从喷丝孔喷出,凝固形成纤维。合成纤维具有生产效率高,原料丰富,品种多,服用性能好,用途广等优点,因此发展迅速。目前用于服装的主要有涤纶、腈纶等七大纶,它们具有以下共同特性:

(1)纤维均匀度好,长度、细度和截面形态根据需要可人为控制。不同截面的纤维会产生不同的光泽、耐用性、保暖性等性能。

(2)吸湿性差,面料易洗快干,不缩水,洗可穿性好,但热湿舒适性不如天然纤维,易起静电,易吸灰。

(3)大多数合成纤维强度高,伸长能力大,弹性好,耐磨性好,制成服装结实耐用,保形性好,不易起皱。合成纤维长丝面料易勾丝,合成纤维短纤维面料易起毛起球。

(4)化学稳定性好,大多数合成纤维具有不霉不蛀,耐酸碱性,耐气候性良好的优点,保养方便。

(5)热定型性大多较好。具有融孔性、热收缩性和热塑性。通过热定型处理可使合成纤维面料热收缩性减小,尺寸形状稳定,保形性提高,同时可形成褶裥等稳定的造型。

(6)光泽一般强而耀眼,并可人为控制。

(一)涤纶

1. 涤纶的来源 1946年涤纶首先在英国开发成功,商品名特丽纶。涤纶是我国的商品名,属聚酯系纤维。目前涤纶是世界上产量最大、应用最广的纤维。

2. 涤纶的形态结构 涤纶纵向平滑光洁,横截面一般为圆形。涤纶有短纤维和长丝两种形式。最初涤纶以短纤维为主,包括棉型、毛型和中长型,用于各种混纺或纯纺面料。常见的有棉涤、毛涤、麻涤、涤黏中长等产品。涤纶长丝可用于制成经编针织面料、仿真丝绸如柔姿纱、乔其纱、朱丽纹、佳丽丝等面料。低弹丝可制成蓬松柔软,透气性好,并具有毛型感的针织或机织面料。

涤纶的形态结构见图1-9。

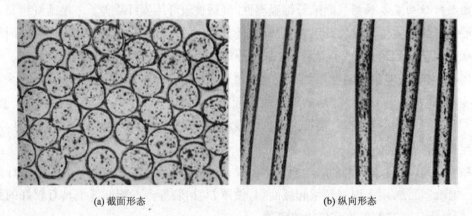

(a) 截面形态　　　　　　　　　　　　(b) 纵向形态

图1-9　涤纶的形态结构

3. 涤纶的基本性能 涤纶具有高的初始模量,面料挺括,不易起皱,保型性好,在加工使用过程中能保持原来形状,而且通过热定型可以使涤纶服装形成持久的褶裥。涤纶吸湿性差,标准回潮率为0.4%,不易染色,需采用特殊的染料、染色方法和设备。由于吸湿性差、导热性差,故穿着闷热,有不透气感,易积蓄静电,易吸灰。

涤纶强度高,延伸性、耐磨性好,产品结实耐用。其面料可机洗,缩水小并易洗快干。涤纶对一般化学试剂较稳定,耐酸,但不耐浓碱长时间高温处理。涤纶经碱液处理后,表面容易被腐蚀,纤维变细,重量减轻,手感变好,光泽优雅,并具有真丝的风格,这种加工方法称为涤纶的碱减量处理,是涤纶仿丝绸的主要方法之一。涤纶耐热性比一般的化学纤维高,软化温度为230℃,熨烫温度为140~150℃,熨烫效果持久。涤纶耐光性仅次于腈纶,可以用于四季服装、室外工装、窗帘面料等。

(二)锦纶

1. 锦纶的来源 1939年锦纶在美国开发成功,最早的服装产品是尼龙袜。锦纶是聚酰胺系纤维,目前已有很多品种和用途,锦纶 6 和锦纶 66 是应用最广泛的两种锦纶。

2. 锦纶的形态结构 传统锦纶产品是纵向平直光滑,截面圆形,具有光泽的长丝。目前锦纶仍以长丝面料为主,普通锦纶长丝可用于针织面料和机织面料,高弹丝适宜作针织弹力面料。锦纶短纤维产量少,主要为毛型短纤维,可与羊毛或其他毛型化学纤维混纺,提高产品的强度和耐磨性。

锦纶的形态结构见图 1 - 10。

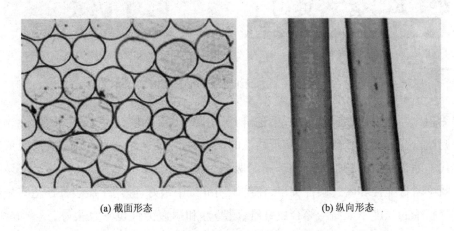

(a) 截面形态　　　　　　　　　　　　　　　(b) 纵向形态

图 1 - 10　锦纶纤维的形态结构

3. 锦纶的基本性能 锦纶弹性好,回复性好,面料不易起皱。但纤维模量小,很小的拉伸力就能使面料变形走样,因而其保型性差,外观不够挺括。锦纶吸湿性较差,标准回潮率为 4%,易起静电,导热性差,穿着较为闷热。锦纶的相对密度较小,穿着轻便,适于做登山服、防水性和防风性的服装、宇航服、降落伞等。锦纶最突出的特性是耐磨性好,强度是常见纤维中最高的,其耐磨性是棉的 10 倍、羊毛的 20 倍,常用来做袜子、手套、针织运动衣等耐磨面料。锦纶面料可以机洗,并且易洗快干。锦纶在高温下易变黄,烘干温度过高会产生收缩和永久的折皱。锦纶耐光性差,阳光下易泛黄、强度降低。锦纶耐热性不如涤纶,熨烫温度为 120～130℃。锦纶耐碱不耐酸,对氧化剂敏感,尤其是含氯氧化剂。锦纶对有机萘类敏感,所以锦纶面料存放时不宜放卫生球(萘)。

(三)腈纶

1. 腈纶的来源 1950 年腈纶由美国杜邦公司开发成功,是由丙烯腈经过共聚所得到的聚丙烯腈。商品名有奥纶、阿克利纶、开司米纶。

2. 腈纶的形态结构 腈纶纵向为平滑柱状,有少许沟槽,截面为圆形或哑铃形,其内部存在空穴结构。腈纶以短纤维为主,其中大多数为毛型短纤维,用于纯纺或与羊毛及其他毛型短纤维混纺。主要产品有腈纶膨体纱、毛线、针织品、仿毛皮面料等。中长型腈纶常与涤纶混纺制成中长型面料。

腈纶的形态结构见图 1 - 11。

3. 腈纶的基本性能 腈纶柔软、蓬松、保暖,很多性能与羊毛相似,因此有"合成羊毛"之

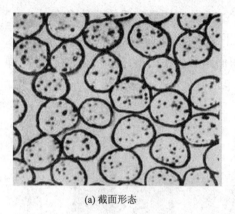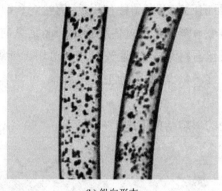

(a) 截面形态　　　　　　　　　　(b) 纵向形态

图 1－11　腈纶纤维的形态结构

称。与羊毛相比,腈纶具有质轻、价廉、染色鲜艳、耐晒、不霉不蛀、洗可穿性好等优点。其缺点是易起毛起球,这是降低腈纶美观性和舒适性的重要因素,使腈纶一直无法成为高级成衣面料,也无法取代羊毛在纺织面料中的地位。腈纶吸湿性差,标准回潮率为 1.5% ~2%,易起静电,易吸灰。腈纶耐日光性和耐气候性突出,在纺织用纤维中最好,除用于服装外还适宜做帐篷、窗帘等面料。腈纶的强度不如涤纶等合成纤维,耐磨性和耐疲劳性也不是很好,是合成纤维中耐用性较差的一种。腈纶能耐弱酸碱,但使用强碱和含氯漂白剂时仍需小心。熨烫温度为 130 ~140℃。

(四) 维纶

1. 维纶的来源　1950 年维纶纤维在日本实现工业化生产,是以醋酸乙烯为原料制得的聚乙烯醇纤维。

2. 维纶的形态结构　维纶纵向平直,有 1~2 根沟槽,截面为腰圆形,有皮芯结构,皮层结构紧密,芯层结构疏松。产品主要为棉型短纤维,常与棉混纺,用于床上用品、军用迷彩服、工作服等。

维纶的形态结构见图 1－12。

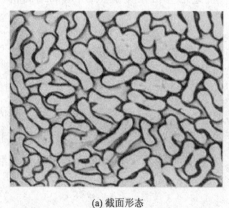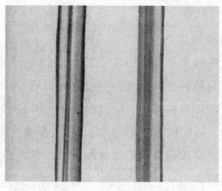

(a) 截面形态　　　　　　　　　　(b) 纵向形态

图 1－12　维纶纤维的形态结构

3. 维纶的基本性能 维纶的性能与棉相似,维纶面料的手感与外观像棉布,所以有"合成棉花"之称。吸湿性是常见合成纤维中最好的,在一般大气条件下回潮率为4.5% ~5%。维纶强度、伸长率、弹性较其他合成纤维差,面料保型性差、易起皱。由于皮芯结构的存在,维纶染色性不如棉纤维和黏胶纤维,颜色不鲜艳,且不易染得匀透。维纶耐化学药品性较强,耐日光性好,耐腐蚀性好,不霉不蛀。维纶耐干热性较好,接近涤纶,熨烫温度为120 ~140℃。维纶耐湿热性较差,因此洗涤时水温不宜过高,熨烫时不宜喷水和垫湿布。

(五)丙纶

1. 丙纶的来源 1960年丙纶在意大利首先实现工业化生产,是由聚丙烯熔体纺丝制成的。由于丙纶价格低廉、性能优良,所以发展很快。

2. 丙纶的形态结构 丙纶纵向光滑平直,截面多数为圆形。主要有长丝和短纤维两种形式,丙纶长丝常用于仿丝绸、针织面料等面料。丙纶短纤维产量较少,且多为棉型短纤维,常用于地毯、非织造布等面料。

丙纶的形态结构见图1 – 13。

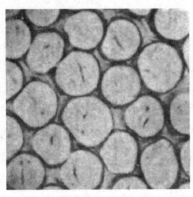 

(a) 截面形态　　　　　　　　　　　　　　(b) 纵向形态

图1 – 13　丙纶纤维的形态结构

3. 丙纶的基本性能 丙纶具有蜡状的手感和光泽,染色困难,一般要用原液染色或改性后染色。丙纶强度高,弹性好,耐磨性好,结实耐用,产品回复性好,挺括不易起皱,尺寸稳定,保型性好。丙纶密度小,仅为0.91g/cm³,比水还轻,是纺织用纤维中最轻的。丙纶吸湿性差,回潮率为零,在使用和保养过程中易起静电和毛球。将丙纶制成超细纤维后,具有较强的芯吸作用,可以通过纤维中的毛细管道排除水气,达到透湿的目的,故面料的舒适性并不差。而且由于丙纶本身不吸湿,因此由丙纶超细纤维制成的内衣或尿不湿等产品,不仅能传递水分,同时保持人体皮肤干燥。丙纶耐热性差,100℃以上开始收缩,熨烫温度为90 ~100℃,熨烫时中间最好垫湿布或用蒸汽熨。丙纶耐光性和耐气候性差,对紫外线敏感,尤其在水和氧气的作用下容易老化,纤维易在使用、加工过程中失去光泽、强度、延伸度下降,以至纤维发黄变脆,因此对丙纶通常要进行防老化处理。丙纶化学稳定性好,酸碱对其无影响,能耐大多数化学试剂,因此可作渔网、工作服、包装袋等。

（六）氯纶

1. 氯纶的来源　氯纶是由聚氯乙烯或占 50% 以上聚氯乙烯的共聚物经湿法纺丝或干法纺丝制得。氯纶在国外有天美纶、罗维尔等商品名，由于我国的氯纶首先在云南研制成功，故又称滇纶。

2. 氯纶的形态结构　氯纶纵向平滑或有 1~2 根沟槽，截面接近圆形。

3. 氯纶的基本性能　氯纶吸湿性差，回潮率为零，染色困难，电绝缘性强，摩擦后易产生大量负电荷，用它制成的内衣等产品有电疗的作用，可对风湿性关节炎有辅助治疗作用。氯纶面料弹性较好，有一定延伸性，面料不易起皱。氯纶阻燃性好，是纺织用纤维中最不易燃烧的纤维，接近火焰收缩软化，离开火焰自动熄灭。氯纶的耐化学药品性好，能耐酸碱和一般的化学试剂，不溶于浓硫酸，可用作化工厂的过滤布。氯纶的缺点是耐热性差，70℃ 以上便会收缩，沸水中收缩率更大，故只能在 30~40℃ 水中洗涤，不能熨烫，不能接近暖气、热水等热源。氯纶在工业上用途很广，如用于防毒面罩、绝缘布、仓库覆盖布等。在民用上主要以鬃丝和短纤维为主，鬃丝可以用来编制窗纱、筛网、绳索、网袋等，短纤维可用于制造内衣、装饰布等。

（七）氨纶

1. 氨纶的来源　1945 年氨纶由美国杜邦公司开发成功，商品名为莱卡，亦称斯潘德克斯，是一种高弹性纤维。

2. 氨纶的形态结构　氨纶多为白色不透明的消光型长丝。纵向表面暗深，有不清晰骨形条纹。横截面由于生产工艺的不同而呈现不同的形状，干纺氨纶的横截面为圆形、椭圆形和花生形；湿纺氨纶主要为粗大的叶形及不规则形状，并且各丝条之间在纵向形成不规则的黏结点，形成黏结复丝；熔纺氨纶主要为圆形截面的单丝或复丝。

3. 氨纶的基本性能　氨纶的最大特点是高弹性和高回复性。其断裂伸长率可达 450%~800%，伸长回复率可达 90%，而且回弹时的回缩力小于拉伸力，因此穿着舒适，没有橡胶丝的压迫感，但与常见纤维相比，强度较低。氨纶的吸湿性差，在一般大气条件下回潮率为 0.8%~1%；氨纶具有较好的耐酸、耐碱、耐光等性质，但耐热性差。氨纶在产品中主要以包芯纱或与其他纤维合股的形式出现，而且只要用很少的氨纶就可把优良的弹性带到面料中，提高尺寸稳定性和保型性。目前氨纶广泛用于弹力面料、运动服、袜子等产品中。

三、无机纤维

主要包含碳纤维、金属纤维、玻璃纤维等，这里不再赘述。

第四节　新型纺织纤维

随着消费水平的提高和现代生活方式的转变，现代人越来越不满足已有纤维所提供的功能，消费者对服用面料的要求除了服装本身的风格外，服装的舒适性、保健性、功能性也日益受到重视,人们希望得到的纤维是像天然纤维那样舒适透气,同时又像合成纤维那样保养方便。现代科学技术的发展为实现这些梦想提供了可能。随着科学技术的进步,各种新型纺织纤维层出不穷,从而带动了新型化学纤维的发展。人们通过不断开发新材料,并对已有纤维进行物理化学改性,使服装用纤维的性能更加完美。美观性、舒适性、保健性、功能化、方便随意性、绿色环保等已成为现代纺织面料的发展方向。

一、改良的天然纤维

(一)彩棉

天然彩色棉花简称彩棉。它是利用现代生物工程技术选育出的一种吐絮时就具有红、黄、绿、棕、灰、紫等天然彩色的特殊类型棉花。用这种棉花织成的面料不需染色,无化学染料毒素,有利于人体健康,防止了普通棉织品对环境的污染。因不需要染色,还可以大大降低纺织成本。由于这些突出优点,彩棉纤维面料一问世便受到了人们的特别关注。目前世界上研究彩棉的有美国、秘鲁、澳大利亚、以色列、巴基斯坦、印度、土耳其、中国等 27 个国家。

我国于 1994 年开始彩棉育种研究和开发,已育出了棕、绿、黄、红、紫等色泽的彩棉。我国成为世界上最大的彩棉生产国,其中新疆彩棉面积占全国总面积的 97%。

彩棉的主要特性:

(1)彩色棉纤维面料有利于人体健康,亲和皮肤,对皮肤无刺激,符合环保及人体健康需求。在纺织染整前处理中"无需染色,不做漂白",减少了污水的排放,降低了能耗,对环境不构成危害。

(2)彩棉纤维面料鲜亮度不及印染面料制作的服装。棉花纤维表面有一层蜡质,普通本白棉在染整中,使用了化学物质来消除蜡质、果胶、浆料等,加上染料的色泽鲜艳,视觉反差大,故而鲜亮。彩棉在加工过程中未使用化学物质处理,仍旧保留了天然纤维的特点,故而产生一种朦朦胧胧的视觉效果。

(3)彩棉色彩来源于天然色素,色素遇酸、碱后,颜色会发生变化。天然彩棉坯布经后整理(如水洗、丝光、烧毛等)后颜色也会有所变化,这是天然彩棉特性的正常反应,与印染品的掉色、褪色有本质的区别。

(二)改性羊毛

1. 拉细羊毛 羊毛纤维面料是传统的秋冬季面料,蓬松、保暖性好。为了适合春夏服装对羊毛纤维面料的要求,近年来羊毛纤维面料向轻薄化、高档化等方向发展,面料需要由高支纱织制而成,纤维的表面光泽也需要改变。然而,迄今为止大多数轻薄型羊毛纤维面料所使用的原料都是自然状态下的细羊毛,这些毛的价格昂贵,而且产量十分有限。目前,利用羊毛拉细技术,已开发了多种适合春夏服装的轻薄面料。其中,澳大利亚联邦工业与科学研究院(CSIRO)成功研制了羊毛拉细技术,将一定质量的毛条经梳理、扭转施加一定的捻度并拉伸至 160%,然后进行定型处理成为拉细毛条。该技术可以使直径为 $22\mu m$ 的纤维减小 $3 \sim 4\mu m$,长度增加 15% 左右,断裂强度增加 30%,伸长率有所下降,细度下降约 20%。拉细羊毛产品风格独特,兼有蚕丝和羊绒的优良特性,是一种具有附加值的高档服饰面料。

2. 丝光、防缩羊毛 丝光、防缩羊毛是通过化学处理将羊毛的鳞片剥除,基本原理是将绵羊细毛(绒)表面鳞片层全部或部分腐蚀去除,以获得更好的性能和手感,使产品变得光滑细洁,穿着凉爽舒适,无刺痒感,可以作轻薄的夏季衬衫面料。丝光羊毛比防缩羊毛剥取的鳞片更多、更彻底,两种羊毛生产的毛纺产品均能达到防缩、机可洗效果,丝光羊毛的产品光泽更亮丽,有丝般光泽,手感更滑糯,有羊绒感,被誉为仿羊绒的羊毛。

(三)蓬松蚕丝

蚕丝面料大多光滑平整,较易起皱,常需熨烫,使用保养都比较麻烦,大大限制了蚕丝的应用。近年来针对蚕丝的这些缺点对蚕丝进行改性,在缫丝过程中用生丝膨化剂对蚕丝进行处理,使蚕丝具有良好的蓬松性。制成的面料外观丰满,手感细腻柔软,不易起皱且富有弹性,适用于制作中厚型产品。

(四)柔软麻

针对麻面料触感粗糙,有刺痒感,易起皱等缺点,采用生物酶处理的方法,使麻纤维变得柔软光滑,穿着舒适,并具有一定的抗皱性,使之成为更优良的夏季纺织面料。

二、差别化纤维、功能化纤维

(一)差别化纤维

纤维的差别化处理是化学纤维发展的需要。随着化学纤维和纺织工业的发展,化学纤维产品在服用及其他领域得到越来越广泛的运用。在人们充分欣赏合成纤维许多优良性质的同时,合成纤维在使用中,尤其是在服用、装饰用时的一些不足也暴露出来。这就促使人们要对化学纤维尤其是合成纤维进行必要的改性。

差别化纤维通常是指在常规化学纤维的基础上进行物理或化学改性,使其性能获得一定程度改善的化学纤维。差别化纤维的品种很多,下面介绍几种常用的差别化纤维。

1. 异形纤维 异形纤维是指用非圆形孔喷丝板加工的非圆形截面的化学纤维。根据喷丝孔的不同,异形纤维可分为三角(三叶、T型)形、多角(五星、五叶、六角、支型)形、扁平带状(狗骨形、豆形)和中空(圆中空、三角中空、梅花中空)纤维等。异形纤维的形态结构见图1-14。

异形纤维对改善面料光泽、手感、覆盖性能、透气性能以及耐污性、抗起球性、弹性等有一定效果。如三角形截面的纤维有闪光的效应;十字截面的纤维弹性好;扁平截面的纤维明显改善了抗起球性;异形纤维大量用于各种仿丝、仿毛、仿麻面料中。

2. 超细纤维 单纤维线密度小于0.44dtex的纤维称为超细纤维,线密度大于0.44dtex而小于1.1dtex的纤维称为细特纤维。超细纤维产品具有较高的附加值,其面料手感细腻,柔软轻盈,具有很好的悬垂性、透气性和穿着舒适性。超细纤维多用于仿真丝、仿桃皮、仿麂皮、仿羽绒及高档过滤材料等高附加值与高新技术产品。

3. 复合纤维 复合纤维又称共轭纤维,是指在同一纤维截面上存在两种或两种以上不相混合的聚合物的纤维。复合纤维按所含组分的多少分为双组分复合纤维和多组分复合纤维两种。复合纤维按各组分在纤维中的分布形式可分为并列型、皮芯型、海岛型和放射型等。

复合纤维的截面结构见图1-15。

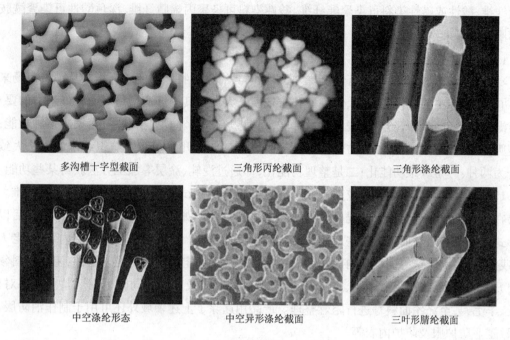

| 多沟槽十字型截面 | 三角形丙纶截面 | 三角形涤纶截面 |
| 中空涤纶形态 | 中空异形涤纶截面 | 三叶形腈纶截面 |

图 1 - 14 异形纤维的形态结构

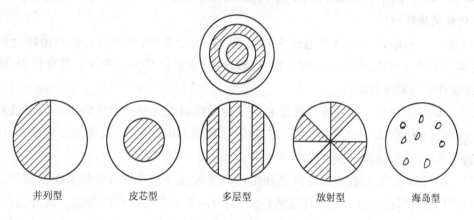

并列型 皮芯型 多层型 放射型 海岛型

图 1 - 15 复合纤维的截面结构

由于构成复合纤维的各组分高聚物性能的差异,使复合纤维具有很多优良的性能。如利用不同组分的收缩性不同,形成具有稳定的三维立体卷曲的纤维。这种纤维用于纺纱具有蓬松性好、弹性好、纤维间抱合好等优点,产品具有一定的毛型感。又如以锦纶为皮层,以涤纶为芯层的复合纤维,既有锦纶染色性、耐磨性好的优点,又有涤纶模量高、弹性好的优点。此外还可以通过不同的复合加工制成具有阻燃性、导电性等功能的复合纤维。

4.易染纤维 易染纤维也可称为差别化可染纤维(DDF)。所谓纤维"易染色"是指它可以采用不同类型的染料染色,而且染色条件温和,色谱齐全,色泽均匀及坚牢度好。常见的品种主要有阳离子染料可染聚酯纤维(CDP)、常温常压阳离子可染聚酯纤维(ECDP)、酸性染料可染聚酯纤维、酸性或碱性染料可染聚酯纤维、酸性染料可染聚丙烯腈纤维、深色酸性可染聚酰胺纤维和阳离子可染聚酰胺纤维等。

（二）功能化纤维

功能化纤维是指在纤维原有性能之外，再同时具有某种特殊功能的纤维。从消费市场来分析，功能性纤维主要分为舒适型、保健型和防护型三大类。其中舒适型是对面料最基本的要求，如吸湿透湿、轻薄柔软、防寒保暖等基本性能；保健型有抗菌、防臭、护肤、抗污染等多种功能；防护型则注重抗紫外线、抗静电、防辐射、防毒、阻燃等功能。开发功能性纺织纤维的方法大致可以分为两种：一是纤维功能化；二是整理功能化，即通过浸轧、涂层等加工方法获得某些功能。

1. 阻燃纤维　能满足某些应用领域所规定的特定燃烧试验标准的纤维称为阻燃纤维。它主要在有火灾危险或在火灾情况下危险特大的场合使用。如美国、英国、日本等国家先后以法律形式限制了非阻燃面料的某些应用领域，即要求包括旅馆、剧院等公共建筑室内装饰、老人服装、残疾人服装、床垫等面料在内的纺织面料都必须达到一定的阻燃标准。目前，阻燃材料领域主要开发了阻燃涤纶、阻燃腈纶、阻燃丙纶、阻燃黏胶纤维及产品。同时也在后整理工序对棉、黏胶、羊毛，甚至涤纶面料等进行阻燃整理。产品用途除了上述领域外还可用于制作消防服、军用服、工业防护服及防护内衣等。

2. 抗静电纤维　抗静电纤维是指不易积聚静电荷的纤维。在标准条件下，其质量比电阻值小于 $10^{10}\Omega\cdot cm$。抗静电纤维面料常用于防爆、防尘工作服。

3. 保暖调温纤维

（1）高中空纤维：高中空纤维通过与易溶聚合物复合纺丝，再溶掉芯部易溶组分而制成。中空度可达 35% ~40%，与实心面料比较，保暖性高，重量轻 60% ~70%。具有保暖、质轻、可洗性，保暖性可与羽绒媲美。

（2）三维卷曲纤维：三维卷曲纤维是利用复合纤维两组分间收缩性的不同而形成卷曲的。这种卷曲具有三维立体、持久稳定、弹性好等特点，使面料的膨松性、覆盖性能更好。可作羽绒代替品，用作滑雪衫、被褥、枕芯、玩具、椅垫等。

（3）远红外线纤维：远红外线纤维是利用可以发射远红外线的陶瓷粉末作添加剂，通过共混纺丝制得，这种纤维可吸收周围环境的热量，同时向人体发射出远红外线。此外还有吸收太阳光，把光能转化成热能以及阻止人体所产生的远红外线放热等多种功能。远红外线纤维被人体吸收后，可使人产生体感升温的效果，同时加快人体的新陈代谢，促进血液循环，兼具保暖和保健双重功能。可用作电热毯罩、运动服、防寒服、保暖内衣等。对高血压、糖尿病、风湿症、腰痛、肩周炎等有疗效。

4. 高吸湿性纤维　与天然纤维相比，多数合成纤维的吸湿性较差，尤其是涤纶和丙纶，因而严重地影响了这些纤维面料的穿着舒适性和卫生性。同时，纤维吸湿性差也带来了诸如静电、耐污性差等一系列问题。改善合成纤维的吸湿性与舒适性，可以采用化学改性方法和物理改性方法，通过改性可以提高纤维的润湿和湿胀能力，或者制成多孔纤维使其内部形成微孔穴系统，增强纤维从空气或水中的吸湿（吸水）的能力。吸湿性改性纤维主要用于功能性内衣、运动服、训练服、运动袜等产品。

5. 吸湿排汗纤维 吸湿排汗纤维具有独特的"十字"形、"五叶"形等的异形截面。纤维具有很强的吸湿快干性能,从而在人体与面料间形成舒适干爽的"小气候"。其湿气爬升高度、扩散速度、扩散时间、蒸发率远高于普通面料。该面料透气、吸湿、快干、舒适、清洁、柔软顺滑,是运动服、休闲服、衬衫的极佳面料。

6. 抗菌防臭纤维 抗菌防臭纤维是通过向聚合物添加无机杀菌添加剂如抗菌石沸而制得。石沸对人体无害,但对肺炎杆菌、绿脓杆菌等多种细菌和霉菌有效,尤其对黄金葡萄球菌(MR-SA)有良好的抑菌力。MRSA 是医院内引起病人交叉感染的元凶。抗菌防臭纤维制成医院各类纺织品有着良好的发展前景。

三、绿色环保纤维

1. 天丝纤维 天丝纤维是一种符合环保要求的再生纤维素纤维,其原料采用木浆,木浆来自成材非常迅速的山毛榉、桉树或针叶类树等,从植株起 5～7 年后便可长成 25m 高的成材。生产过程中使用的溶剂 NMMO 可回收,回收率达 99% 以上。天丝纤维易于生物降解,在缺氧性下进行污水处理,仅 8 天时间该纤维即完全分解;当它被埋在土中 3～5 个月后,能分解成水和二氧化碳;如果将其废弃物焚烧,也不会产生有害气体。从木浆到纺制成短纤维或长丝的生产过程比黏胶纤维生产过程缩短三分之一到二分之一。其纺丝过程全部为物理过程,纺丝溶剂循环使用,克服了传统再生纤维素纤维污染严重的问题,具有卓越的环保特性。

天丝纤维除保持了传统再生纤维素纤维染色性好、垂感优良等优点外,还克服了传统再生纤维素纤维湿态性能差的缺点,干湿强度都很高,可以对其面料进行各种高科技后整理,使其具有更丰富的外观和手感。

天丝纤维的另一个特点是容易原纤化(即分裂出比纤维本身要细的小毛丝)。经磨毛、砂洗等加工后纤维表面易形成一层细小的绒毛,具有完美的桃皮绒效果,使面料更柔软舒适,富于弹性。

天丝纤维面料具有棉纤维面料的自然舒适性,黏胶纤维面料的悬垂飘逸性和色彩鲜艳性,合成纤维的高强度,又有真丝般柔软的手感和优雅的光泽。它可与其他纤维(包括合成纤维、天然纤维或再生纤维)混纺、复合或交织,能获得表面光洁或具有茸效应等不同风格的面料。该纤维也可用于产业用布,做成无纺布、特殊纸张、过滤材料以及功能性(导电、抗菌、阻燃等)纤维材料。

2. 莫代尔纤维 莫代尔纤维即高湿模量的再生纤维素纤维,它是由木浆纤维通过专门的工艺生产而成。它的干强接近于涤纶,湿强要比普通黏胶纤维提高许多,光泽、柔软性、吸湿性、染色性、染色牢度均优于纯棉产品。用它做成的面料具有丝般光泽、宜人的柔软触摸感觉和悬垂感以及极好的耐穿性能。目前市场上莫代尔纤维品牌日益增加,主要来自奥地利、中国台湾、韩国、俄罗斯等国家和地区。其中奥地利兰精公司起步较早,市场运作较好。

莫代尔纤维可与多种纤维混纺、交织,发挥各自纤维的特点,达到更佳的服用效果。

莫代尔纤维面料的主要特点:

(1)莫代尔纤维面料手感柔软,悬垂性好,穿着舒适。

（2）莫代尔纤维面料的吸湿性能、透气性能优于纯棉纤维面料，是理想的贴身面料和保健服饰产品，有利于人体生理循环和健康。

（3）莫代尔纤维面料布面平整、细腻、光滑，具有天然真丝的效果。

（4）莫代尔纤维面料色泽艳丽、光亮，是一种天然的丝光面料。

（5）莫代尔纤维面料服用性能稳定，经测试比较，与棉纤维面料一起经过 25 次洗涤后，棉纤维面料的手感将越来越硬，而莫代尔纤维面料恰恰相反，越洗越柔软，越洗越亮丽。

（6）莫代尔纤维面料成衣效果好，形态稳定性好，具有天然的抗皱性和免烫性，使穿着更加方便、自然。

3. 大豆蛋白纤维 大豆蛋白纤维是从豆粕中提取植物球蛋白，采用生物工程等高新技术处理，与高聚物合成后，经湿法纺丝制成的新型的再生植物蛋白纤维。

大豆蛋白纤维单丝细度细、相对密度小、强度较高。面料具有质地轻、强伸度高、吸湿、柔软、光泽好、保暖性好等优良服用性能，被称为"人造羊绒"。

大豆蛋白纤维面料柔软滑爽、透气爽身、悬垂飘逸，具有独特的润肌养肤、抗菌消炎穿着功能。面料具有羊绒般的手感，蚕丝般的柔和光泽，兼有羊毛的保暖性、棉纤维的吸湿性和导湿性，穿着十分舒适，而且能使成本下降 30% ~40%。用大豆蛋白纤维/棉纤维纺成的低特纱面料，可以有效改善棉纤维面料的手感，增强面料的柔软感和滑爽感，加强其作用于人体皮肤的舒适感。

大豆蛋白纤维还具有较强的抗菌性能，对大肠菌、金黄色葡萄球菌、白色念珠菌等致病细菌有明显的抑制作用，因此用大豆蛋白纤维与亚麻等麻纤维制成的面料是制作功能性内衣及夏季服装的理想面料。

4. 竹纤维 竹纤维是以竹子为原料，采用独特的工艺处理把竹子中的纤维素提取出来，再经纺丝液制备、纺丝等工序制造而成的再生纤维素纤维。

竹纤维是继天丝、大豆蛋白纤维、甲壳素纤维等产品之后的又一种新型纺织原料，它具有手感柔软、悬垂性好、吸放湿性能优良、染色亮丽等特性，在纺织领域的应用十分广泛。竹纤维具有较强的抗菌和杀菌作用，其抗菌效果是任何人工添加化学物质所无法比拟的。由于竹纤维中含有叶绿素铜钠，因而具有良好的除臭作用。实验表明，竹纤维对氨气的除臭率为 70% ~72%，对酸臭的除臭率达到 93% ~95%。此外，叶绿素铜钠是安全、优良的紫外线吸收剂，因而竹纤维面料具有良好的防紫外线功效。

5. 牛奶蛋白纤维 牛奶蛋白纤维又称酪素纤维，是将液态牛奶去水、脱脂，利用接枝共聚技术将蛋白质分子与丙烯腈分子制成牛奶浆液，再经湿纺新工艺及高科技手段处理而成，使其内部形成一种含有牛奶蛋白质氨基酸大分子的线型高分子结构。

牛奶蛋白纤维面料柔软滑爽，悬垂飘逸，具有丝绸一样的手感和风格。该纤维的原料含有多种氨基酸，面料贴身穿着润滑，具有滋养功效，质地轻盈、柔软、滑爽，穿着透气，制成的服装具有润肌养肤、抗菌消炎的独特功能，是制作儿童服饰和女士内衣的理想面料。

牛奶蛋白纤维与染料的亲和性比较好，使纤维及其面料颜色格外亮丽生动，而且具有优良的色牢度。牛奶蛋白纤维含多种氨基酸，纤维 pH 值呈微酸性，与人体皮肤相一致，不含任何致癌物质,是制作内衣的上佳面料,它富含保湿因子,能保养皮肤肤质。

四、纳米纤维

纳米纤维是指纤维直径小于 100nm 的超微细纤维。现在很多企业为了商品的宣传效果,把添加了纳米级(即小于 100nm)粉末填充物的纤维也称为纳米纤维。

高聚物纳米纤维具有优异的力学、光学、电学和热学性能以及很高的比表面积,其制成的薄膜具有良好的透水蒸汽性能和透气率,可广泛应用于过滤布、增强材料、锂电池、创伤敷料、防护服、细胞骨架、传感器、电子等领域,具有很好的发展空间和市场前景。

☞ 思考题

1. 什么是纺织纤维?纺织纤维应具备哪些基本条件?

2. 列出纺织纤维的分类表。

3. 认识棉纤维的截面与纵向形态。

4. 简述棉纤维的主要性能。

5. 棉纤维的主要组成物质是什么?它对酸碱的抵抗力如何?

6. 认识常见麻纤维的截面与纵向形态。

7. 到市面去认识棉纤维面料并体会它的风格特征。

8. 麻纤维有什么的优缺点?

9. 简述亚麻纤维的主要性能。

10. 简述罗布麻纤维及其应用。

11. 苎麻和亚麻有何区别?

12. 麻纤维的主要组成物质是什么?它对酸碱的抵抗力如何?

13. 到市面去认识麻面料并体会它的风格特征。

14. 认识羊毛纤维的截面与纵向形态。

15. 羊毛的主要组成物质是什么?它对酸碱的抵抗力如何?

16. 什么是缩绒性?缩绒性的大小与哪些因素有关?用什么方法可以防止羊毛毡缩?

17. 羊毛纤维面料有什么服用特性?如何使用保养?

18. 认识蚕丝的截面和纵向形态。

19. 蚕丝的主要组成物质是什么?它对酸碱的抵抗力如何?

20. 试述丝纤维的性能特点。

21. 蚕丝面料有什么服用特性?如何使用保养?

22. 化学纤维制造主要包括哪三个步骤?

23. 常见化学纤维纺丝方法有哪几种?各有什么特点?

24. 试述几种常见化学纤维的性能特点。

25. 列举七大纶一项最突出的特性。

26. 比较棉、羊毛、黏胶、涤纶的服用特性。

27. 什么是复合纤维？为什么要纺制复合纤维？

28. 异形、中空、复合、超细纤维各有什么特性？

29. 阻燃纤维的阻燃原理是什么？如何进行阻燃处理？

30. 什么是高吸湿纤维？有何特性？

31. 列举几种你知道的绿色纤维，并谈谈你对它们的认识。

32. 打开衣柜，找出几件衣服，比较一下它们的服用性能，分析一下它们的纤维种类。

第二章　纱　线

● 本章知识点 ●

1. 掌握纱线的分类方法和纱线的品种。
2. 了解棉纺、毛纺等纱线的加工过程。

第一节　纱线的分类

由纺织纤维制成的细长、柔软并具有一定物理机械性能的连续长条，统称为纱线。纱线品种繁多，名称各异，分类方法也多种多样，但从构成纱线的基本单元——纤维来讲，纺织纤维有短纤维和长丝之分，所以短纤纱和长丝纱便构成了纱线的两大体系，此外还有各种具有新颖外观和复杂结构的特殊纱线。

一、短纤纱

由短纤维(包括天然短纤维和化学切断纤维)纺制而成的纱。

1. 按并合加捻情况分

(1)单纱：短纤维沿纱条轴向排列加捻而成单纱。

(2)股线：两根或两根以上的单纱并合加捻而成股线。

(3)复捻股线：两根或两根以上的股线再并合加捻而成复捻股线。

2. 按组成纱线的纤维种类分

(1)纯纺纱线：由一种纤维纺成的纱线，如棉纱线、毛纱线、麻纱线、涤纶纱线、黏胶纱线。

(2)混纺纱线：由两种或两种以上的纤维混和纺成的纱线。混纺纱线的命名分两种情况：当纤维混纺比不同时，按比例大小依次排列，比例大的在前，比例小的在后；当纤维混纺比相同时，按天然纤维、合成纤维、再生纤维的顺序排列。纤维之间用"/"隔开。如65%涤纶、35%棉组成的混纺纱为涤/棉纱；比例相同的毛、锦纶、黏胶纤维组成的混纺纱即为毛/锦/黏纱。

3. 按纺纱工艺流程的不同分

(1)棉纱线分为普梳纱、精梳纱、废纺纱。

(2)毛纱线分为粗梳纱、精梳纱、废纺纱。

4. 按纺纱机的类型分

(1)环锭纱:用传统的环锭细纱机纺制的纱。

(2)新型纱:用各种新型纺纱机(如转杯纺纱机、喷气纺纱机、自捻纺纱机、摩擦纺纱机、静电纺纱机等)纺制的纱。

5. 按化学短纤维的长度分

(1)棉型化纤纱线:长度接近于棉纤维,一般为 30～40mm,在棉纺设备上加工而成的纱线。

(2)毛型化纤纱线:长度接近于毛纤维,一般为 70～150mm,在毛纺设备上加工而成的纱线。

(3)中长化纤纱线:长度介于棉、毛之间,一般为 51～65mm,在中长设备或棉纺设备上加工而成的纱线。

6. 按纱的粗细分

棉或棉型化纤纱分为特细特纱(≤10tex)、细特纱(11～20tex)、中特纱(21～31tex)、粗特纱(≥32tex)。

毛或毛型化纤分为特细支纱(≤12tex)、细支纱(12～31tex)、粗支纱(≥31tex)。

二、长丝纱

1. 单丝纱 长度很长的连续单根纤维。如化纤单孔喷丝头所形成的一根长丝。单丝纱的使用范围有局限性,仅用于尼龙袜、头巾等。

2. 复丝纱 两根或两根以上的单丝纱并合在一起的丝束。如几根茧丝经缫丝并合而成的生丝,化学纤维经一个喷丝头上数个喷丝孔出来并合在一起的长丝。

3. 捻丝 复丝加捻而成捻丝。

4. 复合捻丝 捻丝再经一次或多次并合加捻而成复合捻丝。

5. 变形丝 伸直、光滑的化学纤维原丝经变形加工,呈现卷曲、环圈、螺旋等外观特征而具有蓬松性、伸缩性,这样的长丝纱称为变形丝。

变形丝虽然仍是长丝纱,但却具有类似短纤纱的风格,可织成类似天然纤维的面料,面料光泽柔和,手感丰满,吸水性、透气性、柔软性、保暖性、舒适性都有改善。

变形丝分为两类:一类以弹性为主,称为弹力丝,其特征是伸长后能很快回复;另一类以蓬松性为主,主要有空气变形丝、网络丝等。

(1)弹力丝:又分为高弹丝和低弹丝两种。高弹丝具有优良的弹性变形和回复能力,伸长率大于100%,而蓬松性一般,多由锦纶长丝制成,主要用于泳衣、袜类等高弹面料。低弹丝具有适度的弹性,蓬松性稍强,一般伸长率小于30%,多由涤纶长丝制成,还有锦纶长丝和丙纶长丝。涤纶低弹丝多用于外衣和室内装饰面料,锦纶、丙纶低弹丝多用于家居面料。

(2)空气变形丝和网络丝:主要特点是高度蓬松,而且也有一定的弹性。这两类丝主要用于对蓬松性要求较高的面料。

空气变形丝和网络丝的生产均采用空气变形法。

①空气变形丝:原丝超喂送入喷嘴,在松弛状态下受高压涡流气流的冲击,丝束中的单丝吹散开松,在紊流中相互纠缠成不规则环圈,形成空气变形丝。

②网络丝:控制原丝在一定张力下受高频压缩气流的吹捻,单丝相互纠缠,形成集合紧密的网络点,由于采用的是高频压缩气流,所以在长丝纱长度方向上以一定间距周期性地呈现网络点,这样的长丝纱称为网络丝。

三、特殊纱线

1. 花式纱

(1)蓬体纱:将两种不同缩率的纤维混纺成纱线,在蒸汽、热空气或沸水中处理,高收缩纤维收缩大,位于纱的中心,低收缩纤维收缩小,被挤在纱的表面形成纱圈,从而得到蓬松、柔软、保暖性好的蓬体纱。

(2)包芯纱:由两种纤维组合而成。通常以强力、弹性较好的化学纤维长丝为芯,如涤纶、锦纶、氨纶,以短纤维为外包纤维,如棉、毛、麻、丝、腈纶、黏胶纤维等。包芯纱可以兼有芯纱纤维和外包纤维两者的优良特性,取长补短。如氨棉包芯纱以氨纶为芯纱,棉为外包纤维,被广泛用作牛仔、针织面料,穿着时伸缩自如,舒适合体。

2. 花式线 通过各种方法制成,制成具有新颖的外观形态(如螺旋、环圈、波浪、结子、辫子等)与色彩差异的独特纱线。可用于各种色织女线呢、精粗纺花呢、装饰面料、编织面料、围巾等,极大地丰富了纺织面料的花式品种。

(1)花形线:主要特征是具有不规则的外形与纱线结构,如螺旋线、圈圈线、结子线等,此类纱线织成的面料手感蓬松,柔软,保暖性好,且外观风格别致,立体感强。

(2)花色线:主要特征是纱线长度方向上呈现不同的色泽变化,如彩点线、段染线等。

(3)特殊花式线:主要有金银丝、雪尼尔线等。金银丝既可用作服装用面料,也可用作装饰用缝纫线,使面料表面光泽明亮。雪尼尔线是将纤维握持于合股的芯纱上,状如瓶刷,其手感柔软,广泛用于植绒面料和穗饰面料。

花式线结构上由芯纱、饰纱和固纱三部分组成。芯纱位于纱的中心,是构成花式线强力的主要成分,一般采用强力好的长丝或短纤维纱;饰纱形成花式线的花式效果,一般选用色彩鲜艳、弹性、手感好的纱线;固纱用来把饰纱和芯纱固定在一起,防止饰纱产生位移变形,通常采用强度高的细特纱。

3. 其他特殊纱线 近年来在传统的环锭细纱机上做了许多技术改造,生产出名目繁多的各类其他特殊结构的纱线。

(1)在细纱机上增加喂入机构,使"短 + 短"纤维、"短 + 长"纤维共同加捻而成复合纱,如赛络纱、赛络菲尔纱。

(2)通过须条分束,各自加捻后汇聚再捻而成的纱,如索罗纱。

(3)集聚须条,使其在紧密状态下加捻而成的紧密纱。

第二节　纱线加工系统

本节主要介绍棉纺和毛纺纱线加工系统。

一、棉纺纱线加工系统

根据棉纺工艺的不同,棉纱分普梳棉纱、精梳棉纱和废纺棉纱三种。

普梳棉纱的生产工艺流程:开清棉→梳棉→并条→并条→粗纱→细纱→后加工。

精梳棉纱的生产工艺流程:开清棉→梳棉→精梳准备→精梳→并条→并条→粗纱→细纱→后加工。

废纺棉是以棉纺厂的废料和落棉为原料经过开清棉、罗拉梳棉、细纱三道工序。下面重点以普梳棉纱和精梳棉纱为对象介绍棉纺加工过程各个工序的作用。

(一)开清棉

开清棉是棉纺的第一道工序,喂入的原料不论是原棉还是化学纤维,都是紧压成包的形式,原棉含有杂质,化学纤维含有疵点。

1.开清棉工序的作用

(1)开松:棉包中紧压的棉团松解成尽可能小的棉束,但要注意尽量不损伤纤维。

(2)除杂:有效地清除原棉中的各种杂质、疵点,且尽可能少落可纺纤维。

(3)混和:按配棉成分,使各种不同性能的原棉充分、细致地混和。

(4)均匀成卷:制成一定规格、均匀的棉卷,供梳棉工序使用。

如果采用清梳联,则不制成棉卷,而是以均匀的棉流形式喂给梳棉机。

2.开清棉联合机组中单机的作用

上述作用是通过一系列单机组成的开清棉联合机组协同完成的。这些单机按主要作用可分为五类:

(1)抓棉机械:通过对原料的抓取实现初步的开松和混和。

(2)混棉机械:主要有混和作用,附带有扯松和除杂作用。

(3)开棉机械:利用高速回转的打手对棉块进行打击,从而实现高效的开松和除杂作用。

(4)给棉机械:靠近成卷机,以均匀喂给作用为主。

(5)清棉机械:也称成卷机械,对原料进行细致的开松、除杂,然后做成均匀的棉卷。

3.常用的开清棉流程

(1)常用的纺棉开清棉流程:FA002 圆盘式抓棉机×2 台(或 FA006 型往复式抓棉机×1 台)→ A006BS 自动混棉机→ FA022 多仓混棉机→ FA104 六滚筒开棉机→ FA106 豪猪式开棉机→ FA106 豪猪式开棉机→ A062 电气配棉器→(A092AST 双棉箱给棉机→ FA141 单打手成卷机)×2

(2)常用的纺化学纤维开清棉流程:FA002 圆盘式抓棉机×2 台(或 FA006 型往复式抓棉

机×1台)→ A006CS 自动混棉机→ FA022 多仓混棉机→ FA106A 梳针滚筒开棉机→ A062 电气配棉器→(A092AST 双棉箱给棉机→ FA141 单打手成卷机)×2

(二)梳棉

开清棉工序供应的棉卷(或散棉)中,纤维多数呈松散棉块、棉束状态,并含有 40%～50%的杂质,其中多数为较小的带纤维或黏附性较强的杂质和棉结。为了给并条、粗纱和细纱各工序的牵伸做好准备,必须将纤维束彻底松解成单纤维。同时,要求继续清除残留在棉束中的细小杂质。伴随松解和除杂工作,还应充分混和各配棉成分的纤维,最后制成棉条。

梳棉工序的作用是:

(1)分梳:利用梳棉机上的锯齿和针布将块状或束状纤维梳理分解成单纤维状。

(2)除杂:在分梳的基础上清除残留的细小杂质疵点。

(3)均匀混和:使单纤维之间充分混和,并利用梳棉机针齿吸放纤维的能力使输出产品粗细均匀。

(4)成条:制成一定规格和质量要求的棉条(俗称生条),有规律地圈放在棉条筒中,供下道工序使用。

在梳棉机上,棉卷退解成棉层,棉层在给棉罗拉与刺辊、刺辊与分梳板、锡林与盖板、锡林与道夫等针面之间多次梳理后,在道夫表面凝聚成棉网,经剥棉装置、喇叭口集束成条,被有规则地圈放在条筒内,供下道工序使用,在此过程中利用车肚落棉及盖板花实现除杂。

(三)精梳

棉纺分普梳纺纱系统和精梳纺纱系统两种,后者与前者的区别在于在梳棉和并条之间增加了精梳工序。增加精梳工序的原因是梳棉生条中短绒和结杂多,纤维的伸直度和分离度也较差,这些缺陷将影响成纱的质量,因此,对纺制质量要求较高的纱线时,必须采用精梳纺纱系统。

经过精梳工序的精梳纱线与同样特数的粗梳纱线相比,成纱强力可提高 10%～20%,棉结杂质粒数可减少 50%～60%,而且纱线条干均匀,光泽较好。因此,精梳纱线具有强力高、结杂少、条干匀、光泽好的特性。所以,对质量要求较高的面料,如滑爽匀薄的细特高档汗衫,柔滑细密的高级府绸均采用精梳纱线。另外,某些特种纱线如轮胎帘子线、高速缝纫线、工艺刺绣线等,为了提高纱线质量,也采用精梳纱线。还有纺制涤棉混纺纱线时,棉纤维需经过精梳工序制成精梳棉条,然后与涤纶条在并条工序中混并后制成涤/棉条子,再经过粗纱和细纱工序制成涤棉混纺精梳纱线。但是经过精梳工序要增加较多落棉,原料成本增加,因此,是否采用精梳工序应从提高纱线质量和节约用棉、降低成本等方面作综合考虑。

1.精梳工序的作用

(1)排除短绒:提高纤维的长度、整齐度,可改善成纱条干,减少纱线毛羽,提高成纱强力。

(2)排除棉结杂质:在一般工艺条件下,精梳工序约可排除生条中杂质的 50%～60%,棉结的 10%～20%(多数为较大的棉结),从而改善成纱的外观质量。

(3)伸直平行纤维:提高纤维的伸直平行度,提高纱线的条干和强力,改善纱线的光泽。

(4)均匀成条:制成粗细均匀的精梳棉条,精梳棉条重量不匀率较低,约为 1.5%～2%。

2.精梳工序的组成　精梳工序包括精梳准备和精梳机两部分。

（1）精梳准备：梳棉生条内的纤维排列混乱，大部分纤维呈弯钩状态，如直接用这种棉条接受精梳机的梳理，则易梳断纤维或使可纺纤维变成落棉。另外梳棉生条在喂入精梳前必须经过准备工序，制成适应于精梳机加工的质量优良的小卷。

精梳准备工程的作用是：

①提高纤维的伸直平行度，以减少精梳机对纤维的损伤，减少落棉中长纤维的含量，节约用棉。

②制成定量准确、卷绕紧密、层次清晰以及棉层纵横向均匀的小卷，供精梳机使用。

精梳准备的工艺流程一般是由预并条机、条卷机、并卷机和条并卷联合机四种机械按需要选择组成。预并条机为一般纺纱系统中所采用的并条机，而其他三种机械为精梳准备工序的专用设备。

精梳准备多采用三种工艺流程：预并条机→条卷机；条卷机→并卷机；预并条机→条并卷联合机。第一种工艺流程所用机台结构简单，便于管理和维修，占地面积小，为国内普遍使用。

（2）精梳：精梳是采用精梳机的工序。精梳机周期性地断开棉层，在分别梳理纤维两端后再依次接合成棉网，形成精梳棉条连续输出。

（四）并条

梳棉机制成的生条虽然具有了纱线的初步形态，但其长片段不匀率很大，而且大部分纤维呈弯钩或卷曲状态，所以，还需要将生条经过并条工序进一步加工以提高棉条质量。

并条工序的主要作用是：

（1）并合：将6~8根生条并合喂入并条机，使各根棉条的粗细片段有机会相互重合，使生条的长片段不匀率得到改善。

（2）牵伸：把须条抽长拉细，而须条的抽长拉细则是通过须条中纤维的相互滑移实现的，纤维滑移的过程中，呈弯钩或卷曲状态的纤维会获得平行伸直，小棉束会分离为单纤维，从而改善棉条的内在结构，这为后道工序的进一步牵伸，最终为纺出条干均匀的细纱创造条件。牵伸倍数的大小可以调整，而并条工序的牵伸调整是最方便的，所以及时调整并条的牵伸倍数可以有效地控制调整最终细纱的粗细，以保证纺出细纱细度符合要求。

（3）混和：通过并条机的并合，可使各种不同棉条中的纤维得到充分混和，使棉条截面内的纤维成分分布均匀。

（4）成条：将并条机制成的棉条，有规则地圈放在棉条筒内，以便于搬运和存放，供下道工序使用。

并条机包括喂入、牵伸、成条输出三部分。

（五）粗纱

由并条机输出的熟条直接纺成细纱约需要150倍以上的牵伸，而目前环锭细纱机的牵伸能力达不到这一要求，所以在并条工序与细纱工序之间需要粗纱工序来承担纺纱中的一部分牵伸负担。

粗纱工序的作用是：

（1）牵伸：将棉条抽长拉细5~10倍，并使纤维进一步伸直平行。

（2）加捻：由于粗纱机牵伸后的须条截面纤维根数少，伸直平行度好，故强力较低，所以需加上一定的捻度来提高粗纱强力，以避免卷绕和退绕时的意外伸长，并为细纱牵伸做准备。

（3）卷绕成形：将加捻后的粗纱卷绕在筒管上，制成一定形状和大小的卷装，以便储存、搬运和适应细纱机上的喂入。

粗纱机分为喂入、牵伸、加捻、卷绕、成形五个部分。熟条从条筒内引出，喂入牵伸装置牵伸成规定的线密度后由前罗拉输出，经锭翼加捻成粗纱，并引至筒管。锭翼每回转一转，给纱条加上一个捻回。筒管由升降龙筋传动，由于锭翼与筒管回转的转速差，使粗纱卷绕在筒管上。升降龙筋带着筒管做上下运动，从而实现了粗纱在筒管上的轴向卷绕。

（六）细纱

细纱工序是纺纱生产的最后一道工序，它是将粗纱纺成具有一定线密度，并符合国家质量标准的细纱，供捻线、机织或针织使用。

细纱工序的作用是：

（1）牵伸：将喂入的粗纱均匀地抽长拉细到细纱所需要的线密度。

（2）加捻：将抽长拉细后的须条加上适当的捻度，使细纱具有一定的强力、光泽、弹性和手感等物理力学性能。

（3）卷绕成形：将纺成的细纱按一定的要求卷绕在筒管上，以便于运输、储存和后道工序加工。

（七）后加工

细纱工序以后的加工统称为后加工，一般包括络筒、并纱、捻线、摇纱、成包等工序，成品为筒子纱线或绞纱线。

1. 络筒工序　将细纱工序送来的管纱，在络筒机上退绕并连接起来，经过清纱张力装置，清除纱线表面附着的杂质和棉结疵点，使纱在一定的张力下卷绕成符合规格要求的筒子，以便于在后道工序高速退绕。

2. 并纱工序　将2根及以上（最多不超过5根）的单纱在并纱机上加以合并，经过清纱张力装置，清除纱上的结杂疵点，做成张力均匀的并纱筒子，以提高捻线机的效率和股线质量。

3. 捻线工序　将并纱筒子上的合股纱，在捻线机上加以适当的捻度，制成符合不同用途要求的股线，并卷绕成一定形状的卷装，供络筒机络成线筒。捻线可提高条干均匀度和强力，增加了弹性和耐磨性，改善光泽和手感。

4. 摇纱和成包　摇纱是在摇纱机上将纱线摇成一定重量或一定长度的绞纱线，以便于练漂或染色。成包是将绞纱线经过墩绞打成小包，然后打成中包或大包。包装体积必须符合规定，以便长途运输和储藏。

二、毛纺纱线加工系统

毛纺加工系统分为羊毛初步加工和纺纱加工两个部分。纺纱加工又根据产品要求及加工工艺的不同可分为粗梳毛纺和精梳毛纺两种系统。

（一）羊毛初步加工

羊毛初步加工的任务是对原毛进行消毒,对不同质量的原毛进行区分,再用一系列机械和化学方法,除去原毛中的各种杂质,使其成为比较干净的羊毛纤维(含油脂率约1%及以下,含土杂率3%以下)。如果原毛中草杂过多,还要经过去草加工。

羊毛初步加工工艺流程为:

原毛→消毒→选毛→开洗烘联合机→洗净毛。

洗净毛→炭化联合机→炭化净毛。

开毛、洗毛和烘毛是在洗毛联合机上连续完成的。去草有机械去草和化学去草(炭化)两种方法。

开洗烘联合机的工艺流程:

选净毛→开毛机→喂毛机→初洗槽→重洗涤槽→轻洗涤槽→漂洗槽→清洗槽→喂毛机→转笼式烘干机→洗净毛。

炭化的工艺流程(炭化工艺通过炭化联合机实现):

洗净毛→喂毛机→润湿槽→浸酸槽→烘干→烘焙→压炭辊→开松分离→喂毛机→洗酸槽→中和槽→漂洗槽→清洗槽→烘干机→炭化净毛。

（二）粗梳毛纺加工系统

粗梳毛纺加工系统的产品主要有粗纺衣着呢绒(如麦尔登、大衣呢、制服呢、花呢等)、工业用呢和毛毯三大类。粗梳毛纺工艺流程:

洗净毛→和毛加油→闷毛→梳毛→细纱→络筒→粗纺筒子纱。

1. 配毛与和毛加油 无论是生产粗梳毛纱还是精梳毛纱,均是将几种原料相互搭配使用,这有助于保持生产过程和成纱质量的长期相对稳定,扩大原料来源,合理使用原料,充分发挥各种原料的长处,降低产品成本。

和毛的目的是使几种搭配的原料充分混和,同时对原料进行初步的开松和除杂。和毛过程中加入适当的和毛油乳化液,和毛油乳化液由润滑油、乳化剂和水调配制成。加入和毛油可增加纤维的柔软性、润滑性,降低羊毛纤维表面摩擦因数,提高羊毛纤维回潮率,减少或消除静电,有利于后工序工作的正常进行。

粗梳、精梳毛纺大多采用散毛混和的和毛方法。散毛混和采用“横铺直取”法,利用机械将几种搭配的原料按比例逐层铺放,然后由上向下取料,喂入和毛机,和毛机将原料撕成小块进行混和,加油是在和毛机出口处,用喷雾方式进行,这样加油比较均匀。

和毛加油后的羊毛,必须存放24h以上(闷毛),使加入的油和水被羊毛纤维充分吸收,达到内湿外干的状态。

2. 粗纺梳毛 梳毛的任务是通过梳毛机的反复梳理将洗毛与和毛加工后仍存在的块状、束状毛纤维彻底开松成单纤维状,并进一步去除原料中的杂质和粗死毛,实现纤维间的充分混和,逐步伸直平行纤维,最后将彻底梳松的纤维制成符合要求的光、圆、紧的毛条(粗纱),供细纱机使用。

由于粗梳毛纺系统工序少,所以梳毛机的任务繁重,构造较为复杂。粗纺梳毛机包括以下五个组成部分。

（1）自动喂毛机:连续均匀地喂入一定重量的混料。

（2）预梳机:开松并初步梳理喂入的块状混料。

（3）梳理机:将预梳机送入的混料或过桥机送入的折叠毛网进行进一步梳理。

（4）过桥机:位于两节梳理机之间,任务是连接两台梳理机,同时将前节梳理机输出的毛网折叠多层并横向铺层,送入下一节梳理机再梳理。

（5）成条机:将最后一道梳理机输出的毛网制成小毛条(粗纱),并卷绕在毛卷轴上,供细纱机使用。

粗纺梳毛机根据加工产品的要求不同,有二联梳毛机、三联梳毛机和多联梳毛机之分。

3.细纱 将粗纺梳毛机下机的小毛条(粗纱)经牵伸、加捻制成具有一定线密度、一定质量要求的毛纱,并卷绕成易于运输和存放的纱穗,供络筒工序使用。

络筒工艺的原理和作用与棉纺中的络筒相同。

（三）精梳毛纺加工系统

精梳毛纺系统的产品主要有精纺衣着面料(如华达呢、哔叽、凡立丁等)、绒线和长毛绒三大类。精梳毛纺加工系统主要分为3~4阶段,精梳毛纺工艺流程为:

洗净毛→毛条制造→(条染复精梳)→前纺工程→后纺工程→精纺筒子纱。

1.毛条制造

（1）毛条制造系统:毛条制造(简称制条)的作用是把各种品质支数的洗净毛、化学短纤维加工成具有一定单位重量、结构均匀、品质一致的精梳毛条。

毛条制造系统有长毛纺制条系统(也称英式制条)和短毛纺制条系统(也称法式制条)两种。目前均采用短毛纺制条系统,短毛纺制条系统工艺流程为:

洗净毛→和毛加油→闷毛→精纺梳毛→2~3道针梳→直型精梳→条筒针梳→复洗针梳→末道针梳→精梳毛条。

对于一些要求比较高或特殊的产品,还要求使用经过染色的毛条,加工染色毛条的工艺称为条染复精梳工艺,由于它介于毛条制造与前纺之间,所以也称为前纺准备。

（2）精纺梳毛:精纺梳毛的作用与粗纺梳毛一样,即开松、梳理、除杂、混和、伸直平行纤维、制条、卷绕。精纺梳毛机梳理作用的基本原理与粗纺梳毛机的相同。精纺梳毛要求尽可能使纤维伸直平行,尽可能除去草杂和尘土,保护纤维长度。对混料的横向混和作用无要求,因此精纺梳毛机由喂入、预梳、梳理、输出四部分组成。不采用过桥机构,同时只输出一根毛条,输入条筒。

（3）针梳与复洗:

①针梳:在精梳毛纺中,针梳机是最常见的重要设备,反复应用于制条与前纺中。由于在牵伸装置的前罗拉和后罗拉之间设置了几十把上下交叉、装有很多金属钢针的金属梳子,对纤维有比较强烈的梳理作用,故称为针梳机。针梳机的主要作用是将毛条内的纤维梳理顺直,使之平行排列。其工作原理是:在前后罗拉牵伸区中,有慢速运动的针排,牵伸时,前罗拉握持的纤维快速前进,纤维不仅受到相邻纤维的摩擦作用,也受到针排的梳理作用;此外,针梳机是多根

喂入,故还有并合和混和作用。排列在梳毛机后、精梳机前的针梳工序,主要是使纤维顺直和松解,称为理条针梳。排列在精梳后的针梳工序,主要是使条子均匀混和,减小毛条的不均匀性,达到标准单位重量,称为整条针梳。

②复洗:毛条复洗是制条过程中的一个重要工序。羊毛纤维具有自然卷曲及卷缩回复的趋势,因此会妨碍纺纱过程(特别是法式纺纱)的顺利进行。采取复洗和烘燥的目的在于使纤维充分浸湿,变得柔软,然后在适当的拉伸张力下烘燥,通过热定型获得消除卷曲、稳定平伸度的效果,为纺纱过程的顺利进行奠定良好基础。此外,复洗可消除纤维的应力,恢复纤维的疲劳和弹性,减少纤维在后道加工中的断裂和损伤,还可清除毛条中的油污和杂质。

(4)精梳:精梳毛纱具有纱支高,表面光洁,条干均匀的特点,如果条中短纤维多,会影响牵伸过程纤维的正常运动,严重破坏精梳毛纱的质量,所以精梳工序的作用是排除短纤维(3mm以下纤维),提高精梳条中纤维的平均长度和长度整齐度,彻底清除毛条中的毛粒、草屑等杂质,伸直、平行、混和纤维。

毛纺精梳机:与棉纺精梳机相仿,适用于加工细、短和多卷曲的纤维原料,工作特点是梳理作用间歇式周期地进行。一般为前摆动式,即拔取罗拉摆动式。

2. 条染复精梳(前纺准备)　对于派力斯、混纺花呢等在染色风格上有特殊要求、化学纤维与毛混纺及色泽差别要求很小的部分精梳毛面料,必须采用染色毛条加工才能实现,一般在毛条制造和前纺工程之间增加条染复精梳工序。条染产品的工艺流程为:

松团→染色→脱水→复洗→混条(2~3道)→针梳(1~2道)→精梳→整条针梳→末道针梳。

即将毛条染成各种颜色,经过复洗去除浮色,加油,然后将各种颜色的毛条充分地混和,再经过一次精梳,除去染色后产生的短纤维,经过整条针梳,即得供前纺使用的混色毛条。经过条染复精梳的产品,一般具有混和均匀、纱疵少、身骨挺实、呢面光洁、织纹清晰、染色牢度高等优点,并可取得各种拼色效果。有时单色产品为减少色差,也由传统的匹染工艺改为条染复精梳工艺。但条染复精梳也有缺点,主要是工艺流程长,原料损耗大。

3. 前纺工程　精梳毛条中纤维排列不够平顺,毛条均匀度差,不同品质、不同颜色的纤维混和也不够充分,从质量上讲,不能适应细纱的要求。

前纺工程的作用是将精梳毛条牵伸和并合,使纤维进一步平行顺直,使不同品质、不同颜色的纤维充分地均匀混和,制成一定重量、一定强力和均匀度的符合细纱生产要求的粗纱。目前毛纺有无捻(搓捻)粗纱和与棉纺相似的弱捻粗纱两种,搓捻粗纱多用于纯毛产品,弱捻粗纱多用于纯化学纤维和化学纤维混纺产品。

国产常见的前纺设备工艺流程为:

毛条→B412型混条机(2~3道)→B423型头道粗纱机→B432型二道粗纱机→B442型三道粗纱机→B452型四道粗纱机→无捻(或弱捻)末道粗纱机→粗纱。

(1)混条:精梳毛纺系统对原料的混和要求较高,特别是混纺产品与条染配色产品要求更高,工艺上除采用前述的散毛混和外,还要采用毛条混和,即混条。混条还要加油、加水,以减少摩擦,提高纤维回潮率,降低静电和减少纤维损伤等。混条是在混条机上进行的,所以混条机配置在前纺的第一道工序。

（2）前纺针梳（粗纱）：前纺工程中的针梳机（也称为粗纱针梳机）与毛条制造中的针梳机在结构上并无显著区别，其主要作用是进一步伸直平行毛条中的纤维，清除细小杂质和短毛，制成条干均匀的条子，而且随着加工道数的增加，出条单位重量逐渐变小，减轻末道粗纱机的牵伸负担。

（3）末道粗纱：前纺粗纱机的作用是将针梳机出来的毛条牵伸拉细到一定程度，再经过加捻（真捻或假捻）使粗纱具有一定的强力，并卷绕到筒管上。

4.后纺工程　后纺工程的工艺流程为：

粗纱→细纱→并线→捻线→蒸纱→络筒→精梳筒子纱。

（1）细纱：将前纺制成的粗纱，经过牵伸和加捻，纺成一定线密度的细纱，并把它卷绕成一定的卷装形式。

（2）并线：将两根或两根以上的毛纱合并，并绕成一定形状的筒子。

（3）捻线：把并好的毛纱加捻成股线，并把它卷绕成一定的卷装形式。

（4）蒸纱：对纱线进行热湿处理，以消除静电和纺纱加工过程中纱线的内应力，恢复纱线的原有弹性和强力，并稳定纱线的捻度，防止纱线在络筒和织造过程中扭结成小辫子。

（5）络筒：与棉纺类似，除去各种纱疵，制成容量较大的筒子，提高后工序的生产效率。

思考题

1. 简述纱线的分类方法。

2. 普梳棉纱、精梳棉纺的工艺流程有何区别？

3. 简述羊毛初加工、制条及纺纱的工艺流程。

第三章 机织面料的组织

● 本章知识点 ●

1. 掌握机织面料的组织、组织图、组织点、飞数等专业术语。
2. 了解机织面料的构成方式。
3. 了解机织面料组织的种类,掌握各种组织图的构图方法。
4. 掌握各类组织面料的特征。

第一节 机织面料的基本组织

机织面料的组织是影响面料性能的一个重要因素,它影响着面料的外观、手感及特性。利用面料的组织变化不仅可以得到各种大小花纹,还可以产生起皱、加厚、起绒、起孔或毛圈等效应,从而影响面料的手感及其他特性。

一、机织面料的组织及其表示方法

机织面料是由经纱和纬纱相互垂直交织而形成的。沿长度方向上的纱线称为经纱,垂直布边方向的纱线称为纬纱。经纱和纬纱相互垂直交织的规律称为机织面料的组织;经纱与纬纱的交叉点称为组织点;凡是经纱浮于纬纱之上的组织点,称为经组织点;凡是纬纱浮于经纱之上的组织点,称为纬组织点;当经组织点和纬组织点的排列规律达到循环重现时,就形成一个组织循环或称为一个完全组织。机织面料的组织是由依照一定的浮沉规律排列的经、纬组织点所构成的,如图 3-1 所示。

机织面料组织的表示方法常见的有组织图法和分式表示法。

1. 组织图法 组织图是表示机织面料组织经纬纱浮沉规律的图解。用来描绘组织图的带有格子的纸称为意匠纸,其纵行代表经纱,横行代表纬纱,每个小格子代表一个组织点(或浮点)。当组织点为经组织点时,在小格子内填满颜色或标以其他符号(如"⊠");当组织点为纬组织点时,即为空白格子。图 3-1 中(b)即为(a)相对应的组织图。图中用箭矢 A 和 B 标出该面料的一个组织循环,箭矢 B 左侧的经纱根数为 R_j,称为组织循环经纱数;箭矢 A 下面的纬纱根数为 R_w,称为组织循环纬纱数。图 3-1 中 $R_j = R_w = 2$。画组织图时,一般只需画出一个组织循环。

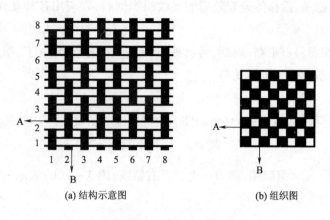

（a）结构示意图　　　　　（b）组织图

图 3-1　机织面料的结构示意图与组织图

在组织循环中,同一系统经纱(或纬纱)中相邻两根纱线上对应的经(纬)组织点在纵向(或横向)所间隔的组织点数,称为组织点飞数。用 S_j 表示经向飞数,S_w 表示纬向飞数。组织循环经纬纱数 R_j、R_w 和组织点飞数 S_j、S_w 统称为机织面料的组织参数。

2. 分式表示法　组织规律性较明显的面料组织还可以用分式的形式来表示。其中分子代表经组织点,分母代表纬组织点。分式中分子、分母上数字的前后次序分别表示第一根纱线(通常指经纱)上的经组织点和纬组织点的排列次序。如图 3-1 所示的组织用分式表示为 $\dfrac{1}{1}$,读作一上一下平纹组织。

二、机织面料的原组织(基本组织)

机织面料组织的种类繁多,大致可分为基本组织、变化组织、联合组织和复杂组织四类。其中基本组织是面料组织中构成其他组织的基础,包括平纹组织、斜纹组织、缎纹组织三种。通常又称为三原组织。

三原组织尽管在外观、性能上有很多差异,但它们又具有共性,即:在一个组织循环中,每根经纱或纬纱上只有一个经(或纬)组织点,其余都是纬(或经)组织点;组织循环经纱数与组织循环纬纱数相等($R_j = R_w$);组织点飞数为常数($S = C$)。

(一)平纹组织

平纹组织是所有面料组织中最简单的一种。其组织参数为:

$$R_j = R_w = 2 \qquad S_j = S_w = \pm 1$$

组织特性:与其他组织相比,平纹组织的经、纬纱交织次数最多,因而面料质地坚牢、耐磨。由于经纬纱弯曲度较大,纱线不易相互靠紧,面料密度不能很大,与其他组织面料相比最轻薄。面料较挺括,但手感较硬,且面料表面光泽较差。面料的正反面外观效应相近,经纬组织点数均等,表面平坦,故称平纹组织。

平纹组织虽然最简单,但却是使用最多的一种组织。当采用不同粗细的经纬纱,不同的经纬纱排列密度以及不同的捻度、捻向、张力、颜色的纱线时,就能织出呈现横向凸条纹、纵向凸条纹、格子花纹、起皱、隐条、隐格等外观效应的平纹组织面料,若应用各种花式线,还能织出外观更为新颖的面料。

典型的平纹组织面料有平布、府绸、防羽绒布、泡泡纱、帆布、凡立丁、派力司、粗花呢、法兰绒、双绉、乔其纱、杭纺、洋纺、电力纺等。

(二)斜纹组织

斜纹组织是经浮线(或纬浮线)在组织图上构成连续的斜纹线。其组织参数为:

$$R_j = R_w \geq 3 \qquad S_j = S_w = \pm 1$$

图3-2(a)表示$\frac{1}{2}$╱组织图,称为一上二下右斜纹;图3-2(b)表示$\frac{2}{1}$╲组织图,称为二上一下左斜纹。

(a) $\frac{1}{2}$╱组织图　(b) $\frac{2}{1}$╲组织图

图3-2　斜纹组织

斜纹组织通常用分式的形式来表示,分子表示每根纱线在一个组织循环中经组织点的数目,而分母表示纬组织点的数目。如将分子和分母相加,便是一个组织循环中的纱线根数。

对原组织的斜纹来讲,分式中的分子或分母必须有一个等于1。如分子大于分母,则表示该组织中经组织点多,称为经面斜纹;如分子小于分母,则表示该组织中纬组织点多,称为纬面斜纹。

为了表示斜纹组织的斜纹线(俗称纹路)的方向,通常在分数的右侧画上一个倾斜的箭头,斜纹线自右下向左上方倾斜的,称为左斜纹,以"╲"来表示,其$S_j = S_w = -1$;斜纹线自左下向右上方倾斜的,称为右斜纹,以"╱"来表示,其$S_j = S_w = +1$。

组织特性:与平纹组织相比,斜纹组织的交织次数减少。由于斜纹组织中不交错的经(纬)纱容易靠拢,单位长度中纱线可以排得较密,因此容易增大面料的厚度和密度。又因交织点少,故面料的光泽较好,手感较为松软,弹性较好,抗皱性能提高。但在经纬纱粗细、密度相同的条件下,其坚牢度不及平纹组织面料。

斜纹组织因其面料较为厚实、松软而保暖,在各类面料中应用较多。在斜纹组织面料上,若要得到较为清晰的斜纹线,应对经纬纱的捻向有所选择。对经面右斜纹组织,其经纱宜采用S捻;而对经面左斜纹组织,其经纱宜采用Z捻。总之,构成斜纹的支持面纱线的捻向与斜纹方向垂直的面料,其表面的斜纹纹路较为清晰。经面斜纹组织面料要求具有较大的经密和较好的经纱质量。

典型的斜纹组织面料有:在棉面料中有$\frac{2}{1}$╱的斜纹布、$\frac{3}{1}$╲的单面纱卡其和$\frac{3}{1}$╱的单面线卡其。在精梳毛面料中有$\frac{3}{1}$╱的单面华达呢和$\frac{2}{1}$╱的单面华达呢。在丝面料中有$\frac{3}{1}$╱的袖里绸等。

(三)缎纹组织

缎纹组织是三原组织中最为复杂的一种组织,它与平纹、斜纹组织的区别在于:缎纹组织的

单个组织点并非连续,而是均匀分布于另一组纱线的浮长线之间,并容易被另一系统的浮长线所遮盖。其组织参数为:

$$R_j = R_w \geqslant 5（6 除外）$$

$1 < S < R - 1$,并在整个组织循环中始终保持不变,R 与 S 互为质数。

缎纹组织有经面缎纹和纬面缎纹之分。面料正面呈现经浮长居多的,称为经面缎纹;面料正面呈现纬浮长居多的,则称为纬面缎纹。

缎纹组织也可用分式的形式来表示。分子表示一个完全组织中的经纱数 R_j(或纬纱数 R_w),称枚数;分母表示组织点的飞数,经面缎纹表示经向飞数,纬面缎纹表示纬向飞数。如图3-3(1)表示 $\frac{5}{3}$ 经面缎纹,是 $R_j = R_w = 5$,$S_j = 3$ 的五枚三飞经面缎纹;图3-3(2)表示 $\frac{7}{4}$ 纬面缎纹,是 $R_j = R_w = 7$,$S_w = 4$ 的七枚四飞纬面缎纹。

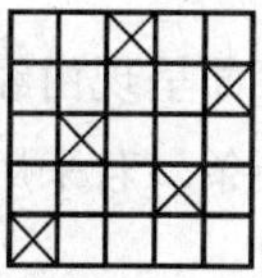

(a) $\frac{5}{3}$ 经面缎纹 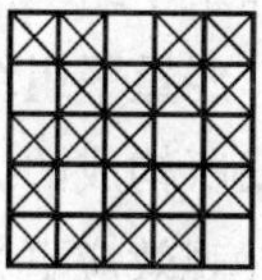　(b) $\frac{7}{4}$ 纬面缎纹

图3-3　缎纹组织

组织特性:与平纹、斜纹组织相比,缎纹组织的交织点间距较长,因而有较长的浮长线浮在面料表面,这就造成该面料易勾丝、易磨毛和磨损,从而降低耐用性能。但由于交错次数少,浮长线较长,纱线相互间易靠拢,面料密度增大,面料表面颇为平滑,富有光泽,手感柔软。在其他因素相同的条件下,缎纹组织循环越大,浮长线越长,则面料就越平滑、柔软,越有光泽,但坚牢度就越差;反之,则相反。

典型的缎纹组织有:毛纤维面料中的直贡呢、横贡呢;棉纤维面料中的横贡缎;丝面料中的软缎、绉缎、桑波缎等。

以上所述三种基本组织,由于它们的基本结构不同,面料的外观效果也不同。就其光泽来说,平纹较灰暗,斜纹较光亮,缎纹最亮;就其强度来说,平纹最坚硬,斜纹次之,缎纹最柔软;就其密度来说,采用相同的经纬纱线时,平纹最小,斜纹次之,缎纹最大。

第二节　变化组织

变化组织是以基本组织(原组织)为基础加以变化,如延长、增加或减少组织点,改变组织点飞数,改变斜纹线的方向等形成的新组织。

根据原组织的变化情况不同,变化组织可分为:平纹变化组织、斜纹变化组织和缎纹变化组织。它们保持着原组织的基本特征。

一、平纹变化组织

平纹变化组织是在平纹组织的基础上延长组织点,并扩大组织循环而形成。平纹变化组织有重平(经重平、纬重平)、变化重平、方平、变化方平等组织。

（一）重平组织

重平组织是以平纹为基础,沿着一个方向延长组织点(即连续同一种组织点)而形成。沿着经纱方向延长组织点所形成的组织,称为经重平组织,如图3-4(a) $\frac{2}{2}$ 经重平组织;沿着纬纱方向延长组织点所形成的组织,称为纬重平组织,如图3-4(b) $\frac{2}{2}$ 纬重平组织。当重平组织中的浮长长短不同时称为变化重平组织,传统的麻纱面料即采用这种组织,如图3-4(c) $\frac{2}{1}$ 变化纬重平组织。

经重平组织的表面呈现由经纱浮沉线所构成的横向凸条;纬重平组织的表面呈现由纬纱浮沉线所构成的纵向凸条。若采用不同的经纬纱排列密度配置和不同的经纬纱线密度配置,则凸条外观效应更为明显。

（二）方平组织

方平组织是以平纹组织为基础,沿着经、纬两个方向同时延长同等数目的组织点并扩大组织循环而形成的,如图3-4(d) $\frac{2}{2}$ 方平组织。而变化方平组织,则是以平纹组织为基础,沿着经、纬两个方向延长不同数目的组织点而形成的。

方平组织面料外观呈板块状席纹,结构较松软,有一定的抗皱性能,悬垂性较好,但易勾丝,耐磨性不如平纹组织。因为经纬浮长线较长,排列有规律,所以面料表面光泽较好,常作为服用面料。如棉面料中的牛津布,中厚花呢中的板司呢都是采用方平组织。变化方平组织面料外观具有花岗岩风格的粗糙感,仿麻面料多采用变化方平组织。其中 $\frac{2}{2}$ 方平组织,常用作各种面料的边组织。

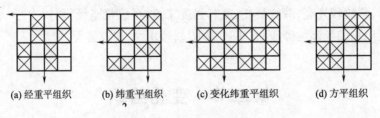

(a) 经重平组织　　(b) 纬重平组织　　(c) 变化纬重平组织　　(d) 方平组织

图3-4　重平与方平组织

二、斜纹变化组织

斜纹变化组织是由原组织中的斜纹组织采用延长组织点浮长,改变组织点飞数的数值,改变斜纹线的方向,不同粗细斜纹线的组合等方法变化而成。变化繁多,应用广泛。

（一）加强斜纹

加强斜纹是斜纹变化组织中最简单的一种,是以原组织的斜纹组织为基础,在其组织点旁(经向或纬向)延长组织点而形成。如图3-5所示为 $\frac{2}{2}$ ↗加强斜纹。

加强斜纹的组织简单,组织循环小,但应用广泛。如本色面料及色织面料中的哔叽、华达呢、双面卡其等均是$\frac{2}{2}$加强斜纹。另外斜纹面料的布边组织也常用$\frac{2}{2}$加强斜纹。

(二)复合斜纹

复合斜纹是由两条或两条以上不同宽度的由经组织点或纬组织点构成的斜纹线组成,如图3-6为$\frac{2}{1}\frac{2}{3}\nearrow$复合斜纹。采用这种组织的面料有巧克丁。复合斜纹组织也常被用作其他组织的基础组织。

图3-5 $\frac{2}{2}\nearrow$加强斜纹   图3-6 复合斜纹

(三)角度斜纹

在斜纹组织中,面料表面斜纹线的倾斜角度是由飞数的大小和经纬纱密度的比值决定的。若经纬纱密度相同,$S_j = S_w = \pm1$时,斜纹线与纬纱的夹角45°。在经纬纱密度相同的条件下,若斜纹角度 >45°,则该斜纹组织的$|S_j| > 1$,可以是2或3,而S_w默认为1,该斜纹组织为急斜纹,S_j的数值越大,斜纹线的倾斜角也越大;若斜纹角度 <45°,则该斜纹组织的$|S_w| > 1$,可以是2或3,而S_j默认为1,该斜纹组织为缓斜纹,纬向飞数的数值越大,斜纹线的倾斜角就越小。在应用方面,以急斜纹应用较多。

(四)山形斜纹

山形斜纹是以斜纹组织作为基础组织,然后变化斜纹线的方向,使斜纹线的方向一半向右斜一半向左斜,在面料表面形成对称的连续的山峰形状,故称为山形斜纹。其基础组织可以是加强斜纹也可以是复合斜纹,以复合斜纹为基础组织构成的山形斜纹的外观效果更好。该组织在秋冬季面料中应用较多,如棉面料中的人字呢、男线呢;毛面料中的女式呢、大衣呢等。

(五)破斜纹

破斜纹也是由左斜纹和右斜纹组合而成,它和山形斜纹的不同点在于左右斜纹的交界处有一条明显的分界线,在分界线两边的经纬组织点相反,呈现典型的"断界"效应,故称为破斜纹。图3-7(a)是以$\frac{2}{2}$斜纹为基础组织,用$K_j = 2$绘制的破斜纹组织的断界明显。图3-7(b)是以$\frac{3}{3}\frac{1}{2}\frac{2}{1}$斜纹为基础组织,用$K_j = 6$绘制的破斜纹。破斜纹面料具有较清晰的人字纹效应,所以也称为人字斜纹。一般用于棉面料中的线呢、床单布及毛面料中的人字呢等。$\frac{3}{1}$或$\frac{1}{3}$破斜

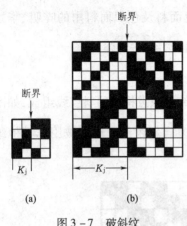

图 3-7　破斜纹

纹组织在棉毛面料中应用较为广泛,常被用于织制服用面料及毯类等面料。

(六)其他斜纹变化组织

斜纹变化组织变化繁多,除了前面介绍的应用较为普遍的五种斜纹变化组织外,还有其他斜纹变化组织,如菱形斜纹、曲线斜纹、芦席斜纹、锯齿形斜纹、螺旋斜纹、阴影斜纹等,因应用较为少见,故不作详细介绍。

三、缎纹变化组织

缎纹变化组织是以原组织缎纹为基础采用增加经(或纬)组织点,改变组织点飞数或延长组织点的方法而变化形成。既保留了原缎纹组织的风格,又增加了组织的变化。

(一)加强缎纹

加强缎纹是以原组织缎纹为基础,在其单个经(或纬)组织点四周添加单个或多个经(或纬)组织点而形成。如在八枚五飞纬面缎纹的单个经组织点的右侧[如图3-8(a)]或左上方[如图3-8(b)]添加一个经组织点,而构成八枚五飞纬面加强缎纹。适合于割绒面料,因增加经组织点后再经过割绒,可防止纬纱的移动,同时也能增强面料的牢度。又如十一枚七飞纬面加强缎纹,是在原组织中的单个经组织点的右上方添加三个经组织点而构成,如图3-8(c)。因其面料正面具有斜纹的风格,而背面又呈经面缎纹的外观,故称为缎背华达呢。这种组织常在精纺毛面料中采用。

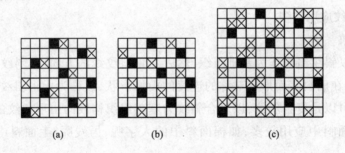

(a)　　　　　　(b)　　　　　　(c)

图 3-8　加强缎纹

(二)变则缎纹

原组织缎纹有三个限制条件,其中一个就是:组织点飞数是一固定值。在这种条件下,如七枚缎纹,不管采用什么飞数值,所构成的缎纹组织,其组织点分布都不太均匀,这对于面料的构成是不太理想的。变则缎纹,则改变了原组织缎纹的限制条件,其组织点飞数成了变数,组织点的分布可以更加均匀合理,而缎纹的风格不改变。变则缎纹可以是四枚变则缎纹、六枚变则缎纹等。在一个组织循环中,其飞数的数值之和 = 组织循环经纬纱数的倍数。

(三)重缎纹

重缎纹是以原组织缎纹为基础,延长组织点的经向(或纬向)浮长而得到的组织。图 3 - 9 是以五枚二飞经面缎纹为基础,各个组织点沿着经纱方向延长一个组织点,相当于原来一根纬纱的位置现在变成了两根纬纱,该组织称为五枚二飞经面重纬缎纹。在手帕面料中应用广泛。

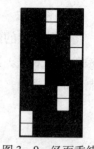

图 3 - 9 经面重纬缎纹

第三节 联合组织

联合组织是将两种或两种以上的组织(原组织或变化组织),按各种不同的方法联合而成的新组织。构成联合组织的方法是多种多样的,可以是两种组织的简单并合,也可以是两种组织纱线的交互排列,或者在某一组织上按另一组织的规律增加或减少组织点等。采用不同的联合方法,可以得到具有特定外观效应的面料,应用广泛。

一、绉组织

凡由面料组织中不同长度的经、纬浮线,在纵横方向上错综排列,形成面料表面具有分散且规律不明显的细小颗粒状,使面料呈现起皱外观效应的组织称为绉组织。其特点是手感柔软,反光柔和。

绉组织的构成方法有很多,关键不在于其构成方法,而在于看构成后的起皱效果。绉组织的构成方法有四种。

(一)增点法

以原组织或变化组织为基础,然后按另一种组织的规律增加组织点构成绉组织。如以平纹为基础组织,按 $\frac{1}{3}$ 破斜纹的规律增加经组织点而构成一种绉组织。它的作图方法是先在 8×8 的范围内画平纹组织,然后再在奇数经纱和偶数纬纱相交处,按 $\frac{1}{3}$ 破斜纹填绘经组织点而形成,如图 3 - 10 所示。

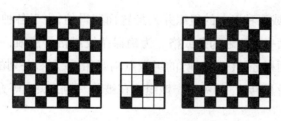

图 3 - 10 增点法构成的绉组织

(二)移植法

将一种组织的经(或纬)纱移植到另一种组织的经(或纬)纱之间而构成绉组织。移植后关键检验起皱效果。图3-11(c)为由图3-11(a)、图3-11(b)两种组织的经纱按1:1的排列比绘制成的绉组织。

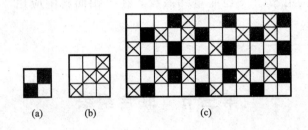

(a)　　　(b)　　　　　(c)

图3-11　移植法构成的绉组织

(三)调序法

以变化组织为基础组织,然后变更基础组织的经(或纬)纱的排列次序而构成绉组织。调序法不一定一次成功,可不断地调整比较,找到一种最佳的排序效果。

(四)省综设计法

前面三种绉组织的构成方法,因受综页数的限制,组织图都不可能太大,因此在面料表面,经纬纱的交织情况必然还会呈现出一定的规律性,起皱效果不太理想。目前,在实际生产中,为了获得起皱效果较好的面料,利用计算机辅助设计,采用一种扩大组织循环的省综设计法。设计程序如下:

(1)确定所需采用的综页数。如6页综或8页综。

(2)确定组织循环的大小。如$R_j = 60$,$R_w = 40$。

(3)确定每页综的提升规律,即纹板图。

(4)确定穿综顺序,即穿综图。

(5)自动生成组织图。

采用省综设计法,其组织循环较大,更能避免在面料表面出现有规律的纹路,起皱效果较好。在棉色织面料、丝面料、毛纤维面料中都有应用。

二、条格组织

条格组织是用两种或两种以上的组织并列配置而获得的,由于各种不同的组织,其面料外观不同,因此在面料表面呈现清晰的条或格。为确保条纹或格子清晰,一般要求各分界处界限分明,在分界处的相邻两根经纱(或纬纱)的组织点刚好相反,左右并列的两个组织或上下排列的两个组织都符合"底片翻转法"的关系。该组织在被单、手帕、头巾等方面得到广泛应用。

三、透孔组织

透孔组织的面料,表面具有均匀分布的小孔。面料表面孔隙的形成原因:在组织中,有浮长线较长的纱线存在,而其附近纱线的浮沉规律又相同,这样组合的一组纱线容易靠拢在一起;在出现孔眼位置的相邻两根纱线的交织规律又刚好相反,纱线间容易形成排斥力。在纱线内应力的作用下,面料表面就自然形成孔眼。

在织制透孔组织面料时,纱线密度不宜过大,否则透孔效应不显著。为了使孔眼明显,在穿筘时,可以采用花筘穿法;卷取时可以采用间歇卷取。

透孔组织一般可作稀薄的夏季服装用面料,主要取其多孔,轻薄,凉爽,易于散热,透气等特点,如各种网眼面料和花式透孔面料等。

四、蜂巢组织

在面料表面,当浮长线越长,该段纱线越容易浮在面料表面;当浮长线逐步缩短,则其所处的凸出位置也逐步下降。利用这一原理,在面料表面形成规则的四周高中间低的四方形凹凸花纹,状如蜂巢,称为蜂巢组织。蜂巢组织的组织图构图方法是由单独经组织点的纬面斜纹转化为菱形斜纹,再转变为蜂巢组织。其特点是:质地稀疏而松软,富有吸湿作用,缩水率较大,外形美观,具有较好的保温性。适宜织制女式呢、睡衣布、围巾、浴巾、面巾等,现更多用于织制洗碗巾。

五、平纹地小提花组织

在平纹组织的基础上配置各种小花纹而形成的组织称为平纹地小提花组织。要求面料外观紧密、细洁,花纹不要太突出,起到一定的点缀作用,而不破坏整体的平纹风格。在夏季的衬衫面料中应用较多。平纹地小提花面料有别于大提花面料,在设计时要注意以下几点。

(1)花纹不能太复杂,所用综页数不能超过织机的设计综页数。

(2)起花部分的浮长线不要太长,经纱浮长以不超过3个组织点为宜,最多可有5个组织点,纬浮长线可稍为长一些。

(3)起花部分的经纱与平纹的交织次数不要相差太大,否则,将增加织造工艺上的麻烦。

(4)每次开口时,提综数应尽量均匀。

六、其他联合组织

其他联合组织还有凸条组织、网目组织等。因较为少见,这里不作介绍。

第四节　复杂组织

面料的原组织、变化组织和联合组织等虽然种类繁多,构造各异,但它们的共同特点是:都是由一个系统的经纱和一个系统的纬纱相互交织构成的,组织结构比较简单。而复杂组织的经纬纱中,至少有一种是由两个或两个以上系统的纱线组成。这种组织结构能增加面料的厚度而表面致密,或改善面料的透气性而结构稳定,或提高面料的耐磨性而质地柔软,或能得到一些简单面料无法得到的性能和模纹等。复杂组织也是种类繁多,应用广泛,多数应用于服装、装饰等面料。

一、二重组织

二重组织是由两个系统的经纱与一个系统的纬纱或两个系统的纬纱与一个系统的经纱交织而成,前者称经二重组织,后者称纬二重组织。

二重组织的纱线在面料中呈重叠状配置,不需采用高线密度的纱线就可增加面料的厚度和重量,提高了面料的保温性,增强了面料的耐磨性,又保证面料表面细腻,并且可使面料正反两面具有不同组织、不同颜色的花纹。

若在一些简单组织的面料中局部采用二重组织,面料表面按照花纹的要求,将使起花纱线在起花时浮在面料表面,不起花时沉于面料反面,起花部分以外的面料仍按简单组织交织,形成各式各样局部起花的花纹,这种组合的组织称为起花组织。当起花部分是由两个系统的经纱(花经和地经)与一个系统的纬纱交织时,称经起花组织;若由两个系统的纬纱(花纬和地纬)与一个系统的经纱交织时,称纬起花组织。

经二重组织是由表经和里经与一个系统纬纱交织而成,为了确保里经不会在面料表面显露,即表经的经浮长线必须能将里经的经组织点遮盖住,因此,其表面组织和反面组织适合选用经面组织。经二重组织多数用于织制较厚的高级精梳毛纤维面料。

纬二重组织是由一个系统的经纱与表纬和里纬交织而成,同理,为了确保里纬不会在面料表面显露,即表纬的纬浮长线必须能将里纬的纬组织点遮盖住,因此,其表面组织和反面组织适合选用纬面组织。纬二重组织通常用于织制毛毯、棉毯、厚呢绒、厚衬绒等,也有用于技术面料的,如工业用滤尘布等。

二、双层组织

双层组织是由两组各自独立的经纱分别与两组各自独立的纬纱交织,同时构成相互重叠的两层面料,这两层面料可以相互分离,也可以连接在一起。在表层的经纱和纬纱称为表经和表纬;在里层的经纱和纬纱称为里经和里纬。

在传统的有梭织机上,利用双层组织可以织出上下两幅独立的面料、管状面料、双幅或多幅面料以及上下紧密连接的接结双层面料等。双层组织按照其连接方法的不同可分为五种组织。

(一)普通双层组织

普通双层组织,即织出上下两幅面料独立存在所采用的组织。采用普通双层组织,在各种织机上都可以同时织出两幅面料,但织造效率很低,实际上并不采用。普通双层组织只是利用其双层织造的原理来织造管状、双幅或接结双层面料。

(二)管状组织

在有梭织机上,利用双层组织进行织造,而使上下两幅面料的两边缘连贯地连接在一起,此时的组织称为管状组织。而在新型无梭织机上无法织出。

管状组织可用于织制水龙带、造纸毛毯、圆筒形的过滤布、无缝袋及人造血管的基布等。关键是其两边缘的连接处要保证组织点的连贯性。

（三）双幅织组织

在窄幅有梭织机上生产幅宽比织机宽一倍或两倍的面料，必须以双幅织或三幅织的组织来织造。织制双幅面料时，使上下两层面料仅在一侧进行连接，当面料自织机上取下展开时，便获得比上机幅度大一倍或几倍的阔幅面料。这类组织在毛纤维面料中应用较多，如造纸毛毯等。不过现在的新型织机幅宽已经比较宽了，可直接织出幅宽较大的面料，不需要再双幅织、三幅织那么麻烦了。

（四）双层表里换层组织

双层表里换层组织的织制原理与普通双层组织相同，这种组织仅以不同色泽的表经与里经、表纬与里纬，沿着面料的花纹轮廓处交换位置，使面料正反两面利用色纱交替织造，形成花纹，同时将两层面料连接成一整体。这种组织主要应用在厚重型的毛纤维面料中，可以直接织出色彩对比鲜明的格子效果。设计时，表里交换的两个基础组织的组织循环数应相等或成一定倍数关系。

（五）接结双层组织

双层组织的表里两层紧密地连接在一起的面料称为接结双层面料，其组织称为接结双层组织。这种组织在毛、棉纤维面料中应用较广，一般常用它织制厚呢或厚重的精梳毛纤维面料、家具面料以及鞋面布等。按照上下两层接结方法的不同，接结双层组织可以分为五种组织。

（1）上接下法接结双层组织。

（2）下接上法接结双层组织。

（3）联合接结双层组织。

（4）接结经接结双层组织。

（5）接结纬接结双层组织。

三、纬起毛组织

利用特殊的面料组织和整理加工，使部分纬纱被切断而在面料表面形成毛绒的面料称为纬起毛纤维面料。这类面料一般是由一个系统的经纱与两个系统的纬纱构成。两个系统的纬纱在面料中具有不同的作用，其中一个系统的纬纱与经纱交织形成固结毛绒和决定面料牢度的地布，这种纬纱称为地纬；另一个系统的纬纱也与经纱进行交织，但主要以其纬浮长线浮于面料表面，而在割绒（或称开毛）工序中，其纬纱的浮长部分被割开，然后经过一定的整理加工后形成毛绒，这种纬纱称为毛纬（也称绒纬）。纬起毛组织是由地组织和起毛组织组合而成。

纬起毛纤维面料根据毛绒的外形不同分为灯芯绒、花式灯芯绒、纬平绒和拷花呢等。

（一）灯芯绒

灯芯绒的毛绒成纵条状，它具有手感柔软、绒条圆润、纹路清晰、绒毛丰满的特点。由于穿着时大都是绒毛部分与外界接触，地组织很少磨损，所以坚牢度比一般棉纤维面料有显著提高。灯芯绒是男女老少在春、秋、冬三季均适用的大众化棉纤维面料，可制成衣、裤、帽、鞋等，用途广泛。其组织是由平纹地或斜纹地与纬浮长较长的起毛组织组合而成。其毛绒的固结方式有 V形和 W 形两种。

（二）花式灯芯绒

花式灯芯绒的织制除组织搭配与一般灯芯绒有所不同外,其他都类同。在花式灯芯绒面料表面,因一部分起绒,另一部分不起绒,由地布和绒条相互配合,可形成各种各样的几何图案花纹。

（三）纬平绒

纬平绒的特点是:面料的整个表面被覆着短而均匀的毛绒,绒毛平整不露地。纬平绒绒纬的绒根彼此叉开,这样既有利于增加绒纬的密度,又使绒毛分布更加均匀。绒纬多以 V 形方式固结在经纱上。

（四）拷花呢

拷花呢面料是由位于面料表面的纬浮长线,经缩呢拉绒,松解成纤维束,再经剪毛与刷绒,使纤维毛绒凸起。面料手感柔软,具有良好的耐磨性能。

四、经起毛组织

面料表面由经纱形成毛绒的面料,称为经起毛纤维面料,其相应的组织称为经起毛组织。这种面料是由两个系统的经纱（地经和毛经）与一个系统的纬纱交织而成。织造时,地经和毛经分别卷绕在两只织轴上（双轴送经）,可用单层起毛杆或用双层织制法织成。双层织制法是地经纱分成上下两部分,分别形成上下两层经纱的梭口,纬纱依次在上下层经纱梭口中与经纱进行交织,形成两层地布;两层地布间隔一定距离,毛经位于两层地布中间,与上下层纬纱同时交织。两层地布间的距离等于两层绒毛高度之和。织成的面料经割绒工序将连接的毛经割断,就形成了两层独立的经起毛纤维面料。

经起毛组织的双层织造按照开口和投入纬纱的方法不同,分为单梭口织造法和双梭口织造法。

经起毛纤维面料按照面料表面毛绒长度和密度的不同,分为经平绒和长毛绒两类。

（一）经平绒

经平绒面料具有平齐耸立的绒毛且均匀被覆在整个面料表面,形成平整的绒面。绒毛的长度约 2mm 左右,绒根采用 V 形固结法,可获得最大的绒毛密度,使绒面丰满。经平绒面料的耐磨性能好,而且面料表面绒毛丰满平整,光泽柔和,手感柔软,弹性好,面料不易起皱,面料本身较厚实,并借耸立的绒毛组成空气层,所以保暖性也好。经平绒面料适宜于做妇女、儿童秋冬季服装以及鞋、帽等,此外还可用作幕布、火车坐垫、精美贵重仪表和装饰品的盒子里装饰与工业用面料。

（二）长毛绒

长毛绒面料的毛绒一般较长,长度取决于织造时两层基布之间的间隔,毛绒高度随产品的要求而定,一般立毛纤维面料的毛绒高度为 7.5~10mm。绒毛的密度也随产品的要求而定,如要求质地厚实,绒面丰满,立毛挺,弹性好的面料,多采用四梭固结;如要求质地松软的面料,则采用组织点较多的固结方式;若要求绒毛短且密,弹性好,耐压耐磨的面料,多采用二梭或三梭固结。

五、纱罗组织

纱罗面料的特点是面料表面具有清晰、均匀分布的纱孔,经纬密度较小,因而面料有良好的透气性,质地轻薄,适用于夏季面料及室内装饰,如窗帘、蚊帐以及工业上应用的筛网等。

纱罗面料经纬纱的交织情况与一般面料不同。纱罗面料中仅纬纱是相互平行排列的,而经纱是由两个系统的纱线(绞经和地经)相互扭绞,即织制时,地经纱的位置不动,而绞经纱有时在地经纱右方,有时在地经纱左方,与纬纱进行交织,纱孔就是由于绞经作左右绞转,并在其绞转处的纬纱之间有较大的空隙而形成。这种交织原理是所有的面料组织中平均浮长最小的组织,因此,经纬纱间相互位置关系最稳固,不容易产生移位,如纱罗组织的蚊帐、无梭织机织造时所用的布边等。

纱罗组织是纱组织和罗组织的总称。纱组织是指每织入一根纬纱,绞经就改变一次左右位置的组织;罗组织是指每织入三根或三根以上的奇数的纬纱,绞经才改变一次左右位置的组织。在纱罗组织中,按照绞经与地经绞转方向的不同可分为两种:一种是绞经与地经绞转方向一致的纱罗组织,称为顺绞;另一种是绞经与地经绞转方向对称的纱罗组织,称为对绞。

六、毛巾组织

毛巾面料由于面料表面有均匀分布的毛圈,因而面料具有良好的吸湿性、保温性和柔软性,适宜于做面巾、浴巾、枕巾、被单、睡衣、床毯和椅垫等。毛巾面料的织造必须具备三个条件:毛巾组织、长短打纬动程的打纬机构和双轴送经。其中,毛巾组织是由两个系统的经纱(毛经和地经)与一个系统的纬纱交织而成。地经与纬纱交织构成底布成为毛圈附着的基础,毛经与纬纱交织构成毛圈。即毛巾组织是由地组织和毛圈组织组合而成。其基础组织并不复杂,是由 $\frac{2}{1}$ 变化经重平或 $\frac{3}{1}$ 变化经重平再变化组合而成。

毛巾面料按照毛圈分布情况的不同分为双面毛巾、单面毛巾及花式毛巾等;按照打纬动程的变化规律不同分为三纬毛巾(打纬动程两短一长)和四纬毛巾(打纬动程三短一长)。织造时,可通过改变地经和毛经的排列比,来改变毛圈的密度;可通过改变长短打纬动程的动程差距,来改变毛圈的高度。

☞ 思考题

1.解释下列基本概念:机织面料、针织面料、非织造面料、面料组织、组织点、经组织点、纬组织点、组织循环、原组织、平纹组织、斜纹组织、缎纹组织、组织点飞数。

2.面料基本组织的基本特点是什么？它包括哪些组织？

3.简述平纹组织、斜纹组织、缎纹组织的特点。

4.试比较三原组织中各类面料的结构和性能的异同点。

5.举例说明变化组织的特点及其分类。

6.举例说明平纹变化组织、斜纹变化组织、缎纹变化组织的特点及包括的种类。

7.机织面料的联合组织主要包括哪些类型的组织？其特点如何？

8.试比较联合组织中各组织的异同点。

9.举例说明复杂组织与原组织、变化组织、联合组织的区别是什么？

10.复杂组织是怎样组成的？它有哪些主要种类？

11.复杂组织中的二重组织、双层组织、起毛组织、纱罗组织和毛巾组织有哪些异同点？

第四章 针织面料

● 本章知识点 ●

1. 掌握针织面料的基本结构。
2. 掌握针织面料的基本特性。
3. 掌握纬编基本组织和花色组织。
4. 掌握经编基本组织和花色组织。
5. 掌握针织面料的分类。
6. 了解纬编针织面料的主要品种、特性和用途。
7. 了解经编针织面料的主要品种、特性和用途。

第一节 针织面料的基本结构和特性

一、针织面料的基本结构

针织面料是指利用织针将纱线弯曲成线圈,由线圈相互串套、连接而形成的面料。线圈是针织面料的基本结构单元。

针织面料按其形成的方法不同可分为纬编针织面料和经编针织面料两大类。

纬编是指将一根或几根纱线由纬向喂入工作织针,使纱线顺序成圈,并且相互串套而形成面料的一种方法。

纬编针织面料的基本结构单元是纬编线圈,如图4-1所示。由圈干1-2-3-4-5和沉降弧5-6-7组成,圈干部分可分为圈柱1-2,4-5和针编弧2-3-4两部分,沉降弧是连接两相邻线圈的线段。

经编是指将一组或多组平行排列的纱线,于经向喂入针织机的工作织针上,同时弯纱成圈,并在横向相互连接而形成面料的方法。

经编针织面料的线圈结构如图4-2所示。一个完整的线圈由圈干1-2-3-4-5和延展线5-6组成。经编线圈通常有开口线圈A和闭口线圈B两种形式。在开口线圈中,线圈基

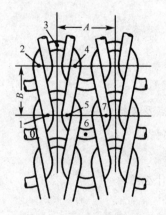

图4-1 纬编线圈结构图

部的延展线互不交叉。在闭口线圈中,线圈基部的延展线相
互交叉。

在针织面料中,线圈在横向连接的行列称为线圈横列,在纵
向串套的行列称为线圈纵行。

在横列方向上,两相邻线圈对应点间的距离称为圈距,通常
用 A 表示。在纵行方向上,两相邻线圈对应点间的距离称为圈
高,通常用 B 表示,如图 4-1 所示。

线圈的外观有正面和反面之分,线圈圈柱覆盖在线圈圈弧
上的一面,称为正面线圈,如图 4-3(a)所示。线圈圈弧覆盖于
线圈圈柱上的一面,称为反面线圈如图 4-3(b)所示。

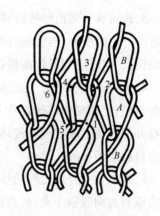

图 4-2　经编线圈结构图

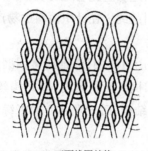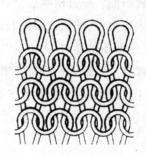

(a) 正面线圈结构　　　　　　(b) 反面线圈结构

图 4-3　纬平针组织

线圈圈柱(或线圈圆弧)只集中分布在针织面料一面的,称为单面针织面料;而线圈圈柱
(或线圈圆弧)分布在针织面料两面的,称为双面针织面料。

二、针织面料的特性

针织面料是由弯曲的纱线形成线圈,再由线圈相互串套、连接而形成的。它的基本结构单
元是线圈,线圈结构使得针织面料比机织面料疏松,而且当有外力作用时,组成线圈的纱线可在
面料组织内发生滑移,一旦外力消失,它又有回复原状的趋势,因此针织面料具有一系列与机织
面料完全不同的特性。

1. 弹性和延伸性　在外力拉伸作用下,组成针织面料线圈的各部分纱线线段,会沿着力的
方向发生一定程度的转移,使面料在受力方向上被拉伸,当外力撤除后,转移的纱线线段又回复
到原来的状态,使面料能较快回复原来的外形与尺寸。因此,针织面料的弹性与延伸性比机织
面料要好得多。

2. 柔软性和悬垂性　线圈结构使针织面料在穿着时易随身体姿势的变动,使面料中的线圈
产生一定程度的弯曲变形、拉伸,线圈与线圈之间产生一定的偏移,使得面料更易贴近肌肤,穿
着柔软、舒适,线圈与线圈在纵向相互串套形成的链式结构,使面料受到自身重力的影响,各线
圈之间的纱线线段也向重力方向发生轻微转移,使面料下垂而产生良好的悬垂感。

3. 抗皱性 当面料被折皱时,由于线圈的可转移性,被拉伸的线圈从相邻线圈处抽引纱线,以适应外力的变形,当折皱力消除后,被转移的纱线在线圈平衡力的作用下迅速回复,从而使其结构回复原状,它与机织面料在折皱时完全表现为纱线弯曲是不一样的。

4. 保暖透气性 由于线圈结构呈现一种三度弯曲的空间曲线,线圈与线圈的串套中存在一定的空隙,使面料内部蕴含着大量的空气,相当于一种空气隔离层,当针织面料作为内衣穿着,并有外层衣物阻隔空气的流动时,就能起到保暖的作用;当没有外层衣物阻挡时,外面的空气容易通过针织面料的孔隙进入,从而起到透气的作用。

5. 脱散性 针织面料的纱线断裂或线圈纵行失去串套时,会造成线圈与线圈的分离,线圈会沿纵行方向脱散下来,使面料外观和强力受到破坏。脱散性对服用面料来说是一个缺点,但在有些场合下可以利用这一特点,如在毛衣编织中可将面料脱散后重新编织等。

6. 卷边性 某些针织面料在自由状态下,面料边发生包卷边的现象称为卷边。这是由于线圈弯曲线段所具有的内应力,力图使线段伸直而引起的。在针织面料中易产生卷边的多为单面针织面料,而双面针织面料不易卷边。

7. 钩丝和起毛起球性 针织面料在加工和穿用过程中,纤维经常因磨损而起毛,或被尖物钩出而形成丝环。由于针织面料的线圈结构不如机织面料紧密,因此钩丝现象比机织面料严重,尤其是化学纤维针织面料。通常从原料、组织结构、后处理几方面来综合考虑,防止或减少钩丝和起毛起球现象。

总的说来,由于线圈结构在横列方向的连接方式不同,纬编针织面料与经编针织面料的特性存在一定差异。

纬编针织面料的同一线圈横列,是由一根纱线(或几根纱线)形成的线圈连接而成的,因此使其有较好的延伸性和弹性,但也使纬编面料同一横列的线圈易沿逆编织方向脱散。

经编针织面料在同一横列中,各个线圈由不同的纱线形成,并由各线圈的延展线使各纵行在横向产生连接,因此其横向延伸性不及纬编面料,脱散性也较小。

第二节 针织面料的组织

一、纬编针织面料的组织
纬编针织面料的组织结构一般可分为原组织、变化组织和花色组织三类。

(一)原组织
纬编原组织是所有纬编组织的基础。纬编原组织包括纬平针组织、罗纹组织和双反面组织。

1. 纬平针组织 纬平针组织又称平针组织,是最基本的纬编单面组织,它的结构如图4-3所示。是由连续的、结构相同的单元线圈相互串套而成。纬平针组织在针织面料的两面具有不同的外观,圈柱覆盖着圈弧的一面为正面,如图4-3(a)所示;圈弧覆盖着圈柱的一面为反面,如图4-3(b)所示。

纬平针织组织形成的面料正面由于圈柱的整齐排列比较平滑光洁,反面由于圈弧对光线的漫反射,相对粗糙黯淡,如图4-4所示;在横向、纵向有较好的延伸性;卷边性明显;由于纱线的捻度的不稳定,易使线圈歪斜;脱散性较大,可沿编织方向和逆编织方向脱散。

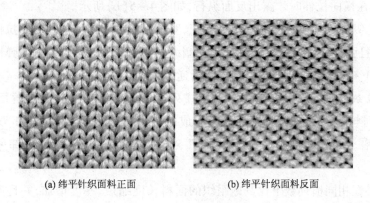

(a) 纬平针织面料正面 　　　　　(b) 纬平针织面料反面

图4-4　纬平针织面料

2.罗纹组织 罗纹组织由正面线圈纵行与反面线圈纵行以一定的组合相间配置而成。罗纹组织的种类很多,它取决于正反面线圈纵行数的配置,如1+1罗纹(图4-5)、2+2罗纹(图4-6)、3+2罗纹等。图4-5(b)所示为1+1罗纹,是由一个正面纵行与一个反面纵行交替配置成的。而3+2罗纹是指由三个正面纵行与两个反面纵行交替配置成的罗纹。

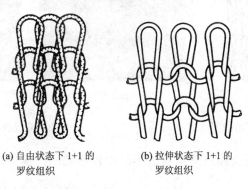

(a) 自由状态下 1+1 的　　　(b) 拉伸状态下 1+1 的
　　罗纹组织　　　　　　　　　罗纹组织

图4-5　1+1罗纹组织

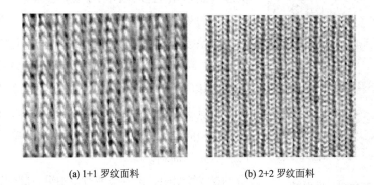

(a) 1+1 罗纹面料 　　　　　(b) 2+2 罗纹面料

图4-6　罗纹面料

1+1罗纹组织的正反线圈不在同一个平面上,使连接正反面线圈的沉降弧产生较大的弯曲和扭转,由于纱线的弹性,力图伸直,结果使相同的线圈纵行相互靠近,面料两面都显示出由正面纵行组成的直条凸纹,而反面纵行隐潜在正面纵行的直条凸纹下面,如图4-5(a)及图4-6(a)所示,只有在横向拉伸时才露出反面纵行,如图4-5(b)所示。

罗纹组织的纵向延伸性近似于纬平针组织,罗纹组织的针织面料在横向拉伸时具有较大的弹性和延伸性,且弹性大小也取决于正反面线圈纵行的配置,其中1+1罗纹弹性最好。罗纹组织卷边不明显(1+1罗纹完全不卷边),只能沿逆编织方向完全脱散。

3.双反面组织 双反面组织由正面线圈横列与反面线圈横列交替配置而成,图4-7是由一个正面横列与一个反面横列交替配置而成的1+1双反面组织。1+1双反面组织的正面线圈横列隐潜,线圈的圈弧突出而圈柱凹陷,使其两面看起来都像纬平针的反面,如图4-8所示。

双反面面料在相同横列数下比其他组织的面料长度缩短、厚度增加,并且使面料有很好的纵向弹性和延伸性,其中以1+1双反面组织为最,双反面面料不卷边,脱散性与纬平针织面料相同。

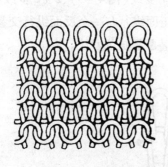

(a) 正面   (b) 反面

图4-7 双反面组织线圈结构图   图4-8 双反面面料

双反面面料可根据正反面线圈横列的不同配置形成凹凸横条;正反面线圈按花型要求组合后,可形成凹凸几何图案,如图4-9所示。双反面组织适宜制作羊毛衫、围巾、手套、毛袜等。

图4-9 花色双反面面料

(二)变化组织

纬编变化组织是由两个或两个以上的原组织复合而成,即在一个原组织的相邻纵行间配置另一个或者另几个原组织,以改变原来组织的结构与性能,如双罗纹组织等。

原组织与变化组织又称为基本组织,其最显著的特点是具有相同结构的线圈单元,这些线圈单元以不同的组合形成不同的面料。

双罗纹组织是由一个罗纹组织纵行间配置了另外一个罗

纹组织纵行的双面纬编变化组织,如图 4 – 10(a)所示,是由两个 1 + 1 罗纹复合而成的双罗纹组织。双罗纹面料的正反两面都只显露正面线圈,因此也称作双正面面料,如图 4 – 10(b)所示。

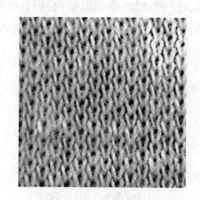

(a) 双罗纹线圈结构图　　　　　(b) 双罗纹组织面料

图 4 – 10　双罗纹组织

双罗纹组织也可因不同种类罗纹的配置而得到 1 + 1 双罗纹、2 + 2 双罗纹、2 + 1 双罗纹等。利用双罗纹抽针方式可形成双罗纹凹凸纵条,利用色纱形成色织纵条、横条及方格效应。

双罗纹面料厚实,挺括,结构稳定,表面平整,不卷边,在相同的针数下,幅宽小于纬平针,大于罗纹。延伸性、弹性小于罗纹,只能沿逆编织方向脱散,而且脱散性小于罗纹,面料强度较高。双罗纹面料多用于棉毛衫裤、T 恤、运动服及时装等。

(三)花色组织

纬编花色组织是采用不同的纱线,按照一定的规律编织不同的线圈而形成的,主要有提花组织、集圈组织、添纱组织、衬垫组织、毛圈组织、长毛绒组织、菠萝组织、纱罗组织及上述组织组合而成的复合组织等。

1. 提花组织　提花组织是将纱线垫放在按花纹要求所选择的某些织针上编织成圈,而在那些未垫放新纱线的织针上不成圈,纱线呈浮线状处于不参加编织的织针后面而形成的一种组织,其结构单元为线圈和浮线,如图 4 – 11 所示。

提花组织可以是单面的也可以是双面的,其中又有单色和多色之分。

(1)单面提花组织:在单面纬编组织中,根据一个完全组织(即组织结构中最小的花纹循环单元)中的各正面线圈纵行间线圈数是否相等,分为结构均匀与不均匀两种。

结构均匀的提花组织,完全组织中各线圈纵行间的线圈数相等,各线圈大小基本相同,结构均匀的双色提花组织由两根不同颜色的纱线形成一个线圈横列,如图 4 – 11(a)所示。结构均匀的三色单面提花组织由三根不同颜色的纱线形成一个线圈横列。在编织结构均匀的提花组织时,在喂纱循环周期内,每根织针必须只能吃一路纱线而编织成圈。

结构均匀的单面提花组织中每个提花线圈后面都有浮线存在,如果面料反面浮线太长,容易钩丝,影响面料的服用功能,如图 4 – 12(b)所示。因此可以在提花线圈纵行之间配置平针线圈纵行,以使浮线缩短,并且浮线的分布没有结构均匀的提花组织那么密集,从而形成结构不均匀的提花组织,如图4－11(b)所示。

结构不均匀的单面提花组织中,完全组织中各线圈纵行间的线圈数不等,线圈大小不完全相同。编织时,在每个喂纱循环周期内,织针吃纱情况不受限制,每根织针可根据花纹需要吃一次纱或多次纱,也可以在一个喂纱循环周期内不吃纱,不编织成圈。

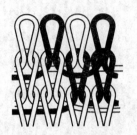
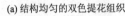
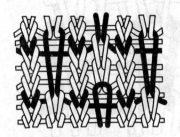

(a) 结构均匀的双色提花组织　　(b) 结构不均匀的双色提花组织

图4－11　单面提花组织

单面纬编提花组织中将各种不同颜色纱线所形成的线圈进行适当的配置,就可以在面料表面形成各种不同图案的花纹,如图4－12(a)所示。

利用结构不均匀的提花组织,在面料反面由平针线圈与浮线组合,形成有立体效果的花纹轮廓,如图4－13所示,使面料反面的花纹装饰效应更加突出,并以此来作为花型效应面。

(a) 正面　　　　　　　　　　　　(b) 反面

图4－12　结构均匀的单面提花面料

(a) 正面　　　　　　　　　　　　(b) 反面

图4－13　结构不均匀的单面提花面料

结构不均匀的提花组织中,多次不编织的提花线圈所受张力较大形成拉长线圈,同时抽紧与之相邻的其他线圈,从而在面料上产生起绉或褶裥效果(参见图4-75、图4-76)。

(2)双面提花组织:在双面组织的基础上形成的提花线圈结构,称为双面提花组织。提花组织的花纹可在双面面料的一面形成,也可同时在双面面料的两面形成,但在实际生产中,大多数采用一面提花,把花纹较复杂的一面定为面料的正面——花纹效应面,另一面作为面料的反面,在这种情况下正面花纹一般由针织机的选针装置根据花纹要求编织而成,而反面则采用较为简单的组织,主要有横条效应、纵条纹、小芝麻点和大芝麻点效应等,如图4-14(a)所示面料的反面,两相邻线圈横列为两条色纱分别形成两个不同颜色的线圈横列,称为两色横条效应;图4-14(b)所示面料反面为两条不同色纱形成一个杂色反面线圈横列,且在面料反面,上下左右相邻线圈的颜色互相交错,称为小芝麻点效应。

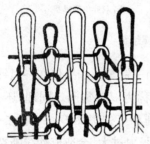 

(a) 反面横条效应的双面提花组织　　(b) 反面小芝麻点效应的双面提花组织

图4-14 二色双面提花组织线圈结构图

提花组织按照形成一个线圈横列所需的不同颜色纱线数,可分为双色提花、三色提花和多色提花等,图4-15所示为双面多色提花面料。在双面提花面料中,考虑到正、反面线圈的密度相差不可太大,在普通提花机上编织,一般色纱数不超过六色。

(a) 正面　　　　　　　　　　　　　(b) 反面

图4-15 双面多色提花面料

提花组织横向延伸性比基本组织小。单面提花组织的浮线使面料反面易钩丝起毛,而在双面提花面料中,由于双面提花面料的两面都是线圈圈柱(正面线圈),基本没有钩丝现象。提花面料的厚度相对较厚,单位面积重量较大。而且浮线的存在和线圈的转移,使线圈纵行相互靠拢,使面料幅宽变窄。提花组织脱散性较小。

2. 集圈组织 针织面料的某些线圈上除套有一个封闭的线圈外，还有一个或几个未封闭的悬弧，这种组织称为集圈组织。集圈组织的结构单元是拉长的集圈线圈和悬弧，如图4-16所示。

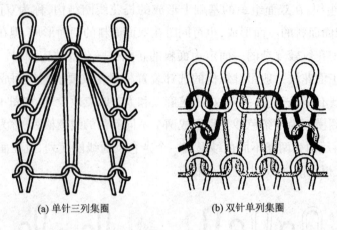

(a) 单针三列集圈   (b) 双针单列集圈

图4-16 集圈组织

根据形成集圈的针数多少，可分为单针、双针和三针等。如果仅在一只针上形成集圈，则称单针集圈。如果同时在两只相邻针上形成集圈，则称为双针集圈。同理，还有三针集圈等。集圈组织根据线圈不脱圈的次数，又可分为单列、双列和三列集圈等。一般在一枚针上最多可连续集圈4~5次，因为集圈的次数越多，使拉长线圈张力过大，会造成纱线断裂和针钩损坏。

集圈组织可在单面组织基础上形成，也可在双面组织基础上形成。

在单面集圈面料中，可利用集圈的排列及使用不同色彩的纱线，使面料产生凹凸、网眼、色彩及图案效应等。

图4-16(a)所示是单面集圈组织，一个集圈线圈上挂有三根悬弧，集圈悬弧在纱线自身弹性力的作用下，力图伸直，从而将相邻线圈纵行推开，使面料形成网眼。图4-17为这种网眼效应的单面集圈面料。

图4-18所示是一种凹凸效应的单面集圈面料，称单面单珠地布。由于集圈线圈被拉长，但其伸长的纱线来自于相邻的线圈，因此与集圈线圈相邻的线圈被抽紧，而与悬弧相邻的线圈凸出在面料表面，产生凹凸效应的花纹。当集圈线圈多次被拉长，并按一定的规律排列时，可在面料上形成强烈的起绉效果。

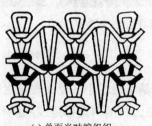

(a) 单面半畦编组织   (b) 单面半畦编面料正面效果

图4-17 网眼效应的单面集圈面料   图4-18 单面半畦编集圈组织与面料(单珠地面料)

图4-19所示是另一种单面集圈的变化组织—单面畦编组织,不封闭的悬弧交错挂在相邻纵行线圈上,反面形成蜂巢网眼效应,又称为单面双珠地。图4-20所示为采用两种色纱编织的单面集圈面料,悬弧只显露在面料的反面,在面料的正面,悬弧被拉长的集圈线圈所遮盖,面料正面主要显示集圈线圈的颜色,从而产生两色纵条纹效应。

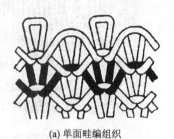 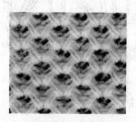

(a) 单面畦编组织　　　　　　　　(b) 单面畦编面料的反面效果
　　　　　　　　　　　　　　　　　　（双珠地面料）

图4-19　单面畦编组织及面料

图4-20　色彩效应的单面集圈组织

双面集圈组织可在罗纹、双罗纹组织基础上形成,在面料上形成凹凸、网眼等效应。

图4-21所示是罗纹畦编组织线圈图,毛衫编织中俗称双元宝或双鱼鳞。线圈与悬弧在面料两面交替排列,面料两面外观相同,都呈现拉长的集圈线圈,由于悬弧的存在,厚度比罗纹大大增加。

图4-22所示是罗纹半畦编组织线圈图(反面),毛衫编织中俗称单元宝或单鱼鳞。面料反面是单针单列集圈,正面为平针线圈,由于集圈抽紧相邻线圈,而悬弧将纱线转移给相邻线圈,使面料正面与悬弧相邻的平针线圈变大、凸起,面料反面只显示出拉长的集圈线圈。

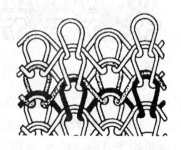 

图4-21　罗纹畦编组织　　　　　　　图4-22　罗纹半畦编组织

图4-23所示是罗纹集圈组织,产生网眼效应。图4-24所示是罗纹集圈网眼面料。

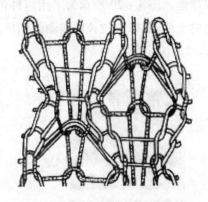 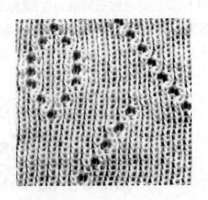

图4-23 罗纹集圈组织　　　　　　　图4-24 罗纹集圈面料

集圈组织由于悬弧与集圈线圈重叠地挂在线圈上,故面料较厚实。集圈组织中的线圈大小不匀,表面高低不平,其强度、耐磨性较平针组织、罗纹组织的面料差,且易钩丝起毛。集圈组织的面料与平针织面料、罗纹面料相比宽度增大,长度缩短,脱散性小,横向延伸性也较小。

3. 添纱组织 针织面料的全部线圈或部分线圈,是由一根基本纱线(地纱)与一根或几根附加纱线(添纱)一起形成的组织,称为添纱组织。

添纱组织可分为单面和双面两大类,也可分为单色和花色两大类。

添纱组织的地纱经常处于线圈的反面,而面纱经常处于线圈的正面,如图4-25所示是单面单色添纱组织,图4-26所示是双面单色添纱组织。

从图4-25可看出:黑色面纱2处于圈柱的正面,白色地纱1处于圈柱的里面,被黑色面纱覆盖,而在这块面料的反面大部分为白色线圈,但黑色线圈的圈弧部分还不能完全被白色地纱覆盖,故有杂色效应。

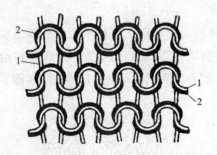 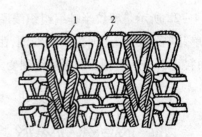

图4-25 单面单色添纱组织　　　　　　图4-26 双面单色添纱组织

当使用不同颜色或不同性质的纱线作面纱和地纱时,可使面料的正、反面具有不同的色泽及服用性能。当用不同捻向的纱线编织时,可消除单面纬编针织面料的线圈歪斜现象。

图4-26所示是双面单色添纱组织,是以1+2罗纹组织为基础编织的,从图中可看出:正面线圈纵行是添纱1呈现在面料表面,而反面线圈纵行主要是由添纱2呈现在表面,这样面料

的表面产生两种色彩或性质不同的纵条纹。

4. 衬垫组织　衬垫组织是在编织线圈的同时,将一根或几根衬垫纱夹带到组织结构中,与地组织纱线发生一定程度的交织,在地组织的某些线圈上形成不封闭的悬弧,在其余的线圈上呈浮线停留在面料反面,如图4-27所示。

衬垫组织的地组织可以是平针组织、添纱组织和单面集圈组织等。

图4-27所示是以平针组织为地组织所形成的平针衬垫组织,从图中可以看出,衬垫纱 a 与地纱沉降弧 b 有交叉点,衬垫纱在面料正面线圈纵行间会有所显露。

图4-28所示是以添纱组织为地组织所形成的添纱衬垫组织。它由面纱1和地纱2编织成添纱组织,衬垫纱3周期地在某些地纱线圈上形成悬弧,与地纱交叉,夹在地纱与面纱之间,所以衬垫纱不易显露在面料的正面。面料的正面显露面纱,反面地纱又为衬垫纱所覆盖。添纱衬垫面料的使用寿命取决于地纱的强度,即使面纱磨损断裂了,仍有地纱锁住衬垫纱。

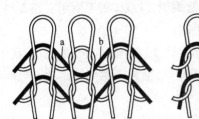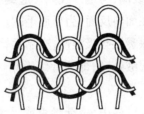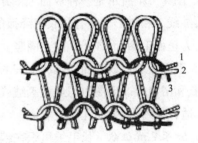

图4-27　平针衬垫组织　　　　　　　图4-28　添纱衬垫组织

添纱衬垫面料的脱散性较小,仅能沿逆编织方向脱散,有了破洞不易扩散。另外,由于衬垫纱突出在面料的反面,于是在衬垫纱与底面料之间形成了静止的空气层,提高了面料的厚度和保暖性。同时由于衬垫纱被夹在线圈圈柱之间,可使相邻线圈互相靠拢,从而提高了面料的密度。添纱衬垫面料由于悬弧和浮线的存在,横向延伸性很小。

衬垫组织广泛用于起绒面料的生产,在后整理过程中进行拉毛处理,可使衬垫纱线被拉成短绒状,增加面料的保暖性。添纱衬垫组织的衬垫纱常采用较粗的纱线,经拉毛整理形成厚绒面料,比平针衬垫更厚实,保暖性更好。

5. 毛圈组织　毛圈组织是由平针线圈和带有拉长沉降弧的毛圈线圈组合而成,一般由两根纱线编织而成,一根纱线编织地组织线圈,另一根纱线编织带有毛圈的线圈。

毛圈组织可分为普通毛圈和花色毛圈两类,而在每一类中又可分为单面毛圈和双面毛圈。

利用毛圈的大小、排列或颜色的不同可形成素色平纹毛圈、凹凸花纹、彩色毛圈花纹等效应或几种效应的结合。

图4-29所示是一种普通单面毛圈组织,在其表面上均匀地分布着由黑色、麻色毛圈纱形成的毛圈,每个毛圈对应着地组织的一个线圈,图中白纱为地纱,黑色和麻色纱为毛圈纱,毛圈竖立在面料的反面。

图4-30所示是一种单面花色毛圈组织,按照花纹要求,面料中只有一部分线圈形成毛圈,从图中可看出,在毛圈间夹着呈一定规律配置的不拉长的沉降弧a,在面料上形成了具有凹凸效应的花色毛圈。

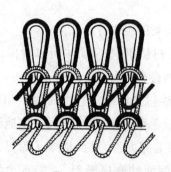

图4-29 单面毛圈组织

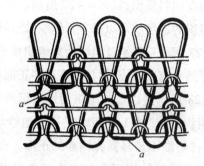

图4-30 单面花色毛圈组织

图4-31所示是一种双面毛圈组织,毛圈在面料的两面形成。图中纱线1形成平针地组织,纱线2和3形成带有拉长沉降弧的线圈,与地纱线圈一起编织,纱线2的毛圈竖立在面料正面,为正面毛圈,而纱线3的毛圈竖立在面料反面,为反面毛圈。

毛圈组织形成的面料具有良好的保暖性与吸湿性,产品柔软、厚实,适宜用来做毛巾、毯子、睡衣和浴巾等。毛圈组织经过割绒或剪绒处理,即为针织天鹅绒,面料手感更加柔软、丰满、平滑,适宜做睡袍、婴幼儿服装等。

6.长毛绒组织 长毛绒组织在编织过程中,将纤维束或毛绒纱与地纱一同喂入,进行编织成圈,同时使纤维束或毛绒纱的头端显露在面料的表面,形成绒毛状,如图4-32所示。

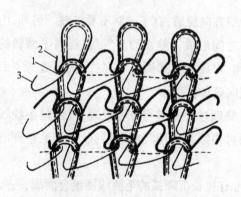

图4-31 双面毛圈组织

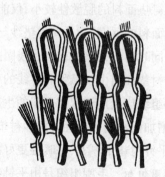

图4-32 长毛绒组织

长毛绒组织应用十分广泛,纤维束或毛绒纱可以不同的化学纤维为原料,由于喂入纤维的长短与粗细有差异,就使纤维留在面料表面的长度不一,因此可以做成毛干和绒毛两层,毛干留在面料表面,绒毛处于毛干层的下面紧贴针织面料,这种毛层关系更接近于天然毛皮,因此又有人造毛皮之称。

长毛绒组织手感柔软,保暖性好,弹性、延伸性好,耐磨性好,可仿制各类天然毛皮,单位面积重量比天然毛皮轻,特别是采用腈纶束制成的人造毛皮,其重量比天然毛皮轻一半左右。

7. 纱罗组织 纱罗组织是在纬编原组织的基础上按照花纹要求将某些线圈进行转移,即从某一纵行转移到另一纵行而形成的。纱罗组织中移圈的方式和规律发生变化时,即可在面料表面形成各种花纹图案。

纱罗组织可分为单面组织和双面组织。

(1)单面纱罗组织:在单面面料上移圈时,移圈处的纵行中断,外观呈现出孔眼效应,如图4-33(a)所示;也可以2个或多个线圈交互移圈,这样移圈处线圈纵行并不中断,外观呈现扭曲效应(绞花),如图4-33(b)所示,将这些孔眼或扭曲按一定规律分布在针织面料的表面,即可形成所需的花纹图案。

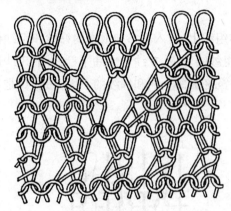
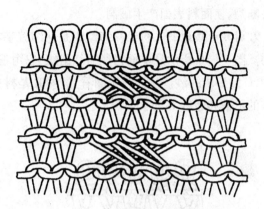

(a) 单面纱罗孔眼效果　　　　　　　　(b) 单面纱罗绞花效果

图4-33　单面纱罗组织

(2)双面纱罗组织:双面纱罗组织是在双面组织基础上,将某些线圈移圈而形成的。它可以将针织面料一面的线圈移到同一面的相邻线圈上,即将一只针床上的线圈移到同一针床的相邻针上。也可使两个针床上的线圈同时转移到某一个针床的相邻针上,或者两个针床上织针相互移圈,即将一个针床上的线圈移到另一个针床与之相邻的织针上,这样就得到很多花色品种。

图4-34 所示是在面料某一面进行移圈的,将一个针床上的两个相邻线圈向不同方向移到同一针床的相邻织针上,另一针床正常编织。这样,在双面针织面料的底面上可以看到一部分单面的平针线圈,在面料表面形成有凹纹孔眼效应,而在两个线圈合并的地方产生凸起棱线,使面料的凹纹更明显。

纱罗组织的线圈结构,除在移圈处的线圈圈干有倾斜和在两线圈合并处有针编弧重叠外,一般与它的基础组织并无大的差异,因此,纱罗组织的性质与它的基础组织相近。

纱罗组织孔眼效应的面料透气性好,常用于夏季女装

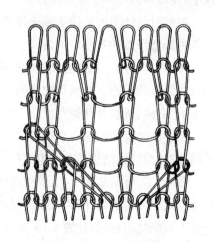

图4-34　双面纱罗组织

面料;利用纱罗组织的凹凸花纹、绞花等花纹效应,可以形成麻花辫、菱形凸纹等花纹,花型风格较为粗犷,花纹立体感强,常用于毛衫的编织。

8.菠萝组织 新线圈穿过旧线圈的针编弧与沉降弧而形成的纬编组织称为菠萝组织。

菠萝组织的结构如图4-35所示,图中表示沉降弧转移到针编弧上去的线圈结构,从图中可以看出,线圈的沉降弧可转移到一只线圈上去,也可套在两只线圈上。

菠萝组织可以在双面或单面组织上形成凹凸花纹和孔眼效应。

菠萝组织由于沉降弧的转移,使得面料形成菠萝状的凹凸外观,并在面料表面形成孔眼,增加了面料的透气性。

菠萝组织的面料强度较低。当菠萝针织面料受到拉伸时,张力集中在张紧的线圈上,纱线容易断裂,使面料表面产生破洞。

9.衬经衬纬组织 衬经衬纬组织是在纬编基本组织上,衬入不参加成圈的纬纱和经纱而形成的。图4-36所示是单面衬经衬纬组织,它由三组纱线形成,A纱形成纬平针线圈,B纱形成经纱,C纱形成纬纱。从面料正面看,经纱B是衬在沉降弧的上面和纬纱的下面,纬纱C是衬在圈柱的下面和经纱B的上面。

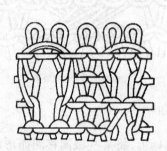

图4-35 菠萝组织

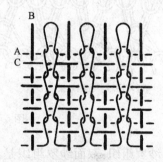

图4-36 单面衬经衬纬组织

衬经衬纬针织面料具有类似机织面料的外观特性。纵横向延伸性受到经纬纱的限制而比较小,经纬向的尺寸稳定性很好。

衬经衬纬针织面料的手感比较柔软,穿着比较舒适、透气,适合于做各种外衣产品及工业用的各种涂塑管道的衬布。

10.波纹组织 凡是由倾斜的线圈形成的波纹状的双面纬编组织称为波纹组织,它由正常的直立线圈和不同方向倾斜的线圈组成,如图4-37所示。改变倾斜线圈的排列方式,便可得到曲折、方格、条纹及其他花纹。

用于波纹组织的基本组织是罗纹组织、集圈组织和其他一些双面组织。所采用的基础组织不同,波纹组织的结构和花纹也不同。

图4-37所示是在1+1罗纹组织基础上形成的波纹组织,但由于纱线弹性力的作用,使线圈曲折效应减弱消失;图4-38所示也是在1+1罗纹组织基础上形成的波纹组织,在双针床针织机上编织此面料,织针按1+1罗纹配置,每编织一个横列,前后针床交替向左或向右移过两个针距,这样就可形成比较明显的曲折效应的线圈纵行。

在生产中较常采用抽针罗纹组织、畦编组织、半畦编组织为基础来编织波纹组织,在面料表面上形成凹凸的波纹外观,多用于毛衫编织。

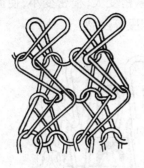
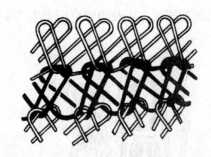

图4－37　1＋1波纹组织　　　　图4－38　针床横移两个针距的波纹组织

11.复合组织　复合组织是由两种或两种以上的纬编组织复合而成的。复合组织可以是单面的,也可以是双面的。可以根据各种组织的特性复合成所需的组织结构,以改善面料的服用性能。

(1)单面复合组织:单面复合组织是在平针组织的基础上,通过成圈、集圈、浮线等不同的结构单元组合而成。与平针组织相比,它具有很多优点,能明显改善面料的脱散性,增加尺寸稳定性,减少卷边,并能形成各种花色效应。

图4－39是由成圈、集圈、浮线三种结构单元形成的复合组织,由于悬弧和浮线有规律地排列,并处于面料反面,因此在面料表面呈现明显的斜纹效应,并使得面料的纵、横向延伸性变小,面料结构更稳定,面料显得紧密、挺括。

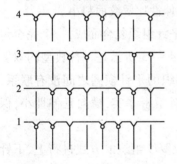

图4－39　单面复合组织

(2)双面复合组织:双面复合组织可分为罗纹式复合组织和双罗纹式复合组织。

罗纹式复合组织在编织时上、下织针交错排列,在其面料上可观察到正面线圈纵行与反面线圈纵行的错位排列。

双罗纹式复合组织在编织时,上、下织针相对排列,在其面料上可观察到正面线圈纵行与反面线圈纵行的正对重叠排列。

①罗纹式复合组织:罗纹空气层组织:由罗纹组织和平针组织复合而成。图4－40是一种典型的罗纹空气层组织,正反两个平针横列之间没有联系,在面料上形成双层袋形组织,即空气层结构,并凸出在面料表面形成横楞效应。这种组织由于存在平针线圈横列,使得面料的横向延伸性比较小,尺寸稳定性较高,并且比同机号同线密度的罗纹面料厚实,挺括,保暖性好,常用于外衣面料及毛衫编织。

点纹组织:由不完全罗纹组织与单面变化平针组织复合而成。一个完全组织需四路成圈系统。由于成圈顺序

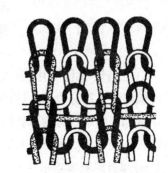

图4－40　罗纹空气层组织线圈结构图

不同,因而产生了结构不同的瑞士式和法式点纹组织。

图 4 – 41 所示是瑞士式点纹组织。该组织结构紧密,尺寸稳定性好,横密大,纵密小,延伸性小,表面平整。图 4 – 42 所示是法式点纹组织。该组织纵密变大,横密变小,使面料纹路清晰,幅宽增大,表面丰满。点纹组织可用于生产 T 恤衫、休闲服等产品。

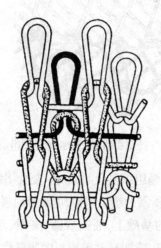 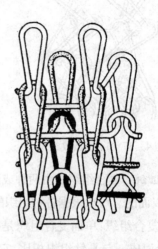

图 4 – 41　瑞士式点纹组织　　　　　图 4 – 42　法式点纹组织

罗纹网眼组织:属于罗纹类复合组织,其最大特点是在面料表面形成了具有凹凸和网眼花纹,如图 4 – 23 和图 4 – 24 所示。面料的透气性好,但纵、横向延伸性比罗纹面料小。

②双罗纹式复合组织:双罗纹空气层组织:由双罗纹组织与平针组织复合而成,一个完全组织由四路成圈系统编织而成。图 4 – 43 所示是一种典型的双罗纹空气层组织,特点是上、下针编织的平针横列之间没有联系,在面料上形成空气层结构,使面料紧密厚实,横向延伸性小,保暖性好,并具有良好的弹性。

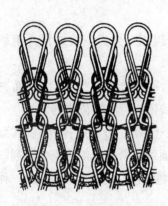

双面丝盖棉组织:按照编织双罗纹组织的方式进行上、下针排列,由平针与集圈组织复合而成。一般可由两条不同性能(或不同色泽)的纱线分别编织没有联系的正反两个平针横列,在面料上形成双层袋形空气层结构,再由第三条纱线以集圈将正反面线圈连接,从而使面料两面具有不同的性能与效应。双面丝盖棉组织可用于外衣、运动服及功能性内衣面料的编织等。

图 4 – 43　双罗纹空气层组织

二、经编针织面料的组织

经编组织也可分为单针床经编组织与双针床经编组织。

单针床经编组织分为单针床基本组织、单针床变化组织与单针床花色组织。

双针床经编组织可分为双针床基本组织与双针床花色组织。

(一)单针床基本组织

经编单针床基本组织为单梳栉组织,其面料结构上存在着较多缺陷,如面料的覆盖性差,线圈结构稳定性差,线圈歪斜等,很少单独使用,但它是构成多梳经编组织的基础。

1. 编链组织　每根纱线始终在同一枚针上垫纱成圈,这种组织称为编链组织,如图4-44所示。编链组织有闭口和开口两种,闭口编链的完全组织为一个横列,开口编链的完全组织为两个横列。在经编中常用开口编链,闭口编链一般用在钩编中。

编链组织的线圈纵行之间没有联系,只能编织成细条子,故不能单独使用,但可与其他组织结合,利用编链无横向联系形成孔眼。编链组织的纵向延伸性小,其纵向延伸性能主要取决于纱线的弹性。该组织能逆编织方向按顺序脱散,可利用这一性质作为分离纵行。

2. 经平组织　每根纱线轮流在相邻两根针上成圈,这种组织称为经平组织,如图4-45所示。形成经平组织的线圈可以是开口的,也可以是闭口的,还可以是闭口、开口混合的。两个横列为一个完全组织,如用满穿梳栉可编织坯面料。

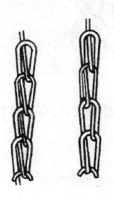

图4-44　编链组织

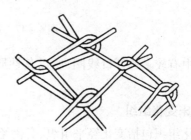

图4-45　经平组织

单梳经平组织的所有线圈都具有单向延展线,由于纱线的弹性而力图伸直,使线圈处于与延展线相反的倾斜状态,因而线圈纵行呈曲折形排列。此外,穿过线圈圈弧的延展线压住线圈主干的一侧,使线圈转到垂直于面料的平面内,使编织成的面料两面有相似外观,而卷边性大大降低。

经平组织有一定的延伸性。经平组织在一个线圈断裂后,横向受到拉伸时,线圈沿纵向在相邻的两个纵行上逆编织方向脱散,从而使面料分裂成两块。

3. 经缎组织　每根纱线顺序地在三枚或三枚以上的针上垫纱成圈,这种组织称为经缎组织。图4-46所示是最简单的经缎组织。由于在三枚针上顺序成圈,所以称为三针经缎。有时也可按完全组织的横列数命名,称为四列经缎,或合称为三针四列经缎。

经缎组织往往由开口线圈和闭口线圈组成,一般在垫纱转向时,采用闭口线圈,而在中间的则为开口线圈。经缎组织的线圈形态接近于纬平针组织,其卷边性也类似于纬平针组织。

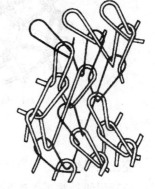

图4-46　经缎组织

经缎组织中,不同方向倾斜的线圈横列对光线的反射不同,因而在面料表面形成横向条纹。当个别线圈断裂时,面料在外力作用下,线圈能沿纵行逆编织方向脱散,但不会分成两片,因为开口线圈延展线在线圈两侧,脱散后是一浮线与相邻纵行连接。

4.重经组织　每根纱线在同一横列中同时在相邻的两枚针上垫纱成圈,形成的组织称为重经组织。这是一类针前垫纱为两针距的组织,重经组织内相邻两个线圈的连接,如同纬编线圈结构中的沉降弧。

图4-47所示是重经平组织,这是在经平组织上形成的。

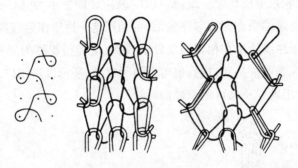

图4-47　重经平组织

重经组织中有较多的开口线圈,所以其性质介于经编与纬编之间,有脱散性小、弹性好等优点。

(二)单针床变化组织

单针床变化组织包括变化经平组织、变化经缎组织和变化重经组织。

1.变化经平组织　变化经平组织,可由两个或多个经平组织形成,这几个经平组织的纵行相互配置,一个经平组织的延展线与另外一个经平组织的延展线在反面相互交叉,如图4-50所示是几种常见的变化经平组织。其中图4-48(a)所示是三针经平组织,或称经绒组织;图4-48(b)所示是四针经平组织,也称经斜组织。

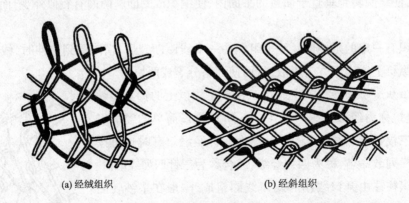

(a) 经绒组织　　　　　　　　　(b) 经斜组织

图4-48　变化经平组织

变化经平组织的延展线较长,横向延伸性较小,结构强度大,面料较厚,不透光。其坯面料反面的延展线外观类似纬平针组织的圈柱,因而常以其工艺反面作为效应面。变化经平组织的卷边性与纬平针织面料相似,线圈断裂时,会产生逆编织方向的脱散,但由于此纵行后有另一个经平组织的延展线,所以不会分成两片。

2. 变化经缎组织 经缎组织也可采用隔针垫纱产生变化经缎组织,图4-49所示是一种开口经缎的变化组织。由于延展线较长,变化经缎组织比普通经缎组织面料厚重,其性能与经缎组织相似。

3. 变化重经组织 在同一横列中对两枚相邻织针同时垫纱的纱线在下一横列中相对于前一横列移过两针距垫纱的组织,习惯上成为变化重经平组织。

变化重经组织每两个纵行的先驱由相邻纱线轮流形成。在这种组织中,由于转向线圈的延展线集中在一侧,所以这种线圈成倾斜状态,而在这种地方呈孔眼形的结构。

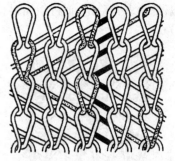

图4-49 变化经缎组织

(三)单针床花色组织

经编单针床花色组织是在单针床基本组织或变化组织的基础上,利用线圈的变化或者另外编入一些色纱、辅助纱线或其他纺织原料等,形成具有显著花色效应和不同功能的面料。经编花色组织主要有:平纹经编组织、空穿经编组织、缺垫经编组织、衬垫经编组织、压纱经编组织、毛圈经编组织等。

1. 平纹经编组织 采用两把或三把满穿的梳栉作基本组织垫纱运动,面料表面形成平纹效应,这样的组织称为平纹经编组织。

常见的有双梳平纹组织,指经编机采用两把梳栉,满穿经纱,按面料要求进行垫纱的组织,主要有经绒平、经斜平、经平绒、经平斜、双经平组织等。

双梳组织的名称,按照新的命名方法,前梳纱编织的组织放在前面,后梳纱编织的组织放在后面,如经绒平组织,即前梳编织经绒组织,后梳编织经平组织,依此类推。

一般情况下,双梳组织前、后梳栉的纱线在面料中的显露关系为:在面料正面,前梳纱圈干覆盖在后梳纱圈干上;在面料反面,前梳纱延展线覆盖在后梳纱延展线上,即前梳纱显露在面料的正反表层。

双梳组织根据是否配置色纱可分为素色平纹经编组织和花色平纹经编组织。

(1)双梳素色平纹经编组织:是指经编机采用两把梳栉,满穿同色经纱,前后梳都进行基本组织垫纱运动而形成的组织。在经编面料生产中最常用的是经绒平组织,其次经斜平组织、经平绒组织、经平斜组织等也较常见。

经绒平组织的前梳编织经绒组织,后梳编织经平组织,如图4-50所示。两梳栉作反向对称垫纱,前后梳栉形成的线圈受力均衡,呈直立状态,面料反面由前梳的长延展线覆盖在外表,后梳延展线夹在坯布内。该组织反面较长的延展线改善了面料的延伸性、覆盖性、透明度,使面料具有光滑柔软的手感及良好的悬垂性,但抗起毛起球性差,毛型感好。

若将前梳改为经斜垫纱,则是经斜平组织,如图4-51所示。面料的特性与经绒平类似,面料反面的延展线更长,将长延展线做拉绒处理,即可得到经编拉绒面料。

经平绒组织即反经绒平组织,如图4-52所示。前梳编织经平组织,延展线较短,后梳编织经绒组织,延展线较长。面料结构稳定且紧密,不易起毛起球,延伸性和卷边性减小,较为挺括。

若将后梳改为经斜垫纱,则是经平斜组织,如图4-53所示。经平斜面料特性与经平绒类似,结构非常稳定,似机织面料,非常适于做衬衫、运动服和工作服。

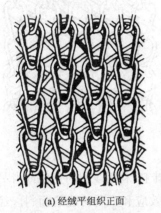

(a) 经绒平组织正面　　　(b) 经绒平组织反面

图4-50　经绒平组织　　　　　　　　图4-51　经斜平组织

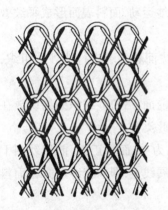
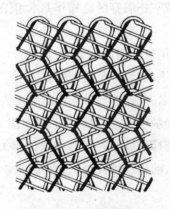
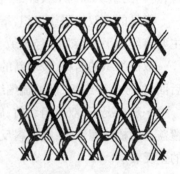

图4-52　经平绒组织　　　图4-53　经平斜组织　　　图4-54　双经平组织

双经平组织的前后梳栉分别作反向对称的经绒垫纱,如图4-54所示。面料的延伸性较小,不透明度和覆盖性都不及相同重量的经绒平面料,可用于做衬衣面料。此面料的缺点是当有线圈断裂时,线圈所在纵行能从上到下脱散,使面料分成两片。

双经绒组织的前后梳栉分别作反向对称的经绒垫纱,面料延伸性较小,线圈竖直稳定,表面比经绒平面料更平滑,缺乏延伸性,这种面料适于做外衣。

(2)花色平纹经编组织:是在满穿双梳组织的基础上,选用一定根数的色纱,以一定的顺序穿经,得到一些颜色效应的花纹。较常见的是由一定的穿经方式与适当的垫纱运动配合形成纵条、六角形、方格等图案花纹。

2.绣纹经编组织　一般采用后面的梳栉形成底布,可以是平纹,也可以是网眼,前面带空穿的梳栉常采用较长的针背垫纱,这样在面料表面形成立体花纹,类似绣花,称为绣纹经编组织。

3. 网眼经编组织　相邻的线圈纵行在局部失去了联系,从而在面料上形成一定形状的网眼,这种组织称为网眼经编组织,如图4-55所示是常见的双梳空穿网眼组织。网眼组织广泛用于编织头巾、蚊帐、衬衣、窗帘、渔网、园林或农用遮光网等产品。

4. 缺垫经编组织　一把或几把梳栉在某些横列不参加编织的经编组织称为缺垫经编组织,如图4-56所示。由缺垫纱线将地组织抽紧,可形成褶裥效应的缺垫经编组织。利用缺垫的纱线在面料工艺反面显示,形成一定的几何图案花纹,类似纬编的提花组织。

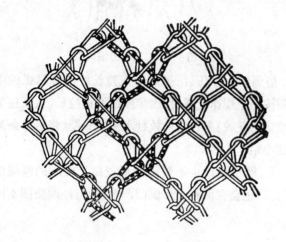

图4-55　经编网眼组织

图4-56　缺垫经编组织

5. 衬纬经编组织　在经编面料的线圈主干与延展线之间,周期性地衬入一根或几根不成圈纱线的组织称为衬纬经编组织。衬纬经编组织可以分为全幅衬纬和局部衬纬两种。

全幅衬纬经编组织需要专用的全幅衬纬装置,对经编坯布全幅宽衬入纬纱,用来编织结构稳定的延伸小的面料。

局部衬纬经编组织利用一把或几把衬纬梳栉垫入衬纬纱,衬纬纱长度只有几个针距,纬纱被夹在地组织线圈的圈干与延展线之间,如图4-57所示。

衬纬组织不可单独使用,常与编链、经平、变化经平或其他组织配合形成面料,可使面料表面产生网孔或复杂的花纹图案等效应,也可用于形成起绒坯布。衬纬组织可使面料的横向延伸性减小,尺寸更稳定。

6. 压纱经编组织　衬垫纱线绕在线圈基部的经编组织称为压纱经编组织,如图4-58所示。压纱经编组织常用来在面料反面形成明显凹凸绣纹;还可利用压纱纱线相互缠接,或与其他纱线缠接,形成一定花纹效应的经编组织。压纱组织可使面料的横向延伸性减小,脱散性减小,尺寸更稳定。

7. 缺压经编组织　有些线圈并不在每一横列中脱圈,而是隔一个或几个横列才脱下,形成了相对拉长线圈的经编组织称为缺压经编组织,可分为缺压集圈组织和缺压提花组织两类。

图4-57 衬纬经编组织

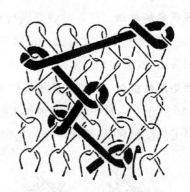

图4-58 压纱经编组织

缺压集圈组织是指在某些横列中有些针垫到纱而不压针,最后形成拉长线圈和悬弧的组织,如图4-59所示。在带有多个悬弧的集圈按一定规律配置时,因集圈线圈被拉长,从而抽紧与之相邻的其他线圈,使面料表面产生凹凸效应的花纹;若在同一枚针上多次集圈,将有多条悬弧挂在同一个线圈上,在面料表面形成凸起的小结。

缺压提花组织是指在几个横列的某些针上,既不垫纱也不脱圈而形成拉长线圈的经编组织,如图4-60所示。缺压提花线圈由于被拉长,也会在面料上形成凹凸效应,与经编集圈不同的是,它只有拉长线圈,没有悬弧。

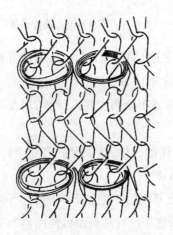

图4-59 缺压集圈组织

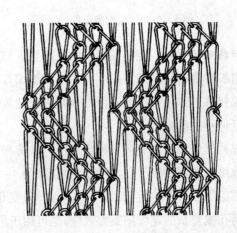

图4-60 缺压提花组织

8.毛圈经编组织 利用较长的延展线、脱下的衬纬纱或线圈在面料上形成毛圈表面的组织,称为毛圈经编组织。毛圈组织常用于拉绒、剪绒坯布的编织。

(四)双针床基本组织

在双针床经编机上,平行排列的两个针床织针呈相间配置时所制得的组织称为罗纹经编组织,这类组织的正、反面线圈纵行是相间的,如图4-61(a)所示。两个针床的织针相对配置所制得的组织称为双罗纹经编组织,这类组织的正、反面线圈纵行是相对的,如图4-61(b)所示。两个针床的织针相间配置已较少使用,现在普遍使用的是相对配置。

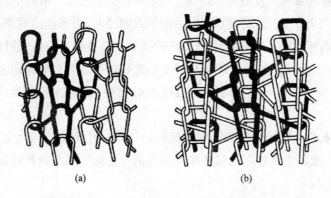

图 4 - 61　罗纹经编组织和双罗纹经编组织

1. 双针床单梳组织　像单梳在单针床经编机形成单梳组织一样,只用一把梳栉也可以在双针床经编机上形成最简单的双针床组织,如图 4 - 61(b)所示组织又称为单梳双罗纹经平组织。经纱总是在前针床同一织针上编织,而又轮流在后针床的两根织针上垫纱,编织出双罗纹式的坯布,在前针床的一面,坯布表现出完全直的纵行,在另一面,纵行将是曲折的,如图 4 - 62 所示。这是由于在后针床上编织时,线圈交替地向右或向左,而使纵行变形引起的。

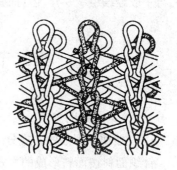

图 4 - 62　双罗纹经平组织

双针床单梳组织也可以是其他形式的,如果经纱在一个针床的同一织针上编织,而在后针床的不同织针上编织;或者经纱分别在前、后针床的不同织针上编织,可得到各种双针床单梳组织。

2. 双针床双梳组织　在双针床经编机上采用两把梳栉编织双针床组织时,花纹范围可大大增加。下面是几种较常见的双针床双梳组织。

(1)利用两把满穿经纱的梳栉作反向垫纱运动,每根经纱在前后针床上均作类似经平式的垫纱,形成类似纬编的罗纹组织。

(2)前梳只在前针床织针上垫纱编织,后梳只在后针床织针上垫纱编织,将形成两块完全分离的坯布。

(3)如果梳栉垫纱与(2)相反,前梳只在后针床织针上垫纱编织,后梳只在前针床织针上垫纱编织,如一把梳栉穿棉纱,另一梳栉穿涤纶长丝,则所得坯布一面为棉,另一面为涤纶,可形成类似纬编双面丝盖棉效果的双层坯布。

(五)双针床花色组织

1. 经编双针床线网组织　在双针床拉舍尔经编机上,梳栉穿纱方式按照一定的规律空穿,可得到大孔眼网状坯布,可用于编织背心、运动衣面料,罗纹式网眼,坯布结构比单针床网眼更稳定。

2. 经编双针床抽针组织　在两个针床上按一定规律抽去一些织针,利用穿纱方式和垫纱运动的配合,使每个横列能垫到纱的始终是同一些织针,形成类似纬编抽针罗纹的组织。

3. 经编双针床起绒组织　在双针床经编上,使一个针床在几个横列中退出工作,只有另一个针床连续编织,使坯布一面的线圈抽紧,另一面的线圈凸起,形成起绒效果。

4. 经编双针床毛圈组织　在双针床经编的后针床上安装普通织针,前针床装无钩针,至少用两把梳栉依次在前后针床垫纱。地纱梳栉与毛纱梳栉的纱线都在后针床上垫纱成圈,地纱和毛纱一起形成地布,而在前针床上,只有毛纱在无钩针前垫纱,地纱不垫纱,毛纱由无钩针带住的部分形成毛圈。

5. 经编双针床长毛绒组织　用双针床经编机可以形成中间由延展线联系的双层坯布,将中间延展线割断就形成长毛绒坯布。双针床经编机两个针床间的距离可以调整,因此可以制得不同绒毛长度的长毛绒。

6. 经编圆筒组织　利用双针床经编机可生产长袜、网兜、口袋等圆筒形制品,其基本组织仍与一般经编组织一样,但可制成封闭的圆筒形或制成计件制品,如连裤袜、口袋等。

第三节　针织面料的分类及特性

一、针织面料的分类

(一)按面料形成的方式分

针织面料按面料形成的方式分为纬编面料与经编面料。

纬编面料的弹性好,延伸性好,柔软、舒适、透气,当线圈结构受到破坏时,面料较易脱散。

经编面料的弹性、延伸性比纬编面料小,面料结构比较稳定,脱散性比纬编面料小。

(二)按形成面料的针织机针床数分

针织面料按照形成面料的针织机针床数不同,分为单针床针织面料和双针床针织面料。

单针床针织面料,又称为单面针织面料,在单针床针织机上编织。面料的一面为全都呈现正面线圈(线圈的圈柱覆盖在线圈的圈弧上),另一面全都呈现反面线圈(线圈的圈弧、浮线或延展线压在线圈的圈柱上)。

双针床针织面料,又称为双面针织面料,在双针床针织机上编织,面料的两面都有正面线圈。有一些针织面料的两面全都是正面线圈,如双罗纹面料、双面提花面料等;有一些针织面料的两面各有部分线圈是正面线圈,如罗纹面料、双反面面料等,这些都属于双面针织面料。

(三)按面料的用途分

针织面料按其用途主要分为服装用针织面料、装饰用针织面料和产业用针织布三类。

1. 服装用针织面料　用于服装以及服装辅料的针织面料,包括针织内衣面料和针织外衣面料两大类。

(1)针织内衣面料:针织内衣是贴身穿着的,不适合在公共场合显露出来的针织服装。针织内衣的种类很多,主要有背心、汗衫、秋衣秋裤、紧身内衣、内裤、妇女胸衣、睡衣、睡袍、衬裙、家居服等。针织内衣要求舒适、柔软、弹性好、吸湿透气、保暖,对卫生保健、补整体形、美观等功能也有较高要求。

在各种纺织面料中,针织面料的弹性和延伸性好,柔软、透气、舒适,具备内衣面料所需的面料特性,是制作内衣的最理想材料。根据不同内衣品种的特点,采用适当的针织组织结构与原材料的配合,可以满足针织内衣的服用性能及人体生理卫生的要求。

针织内衣面料以纬编面料为主,经编面料多用在妇女胸衣、紧身衣等方面。

(2)针织外衣面料:针织外衣是指可在公共场所穿着的,比较正式的针织衣物,如 T 恤衫、衬衣、时装衣裙、休闲服、外套、大衣、健美服、体操服、泳衣等。针织外衣面料要求外观质量好,结构紧密,不易起毛起球,同时还应具备各种外衣不同的服用功能要求,对于贴身穿着的外衣,还要求舒适和卫生。

按面料的外观风格来分,适合用于外衣的纬编针织面料主要有:平纹布、罗纹布、棉毛布、纬编提花面料、网眼面料、珠地布、丝盖棉面料、纬编牛仔布、卫衣布、毛圈布、纬编天鹅绒面料、长毛绒面料等。适合用于外衣的经编针织面料主要有:经编缺垫褶裥面料、经编起绒面料、经编花边、经编贾卡提花面料、经编麂皮绒等。

2. 装饰用针织面料 装饰用针织面料主要包括窗帘帷幕、沙发、座椅、床垫的包覆面料,台布,沙发巾,冰箱、电视机等的罩套,蚊帐、棉毯、毛毯等床上用品,地毯、墙饰、壁挂工艺品、玩具用面料,交通工具的内饰面料,包括汽车、飞机、船舶的内壁、座椅的装饰用面料等。

3. 产业用针织布 产业用针织布主要有土建工程用布、建筑安全防护网、工业过滤材料、输送带、农林防护网、遮光网等。

二、针织面料的主要品种、特性和用途

(一)纬编面料的主要品种、特性和用途

1. 纬平针面料 即纬平针组织形成的面料,俗称汗布。面料柔软、平滑,质地轻薄,延伸性、弹性和透气性好,能够较好地吸附汗液,穿着凉爽舒适。

纬平针面料根据不同的染整处理工艺可分为精漂汗布和不缩汗布。精漂汗布是经过碱缩的汗布。因密度增大,牢度提高,线圈清晰,穿着不易变形。在汗衫、背心等内衣中,精漂汗布占较大的比重。不缩汗布是未经碱缩的汗布,面料的密度、牢度、外观均次于精漂汗布。

用于内衣的纬平针面料,常用的原料有棉纱、棉/涤、黏/棉混纺纱、蚕丝等,也可采用莫代尔、牛奶蛋白纤维、大豆蛋白纤维、竹纤维、天然彩棉等新型环保纤维,其中以纯棉纱为主,用于汗衫、背心、内裤、睡衣、衣裙内衬、家居服、胸衣的里布等。

纬平针面料也可用于外衣,采用棉、麻、黏胶、涤纶短纤维等的纯纺纱或混纺纱,或涤纶、锦纶等化学纤维长丝等,根据需要,可与氨纶交织成为弹力纬平针面料。

用棉纱与氨纶交织的弹力纬平针面料,弹性很好,比普通纬平针面料的手感更柔软,更丰满,布面紧密,挺括,光滑平整,可用于制作紧身衣、健美服、男女长/短袖 T 恤衫、运动衫裤、休闲装、妇女时装等。

涤纶半光牵伸丝与氨纶交织的弹力纬平针面料,经染色、印花、整理,轻薄透气,手感柔软滑顺,弹性、悬垂性好,光泽柔和,花色丰富,色牢度好,适合用于夏季时尚女衫及连衣裙等。

莫代尔纱线与氨纶交织的弹力纬平针面料,因吸湿透气,手感柔软,细腻滑爽,悬垂性好,着

色鲜亮,不易起皱等优良性能,用于内衣、时尚女装制作,极受女性消费者喜爱。

纬平针面料的缺点是卷边较明显,影响面料的后序加工。沿编织方向和逆编织方向的布边都较易脱散;构成面料的纱线受到破坏而断裂时,线圈会沿着纵行从纱线断裂处分解脱散,破洞增大,使面料的外观受到破坏,使用寿命缩短。

2. 纬编罗纹面料 纬编罗纹面料由罗纹组织形成,在双面纬编机上生产。纬编罗纹面料的弹性及延伸性是所有面料中最好的,在传统针织面料中,是与纬平针、棉毛布并列的最常用的针织面料。

用于内衣的罗纹布主要是用棉纱、棉/涤纱、棉/腈纱等,编织 1 + 1 罗纹、2 + 2 抽针罗纹及其他抽针罗纹。不同形式的抽针罗纹布表面产生粗细不同的纵条效果,使面料的外观富于变化,用于缝制汗衫、背心、秋衣秋裤等。面料柔软,吸湿,透气,弹性非常好,穿着舒适。

用棉纱、棉/涤纱、锦纶弹力丝等,或者再与氨纶丝交织,编织比较紧密、弹性更优越的 1 + 1 罗纹或 2 + 2 罗纹等。面料柔软贴身、厚实、保暖,透气性好,一般用于秋衣、秋裤、紧身衣、练功服、运动衫裤、休闲装等。

还可采用不同色纱的循环,编织彩色横条罗纹布,用于弹力衫、T 恤衫、休闲装及时装等,如图 4 - 63(a)所示。

(a) 1+1罗纹彩横条面料   (b) 罗纹边口的毛衫

图 4 - 63　彩色横条 1 + 1 罗纹面料

罗纹布的弹性优异,卷边性小,线圈断裂时,只能沿逆编织方向脱散,因此也常用来制作服装领口、袖口、下摆等,如图 4 - 63(b)所示。

3. 棉毛布 即双罗纹面料,属于纬编双面面料,是由纬编双罗纹组织形成的面料,因面料两面都是正面线圈,都像纬平针的正面,也叫双正面面料。双罗纹面料表面平整光滑,不卷边,厚实、挺括、结构稳定,面料强度高,弹性、延伸性、脱散性比罗纹面料小。

采用两种不同色纱交替编织,可形成间色纵条纹效果棉毛纤维面料;也可用色纱配置编织,形成彩色横条纹效果。

棉毛布因其厚实、保暖,常采用来制作秋衣、秋裤、睡衣、家居服等;因其表面平整,光滑,结构稳定,也常用于做运动衣裤、休闲服、时装等。

棉毛布常用的纱线与纬平针面料大致相同。常采用棉纱、棉/涤纱、棉/腈纱等短纤维纱编织。与氨纶交织形成的棉毛布,称为弹力棉毛布,布面更为紧致,手感丰满、柔软,更加厚实、保暖,且弹性极好,用作保暖内衣,颇受消费者欢迎。

4.纬编提花面料 纬编提花面料分为单面提花面料和双面提花面料两类。

(1)单面提花面料:是在单面提花圆机上编织的,正面由各种色彩不同或光泽不同的线圈组合成花纹图案;单面提花面料反面有浮线,有时可利用反面凸起的浮线效果形成立体花纹,将面料反面作为花纹效应面。单面提花面料手感柔软,悬垂性好,弹性较好,轻薄,吸湿透气,可用于男装或女装T恤衫、时装等。

用于妇女背心、内裤、胸围、睡衣、睡裙等的单面提花面料,多采用较细的色纱交织,或用棉纱与黏胶长丝交织,或棉与锦纶、涤纶有光长丝交织等。利用涤纶、锦纶长丝与氨纶(或氨纶包芯纱)交织的弹力提花面料,弹性更加优越,可用作各种时装、泳衣、妇女紧身内衣或胸围的杯罩面料。

纬编单面提花面料的缺点是卷边较明显,因其反面有浮线存在,反面较易钩丝、起毛。

(2)双面提花面料:是在双面提花圆机上编织的,面料正反面都呈现正面线圈,因而不易钩丝。双面提花面料大多采用色纱或色丝编织,常用的纱线有纯棉纱、棉/涤纱、羊毛纱、毛/腈纱,或者采用短纤维纱与化学纤维长丝交织,花纹图案一般只在面料的工艺正面形成,反面效应多为混色芝麻点、间色纵条或间色横条等。双面提花面料表面平整光滑,在纱线与面料密度都相同的情况下,比单面提花面料要厚实、保暖,延伸性较小,尺寸稳定性好,挺括,不易起皱,适合做外衣面料,如T恤衫、外套、大衣、女装衣裙及时装,也可用于童装。

5.纬编移圈提花面料 是在双面组织的基础上,利用选针技术形成的移圈花色面料,需在双针床移圈机上编织。由正面线圈组合成一定的花纹凸起在反面线圈形成的地布上,有强烈的立体效果,如图4-64所示。

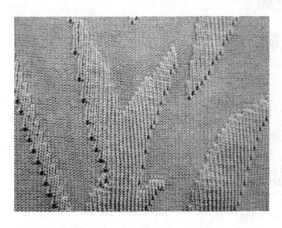

图4-64 纬编移圈提花面料

移圈提花面料可采用棉纱、棉/涤纱或涤纶、锦纶等化学纤维长丝,一般还加入氨纶交织,加强面料的弹性及立体感。纬编移圈提花面料紧密,弹性优异,手感丰满,透气,保暖,花纹突出,风格独特,可用于妇女内衣、紧身衣,也可用于女式外衣及时装等。

6. 纬编网眼面料 纬编网眼面料主要有单面集圈网眼、罗纹集圈网眼、菠萝网眼、纱罗网眼等不同类型。布面由各种网孔排列而形成花纹,线圈间隙明显,外形美观,穿着凉爽透气,延伸性比经编面料好,多用于女式的背心、汗衫、内裤等,也可用于童装、妇女夏季时装、男女T恤衫、休闲服等。

7. 单面珠地面料 单面珠地布是由集圈组织形成的一类面料,常见的品种主要有单珠地面料和双珠地面料。

单珠地面料是由平针线圈与单针单列或单针多列集圈相交错组合而成的单面面料。在面料正面有交错米粒状的凹凸效果;在面料反面,由于平针线圈与集圈悬弧的交错配置,形成凹陷的网孔。

双珠地面料是由平针线圈与单针双列集圈在相邻纵行交错配置而成的面料。面料正面效果与纬平针正面近似,面料反面形成凹陷的蜂巢网孔,凹陷网孔的效果比单珠地面料显著。

单面珠地面料的坯布幅宽比相同机器条件下编织的纬平针面料要宽得多,面料结构稳定、不卷边、比较厚实、挺括、滑爽、透气、不黏身,非常适合做T恤衫、运动衣、休闲服等。常用的纱线有棉、麻、黏胶、涤纶等纯纺短纤维纱或混纺纱以及涤纶长丝、锦纶长丝等,可与氨纶交织,制成弹力珠地面料。采用排湿导汗纱线编织的珠地面料,是时尚的运动衫、T恤衫面料。

8. 针织丝光棉面料 针织丝光棉面料是指在染整过程中进行了丝光工艺处理形成的针织面料。面料组织多为纬平针、单面集圈、单面提花或单面彩横条。

针织丝光棉面料按染整加工工艺不同分为单丝光面料和双丝光面料。单丝光面料指只对棉纱进行丝光、染色处理织成的面料。双丝光面料是指采用丝光棉纱线编织坯布,在后整理时对丝光棉坯布再次进行丝光、烧毛处理。

针织丝光棉面料柔软、舒适、吸湿、透气性能好,滑爽、挺括,不易起皱变形,弹性与悬垂感好,色泽鲜亮,色牢度好,具有真丝一般柔和的光泽。双丝光面料的外观与性能比单丝光面料更优越,面料成本相对也更高。

针织丝光棉面料适用于夏季服装,目前主要用于中、高档T恤衫。

图4-65 单面丝盖棉面料

(注:图左为反面效果,图右为正面效果)

9. 纬编丝盖棉纤维面料 纬编丝盖棉纤维面料分为单面丝盖棉与双面丝盖棉两大类,其共同特点是面料正面(或外观面)显露长丝,反面(或贴身的里面)显露棉纱,如图4-65所示。采用有光涤纶长丝做面纱,棉纱做地纱时,涤纶长丝只显露在面料的正面,而棉纱只显露在面料的反面,这样面料的外观有较明亮的光泽,比较挺括,厚实,强度高,面料的反面具有很好的吸湿性。

根据不同的外观与服用风格的要求,丝盖棉纤维面料的面纱与地纱不一定是化学纤维长丝和棉,还可以是真丝盖棉、涤盖棉、毛盖棉、麻盖棉,或是棉盖丝(比如用导湿性好的超细丙纶丝或改性的涤纶导湿丝)等,这些面料透气、吸湿、柔软、保暖,穿着舒适,并且结构比较稳定,多用于内衣、贴身穿着的外衣、外套、运动衫裤、休闲服装等。

(1)单面丝盖棉纤维面料:是由单面添纱组织构成的面料。单面丝盖棉的卷边性和脱散性与纬平针相似,面料正反面的线圈形态也与纬平针相似,但面料较厚实、紧密、挺括。

(2)双面丝盖棉面料:主要是在双罗纹组织或罗纹组织的基础上,与集圈、浮线进行组合形成的复合组织。常见的有双罗纹空气层面料、健康布、威化布和双面丝盖棉网眼面料等。

①双罗纹空气层面料:俗称打鸡布,是一种双罗纹复合组织面料。延伸性较小,尺寸稳定,外观挺括,透气性好,反面吸湿性较好,适合用于外衣、运动衣等。若正反面都由棉纱线圈构成,面料的柔软性、吸湿透气性更好,常用于贴身穿着的运动服、男装休闲服等。

②健康布:健康布也是一种双罗纹复合组织面料。面料可用三种纱线形成,以双罗纹空气层组织为基础,正面和反面可按功能需要,采用不同纱线,形成不相连的空气层,第三种纱线以集圈方式将正反面连接。面料表面平整、挺括、细致,可用于风衣、外套、运动服等。也可以按服装的功能选择适合的面纱和底纱,作为T恤衫、休闲服等面料。

③威化布:在双面空气层组织中衬入不成圈的纬纱,通常是较粗的涤纶低弹丝,形成类似威化饼干的三层结构,如图4-66所示。面料正面形成衍缝效应,并可设计成各种花纹图案。威化布非常膨松、厚实、柔软,穿着舒适,保暖性非常好,是理想的保暖内衣面料。用于贴身穿着时,常用棉纱或黏胶短纤维纱编织反面,面纱常用棉纱、涤/棉纱、棉/腈纱等,可用于睡衣、睡袍、婴幼儿服装。

图4-66　威化布

④双面丝盖棉网眼面料:其一面或两面有集圈形成的凹陷网眼。网眼外观与单面双珠地类似的双面丝盖棉面料,又称为双面珠地面料。网眼间隔呈蜂巢状的,称为双面蜂巢网眼面料或鸟眼布,如图4-67所示。网眼还可以按花纹需要,排列成各种图案,称为双面网眼提花面料,如图4-68所示。

图4-67　双面蜂巢网眼面料

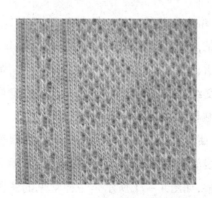

图4-68　双面网眼提花面料

面料外观新颖,布面挺括,不易皱,透气、吸湿(或导湿)性好,是时尚的运动衣面料。根据所选纱线的粗细,面料可厚实,也可稍薄,用于秋衣秋裤、T恤衫、运动服和休闲服等。

10.纬编牛仔布 是利用纬编平针衬垫组织或平针与提花、集圈的复合组织,采用色纱或不同染色性能的纱线,形成的类似机织牛仔布风格的面料。

用蓝色涤纶丝与白色棉纱交织,采用平针衬垫组织的结构,使白色纱有规律地以浮线与集圈悬弧的形式,衬垫在蓝色纱的平针线圈中,结果在蓝色的地面料中有规律地散布着小白点,产生类似机织牛仔布的风格。面料的正面有涤纶面料的特点,反面覆盖着棉纱,穿着舒适,而且面料柔软,透气,厚实,挺括,结构稳定,弹性、延伸性比机织牛仔布好,可用于外套、休闲服、儿童服装等。

另一类较常见的针织牛仔布,是采用锦纶低弹丝与涤纶包芯丝交织,将平针线圈与提花线圈按一定规律排列,形成表面有轻微凹凸相间的斜纹提花效果。锦纶线圈呈凸起斜纹,涤纶包芯丝线圈下机后收缩,呈凹下斜纹,而在后面的染色加工时,只对面料中的锦纶成分着色,比如采用蓝色酸性染料,由于涤纶在酸性染料中不能着色,只有锦纶丝染上蓝色,因而使得面料具有蓝白相间的斜纹牛仔布外观,如图4-69所示。由于线圈结构及纱线的弹性,面料的回弹力非常好,强度高,且比机织牛仔布柔软、轻薄、透气,可用于时装、沙滩装、泳衣、儿童服装等。

图4-69 纬编单面牛仔布

(注:图左是反面效果,图右是正面效果)

11.纬编华夫格面料 是在2+2罗纹基础上,有规律地加入双针多列集圈,2+2罗纹形成凹凸纵条,多列集圈的悬弧堆积悬挂,使得集圈悬弧所在的横列上产生隐约的凸起横条纹,如此纵横交错,面料外观形似华夫饼,因此得名,如图4-70所示。常用棉纱、棉/涤纱、棉与化学纤维长丝交织,面料厚实、柔软、透气,弹性、延伸性好,常用较粗纱线编织,风格较粗犷,是时尚的男装T恤衫、休闲服面料。

12.法国罗纹面料 是由1隔1抽针罗纹与集圈或浮线组合形成的一类面料。特点是面料正面的线圈粗大,抽针编织使线圈纵行间距大,线圈纹路清晰,有凹凸纵条效应,而反面线圈细小且平整,如图4-71所示是一种常见的法国罗纹面料。常用纯棉双纱编织其正面线圈,使面料风格较粗犷,主要用于男式T恤衫及休闲服。

图4-70　纬编华夫格面料

图4-71　法国罗纹面料

13. 纬编绉纹面料

（1）纬编乔其纱：由纬编集圈或提花线圈在面料中不均匀地分布，使单面或双面面料表面产生不均匀的细微颗粒状绉纹。若用较细纱线，则形成类似机织乔其纱风格的面料。常用棉、黏胶纤维纱线编织，面料柔软、吸湿、透气、滑爽、不黏身，适合做T恤衫、裙子及夏令时装等；若用较粗纱线，编织紧密厚实的双面面料，具有较强毛型感，而且比较挺括，适合做外套。

（2）纬编单面泡泡面料：由集圈或提花线圈在面料中抽紧其他线圈，使面料产生较明显凹凸起伏效果的一类纬编单面面料，类似机织的泡泡纱。图4-72所示是常见的一种菠萝泡（也称菠萝丁）面料。图4-73所示为一种单面提花泡泡面料。此类面料常用棉纱、涤纶丝、锦纶丝等纱线编织，用于妇女时装、童装等。加入氨纶丝，可使凹凸效果更显著，面料弹性得到加强，用于妇女紧身内衣、胸衣及时装等。

图4-72　纬编菠萝泡面料

图4-73　纬编单面提花泡泡面料

（3）纬编单面褶裥面料：在单面提花面料中，按一定规律排列的一些提花线圈多次不成圈被拉长，伴随在每个提花线圈反面有多次不成圈的浮线堆叠凸起，常用这些堆叠凸起的浮线形成花纹效应，因此这类面料以反面效果作为花纹。这种结构使线圈受力较大，常用涤纶、锦纶等强力较高的化学纤维长丝编织，加入氨纶交织，使褶裥装饰效应更显著，面料弹性加强，常用于

图4-74 单面褶裥凸纹面料

妇女胸围、时尚女装、泳衣等,如图4-74所示。

(4)纬编双面胖花面料:此类面料与双面丝盖棉纤维面料结构类似,但面料正面的纵向线圈密度大于反面,使得正面线圈凸起、堆积甚至折叠,形成花纹效果。其正面立体效应突出,用纱与丝盖棉纤维面料类似,按面料功能要求来选择面纱和地纱,面料厚实、挺括,多用于厚型T恤衫、外衣及时尚女装,也可用于睡衣、睡袍等,如图4-75所示是一种用于睡袍的双面胖花面料。

14.纬编吊线格子面料 纬编吊线格子面料是在纬编吊线大圆机(又称绕经大圆机)上编织而成。

普通的纬编单面格子面料是采用单面提花组织形成,利用纵条纹与横条纹交错排列而成。要形成纵条纹,则必须采用提花组织,面料反面有浮线存在,影响面料的服用效果。由于纬向给纱,所采用的各种色纱必须在相邻横列交替编织,因此使地布呈混色效果,使得格子花纹中地布色彩效果不够纯净,从而影响了整体花纹效果,也使格子花纹的设计受到一定的局限。

吊线格子面料采用绕经组织编织而成,格子结构中的纵条纹色纱由经向给纱,面料反面没有浮线,纵条纹色纱不参与地组织的编织,纵条与地组织的分界清晰,克服了普通纬编格子面料的缺点,纵条可用的色纱种类也更多,花纹设计的灵活性更大。如图4-76所示为两种色纱形成的吊线格子面料。

吊线格子面料格子效果清新、雅致,多用于中高档男装T恤衫。

图4-75 双面胖花面料

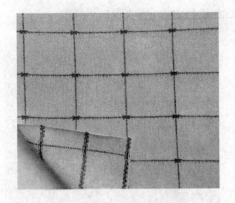

图4-76 吊线格子面料

15.纬编电脑自动间色织横条面料 这类彩色横条纹的色纱排列循环非常大,在普通大圆机上无法编织,只能在电脑调线大圆机上编织。在针织机编织过程中可由电脑程序控制导纱器(或称导纱手指),使导纱器自动调换不同色纱进入编织或退出编织。组织结构多为平针,也可以是珠地、单面提花、双面提花、双面移圈提花组织等,多用于T恤衫、外衣、时装等。

自动间横条面料采用色纱编织,常用原料有纯棉色纱、棉色纱与化学纤维色纱(色丝)交织等。采用丝光棉纱线,或是双丝光工艺制成的自动间横条布是高档的 T 恤衫面料,如图 4 - 77 所示为色织自动间横条 T 恤衫。

16. 卫衣面料　卫衣面料是由纬编衬垫组织形成的面料,分为单卫衣面料和双卫衣面料。

(1)单卫衣面料:单卫衣面料是由平针衬垫组织形成的面料,或称二线衬垫,常见的面料品种因衬垫纱浮线在面料反面有规律地排列,类似鱼鳞,又称鱼鳞布,如图 4 - 78 所示。面料厚实、柔软、透气,延伸性较小,多用于休闲服、运动服等。用棉纱、涤纶短纤纱、普通涤纶长丝或涤纶细旦长丝作为衬垫纱,反面经起绒处理形成的薄绒面料,手感丰满、柔软,可用来制作高档保暖内衣。加入氨纶交织,经过轻微拉绒后整理,面料紧密、柔软,弹性好,保暖性好,用于保暖内衣、休闲服等。

图 4 - 77　色织自动间横条 T 恤衫

图 4 - 78　单卫衣面料

(注:图左为正面,图右为反面)

(2)双卫衣面料:双卫衣面料是由添纱衬垫组织形成的面料,或称三线衬垫。一般采用捻度小、较粗的纱线做衬垫纱,衬垫纱在面料正、反面的效应与单卫衣面料相似,但比单卫衣面料更厚实,而且衬垫纱夹在面纱与地纱中间,在正面不易露底。通常在面料染色后,再对反面的衬垫纱进行拉毛起绒后整理,形成绒布,绒面呈均匀丰满的絮状,面料的厚度增大,保暖效果好,手感更柔软,尺寸稳定,大量用于绒衫、绒裤类服装,比如卫生衫裤、运动衫裤、外套、风衣、休闲服等,或用来做棉衣裤的内衬。原料以棉纱、涤纶短纤纱、普通涤纶长丝或涤纶细旦长丝为主。

图 4 - 79(a)所示是双卫衣坯布反面,未经拉绒时的外观。图 4 - 79(b)所示是经过拉绒整

(a)双卫衣坯布反面

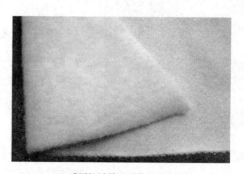

(b)反面拉绒整理后的双卫衣面料

图 4 - 79　双卫衣面料反面效果

理后的双卫衣面料反面,绒面丰满、柔软。

17.纬编毛圈面料 是采用纬编毛圈组织形成的面料,毛圈线圈紧密地竖立在面料表面,类似机织毛巾布,弹性、延伸性比机织毛巾布好。毛圈纱常用棉、涤纶等纱线,地纱可采用棉纱或强力较高的涤纶、涤/棉纱等原料编织,面料柔软,手感丰满,保暖性好,常用于做浴衣、浴袍、睡衣等。

毛圈面料按其表面的花色效应不同可分为素色平纹毛圈面料和提花毛圈面料。

(1)素色平纹毛圈面料:毛圈所用原料相同,毛圈大小相同,排列较平整,没有花纹,如图4-80所示。

(2)提花毛圈面料:

①素色提花毛圈面料:是一种有浮雕(凹凸)效果的毛圈面料,按一定的花纹要求,只在部分地组织线圈上有毛圈线圈形成,在其他部分没有毛圈线圈,使面料产生凹凸立体花纹,如图4-81所示。

图4-80 素色平纹毛圈面料

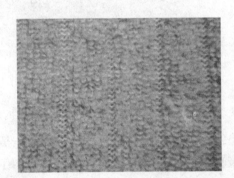

(a)素色纵条纹提花毛圈面料

(b)经过起绒处理的素色提花毛圈面料

图4-81 素色提花毛圈面料

②色纱提花毛圈面料:是采用不同色纱编织,形成不同颜色的毛圈线圈,从而产生各种色彩花纹,其面料表面毛圈数较平纹毛圈面料要稀疏,如图4-82所示。

18.针织天鹅绒面料 对毛圈面料表面的毛圈进行剪绒或割绒处理,即为针织天鹅绒面料。图4-83(a)所示是素色提花毛圈面料剪绒后形成的有凹凸花纹效应的天鹅绒面料。图4-83(b)所示是色织横条纹毛圈布剪绒形成的天鹅绒面料。常用棉纱、腈纶纱、黏胶丝、醋酯丝、丙纶丝、涤纶丝、锦纶丝等不同原料交织,面料绒头紧密、整齐,绒毛非常柔滑、丰满,因绒纱原料的不同,可使绒面产生柔和或明亮的光泽,用作服装面料,穿着舒适、美观大方,适合做浴

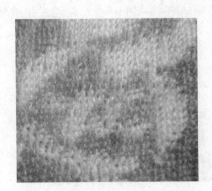

图4-82 色纱提花毛圈面料

衣、浴袍、睡衣、婴幼儿服装、时尚外衣、裙装等,也常用作沙发罩、窗帘、桌布及其他装饰用面料。

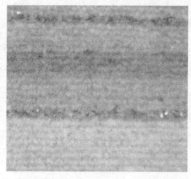

(a) 素色提花毛圈布剪绒形成的天鹅绒面料　　(b) 色织横条毛圈布剪绒形成的天鹅绒面料

图 4 – 83　针织天鹅绒面料

19. 摇粒绒面料　是将毛圈面料或卫衣面料,经过拉毛起绒处理后,再经过摇粒机进行处理,使坯布表面的绒头发生一定程度的纠缠交接,形成不均匀颗粒状的绒面,如图 4 – 84 所示。

(a) 以涤纶长丝做绒纱的摇粒绒面料　　(b) 以棉纱做绒纱的摇粒绒面料

图 4 – 84　纬编摇粒绒面料

根据绒纱种类、绒头的高低及摇粒工艺的控制,可使面料表面产生颗粒大小不同、风格各异的摇粒绒面料。绒纱常采用涤纶长丝、涤纶短纤维纱、棉/涤纱等,地纱多用涤纶长丝、涤纶短纤维纱、棉/涤纱等强力较好的纱线,面料外观新颖独特,是时尚的保暖型外衣、休闲服装面料,也可作风衣、外套的保暖里衬。

20. 纬编长毛绒面料　是由纬编长毛绒组织形成的面料,有纤维束或毛条的头端在面料表面露出,形成较长的丰满、茂密的绒毛,常用腈纶作毛条,面料轻柔,保暖,类似动物皮毛,也称纬编长毛绒面料为"人造毛皮",如图 4 – 85 所示。因其成本

图 4 – 85　纬编长毛绒面料

低廉,使用方便,在野生动物毛皮资源日渐稀缺且受到禁捕保护的环保趋势下,"人造毛皮"在很大程度上替代了动物毛皮,常用来做大衣、外套、服装的衣领饰边及防寒里料等,还可用于做玩具、座垫及家用装饰物品等。

(二)经编针织面料的主要品种、特性和用途

经编针织面料常以涤纶、锦纶、丙纶、黏胶等化学纤维长丝为原料,也有用棉、毛、丝、麻及其混纺纱为原料编织的。普通经编面料常以编链组织、经平组织、经缎组织、经斜组织等的双梳组织编织。花色经编面料种类很多,常见的有网眼面料、绣纹面料、毛圈面料、花边等。经编面料具有尺寸稳定性好,面料挺括,脱散性小,透气性好等优点,但是延伸性、弹性和柔软性不如纬编针织面料。

1.经编双梳面料 经编双梳面料是指由2把梳垫纱编织,面料表面单调一致,无任何花型、网眼,表面形成平纹效应的面料。

经编双梳面料中应用最广的是经绒平面料,其次还有经平绒、双经绒、经平斜、经斜平等面料。

经绒平面料也称经编乔赛面料。面料手感柔软平滑,透气性好,穿着舒适,线圈结构清晰,有很好的悬垂性、手感和贴身性,面料不易脱散和撕裂,表面耐磨,横向延伸性好,适合做贴身内衣。其纵向十分稳定,有特别好的拉伸回复性和抗皱性,也适合做外衣面料,缺点是卷边趋向较明显。

用涤纶或锦纶长丝与氨纶交织形成的弹力经绒平面料,又称双拉布(即双向弹力拉架布,拉架是氨纶的俗称),如图4-86所示。其经、纬向延伸性较为接近,具有非常优良的双向弹性性能,是泳衣、健美服、运动服装的理想面料,也常用来做妇女紧身内衣、内裤、胸围等。

经平绒面料采用经平绒组织形成,前后梳栉垫纱与经绒平相反,面料的延伸性比经绒平小,适合做衬衫或外衣。

双经绒面料采用双经绒组织,其延伸性较小,线圈竖直稳定,表面比经绒平面料更平滑,延伸性小,适于做外衣。

经斜平面料采用经斜平组织,其延伸性和其他特性与经绒平面料相似,面料柔软且悬垂性好。可做经起绒处理,形成经编绒布。

经平斜面料采用经平斜组织,又称雪克斯金面料。面料结构非常稳定,像机织面料,非常适于做衬衫、运动服和工作服。

2.经编网眼面料 经编网眼面料可以天然纤维或化学纤维为原料,如纯棉纱、涤/棉纱、涤纶长丝、锦纶长丝等,在特里科经编机上采用双梳编织变化经平组织,或是利用较多梳栉编织变化经平组织,各梳栉穿纱按一定规律空穿,在面料表面产生三角形、方形、圆形、菱形、六角形、柱条形网眼。

图4-86 弹力经绒平面料泳衣

网眼面料也可在拉舍尔经编机上,由编链组织与衬纬组织组合形成。网眼的大小、分布密度、分布状态可根据需要而定,通过网眼的分布,可形成直条、横条、方格、菱形、链节、波纹等花纹效应。图4-87所示为几种不同网眼形状的网眼面料。

| (a) 六角形网眼 | (b) 菱形网眼 | (c) 三角形网眼 |

图4-87 经编网眼面料

服装用网眼面料的质地轻薄,透气性好,手感滑爽、柔挺,有一定的延伸性,主要用于制作女式内衣、内裤、紧身内衣、胸衣、睡裙和衣裙的里衬等。加入弹性纱线如氨纶裸丝或氨纶包芯丝,使经编网眼面料具有很好的弹性和延伸性。经编花边大多在网眼地布上形成,经编网眼连裤袜是近年来的潮流配饰,网眼面料也常用于制作运动服、时装、头巾等,还可用于运动服、风衣的衬里,运动鞋的面料及衬里、箱包的衬里、汽车座垫面料等。

网眼面料结构疏松,透气、透光,广泛用于蚊帐、窗帘等家用装饰品,在各产业领域也有应用,如用于农用遮阳网、种植网、渔网、果疏包装袋、工程土建保护网、护坡防护网、医用弹性绷带、军用天线和伪装网等。

3. 经编绣纹面料 在经编平纹面料或网眼面料上,以较长的线圈延展线形成立体花纹,类似绣花的效果,称为经编绣纹面料,有成圈绣纹、压纱绣纹等类型。面料多采用涤纶、锦纶等化学纤维长丝,利用色纱穿纱,使面料产生横条、纵条、格子、六角网格等几何图案及其他花纹,如图4-88所示。绣纹经编面料可用于运动服、运动鞋,也可用于蚊帐、沙发、座椅、汽车内饰等。

4. 经编花边 经编花边是在经编多梳栉拉舍尔花边机或贾卡经编机上生产出来的,是在网眼地布上形成,有镂空花

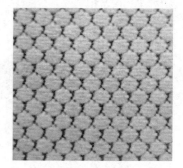

图4-88 经编绣纹面料

纹效果的一种面料,如图4-89所示。经编花边多由编链组织与衬纬组织形成,还可与压纱组织组合。面料多采用化学纤维长丝,如锦纶、涤纶、黏胶纤维等纱线,一般用极细的纱线编织衬纬组织与编链组织形成网眼地布,用较粗的纱线编织衬纬组织形成花纹部分。花纹部分可采用线密度、光泽不同的纱线交织,还可加入氨纶裸丝或与氨纶包芯纱交织,以提高面料的弹性和延伸性。经编花边面料轻薄透气,花型精美,花纹富有层次感,装饰性很强,深得女士们喜爱,常用于妇女内衣、衣裙的饰边以及内裤、衬裙、睡裙等。

图4-89　经编贾卡花边

5.经编贾卡提花面料　是在带有贾卡装置的拉舍尔经编机上编织的面料,大多是网眼风格,也可以是紧密结构,以涤纶、锦纶、黏胶纤维等化学纤维长丝为主要原料。面料结构可以由成圈、衬纬、压纱等组织组合而成。面料花纹清晰,图案精美,花型层次分明,有立体感,质地稳定,布面挺括,悬垂性好。根据面料用途,可加入弹性纱线如氨纶,主要用作装饰性服装面料及辅料,如妇女内衣、紧身衣、泳衣、沙滩装、运动衣、外衣、围巾、披肩、花边等,如图4-90所示是用于妇女内衣的两种贾卡经编面料;也可用于室内装饰,图4-91~图4-93分别为贾卡提花沙发布、台布、窗帘等。

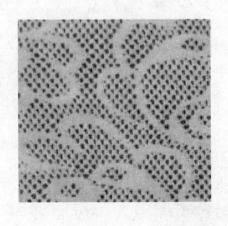

图4-90　经编贾卡提花面料

图 4-91　经编贾卡提花沙发布

图 4-92　经编贾卡提花台布

图 4-93　经编贾卡提花门帘与窗帘

6. 经编毛圈面料　是由经编毛圈组织形成的单面或双面毛圈面料。常采用强度较高的化学纤维长丝（如涤纶、锦纶等）编织。面料的手感丰满，坚牢厚实，弹性、吸湿性、保暖性良好，毛圈结构稳定，具有良好的服用性能，主要用作运动服、休闲服装、睡衣裤、童装等面料，也可用于玩具、家用装饰品。如图 4-94 所示为经编毛巾。

毛圈面料下机后剪去毛圈顶部形成绒布，布面绒毛均匀，绒头高而浓密；若毛圈纱用涤纶有光牵伸丝会有丝绒效果；毛圈纱用涤纶低弹丝、醋酯丝等，会有绒布效果，可用作服装或家具装饰面料，也是车、船内饰及座垫的理想面料。

7. 经编起绒面料　经编起绒面料是通过起绒处理，将经编面料反面的长延展线拉断形成绒毛状

图 4-94　经编毛圈面料（经编毛巾）

态,绒面为断纱结构,面料正面线圈直立。在单针床特里科经编机上编织,常见的有经斜平等双梳变化经平组织形成的丝光绒,反面有较长延展线,较易起绒。如图4-95所示为双梳经斜平丝光绒,前梳采用50D(旦)涤纶FDY长丝编织经斜组织,后梳采用同样的纱线编织经平组织,产品反面起绒,手感柔软、绒面丰满,有光泽,而且具有横条效果。

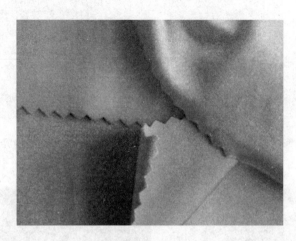

图4-95 经编丝光绒

如图4-96、图4-97所示为三梳经编金光绒面料,前梳和地梳分别编织经斜和经平,中梳编织衬纬。面料反面起绒,金光绒比较密实,绒面丰满,手感细腻柔软,用于家具、汽车装饰、鞋材、手袋、箱包等。面料触感好,大量用于运动类服装和校服等。

图4-96 采用涤纶FDY有光丝编织的 经编金光绒

图4-97 采用涤纶DTY编织的经编金光绒

经编起绒面料的起绒纱还可采用强力较低的黏胶丝或醋酯丝,地组织纱线采用强力较高的涤纶丝或锦纶丝。

经编起绒面料结构稳定,脱散性小,有一定的弹性、悬垂性、贴身性,还有良好的保暖性、防风性及丰润舒适的外观。采用化学纤维长丝做起绒纱,面料色泽鲜艳,耐磨经穿,洗涤方便,可用于缝制女式时装、男女大衣、风衣、运动服等，也可用于玩具、家居装饰用品等。

8. 经编麂皮绒面料 图4-98所示经编麂皮绒面料是以超细纤维长丝以经编的加工方式所制得的仿麂皮面料，经过后整理，手感柔软，具有"书写效应"，既可以直接作为服装面料，用于制作外衣、鞋子、包等，也可以与其他面料进行复合，作为服装面料或作其他用途。目前采用的原料最多的是海岛型超细纤维。超细纤维不仅保持了普通化学纤维的优良特

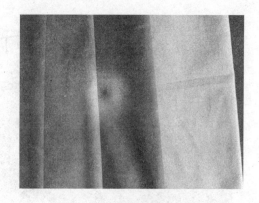

图4-98 经编麂皮绒面料

性，而且手感柔软，悬垂性好，仿丝效果佳，适合磨毛加工，舒适性好，采用超细纤维生产的仿麂皮仿真效果最佳。

9. 经编双针床毛绒面料 是在双针床拉舍尔经编织机上形成的地布与毛绒构成的双层面料，经割绒机割绒后，成为两片单层毛绒面料。

经编双针床毛绒面料根据毛绒的高度不同分为短毛绒和长毛绒两类。短毛绒高度一般为1.5～6mm，长毛绒高度可达8～30mm。毛绒与地布可以衬纬方式连接，也可以线圈串套的方式连接。

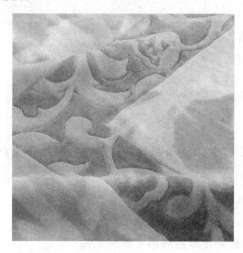

图4-99 经编拉舍尔棉毯（短毛绒）

经编双针床短毛绒，也叫拉舍尔丝绒或割绒，多以强度高、延伸性好的化学纤维长丝编织编链，加入衬纬纱与编链形成地组织，以腈纶纱作为毛绒纱，得到仿毛感强的立绒面料。绒纱采用色织时，花型新颖，毛感强，保暖性好。面料结构稳定，绒毛浓密耸立且不易脱落，不倒伏，抗皱性能好，手感厚实、丰满、柔软、富有弹性，保暖性好。可用作冬季女装面料、童装面料，但更多用于沙发、汽车座椅、粗厚的帘幕等装饰面料。在用醋酯、涤纶、锦纶长丝作绒纱时，可制得仿丝绒效果，类似机织丝绒面料，适合做外衣、裙子等。拉舍尔棉毯也是常见的短毛绒面料，如图4-99所示，以涤纶长丝做地组织，棉纱做起绒纱织成。拉舍尔棉毯结构紧密，轻柔、舒适，适宜空调房间使用。

经编双针床长毛绒面料广泛用于家用装饰物，常见的有以腈纶为绒纱的长毛绒型拉舍尔毛毯[图4-100(a)]和以变形丙纶丝为绒纱的长绒地毯等[图4-100(b)]。

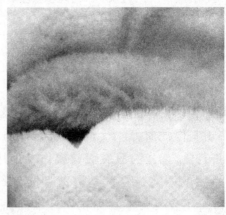

(a)　　　　　　　　　　　　　(b)

图4-100　经编腈纶拉舍尔毛毯(长毛绒)

👉 思考题

1. 什么是针织面料？其基本结构单元是什么？

2. 简述针织面料的基本特性。

3. 如何区别针织面料与机织面料？

4. 将针织面料应用于服装制作时应注意哪些因素？

5. 什么是纬编面料？什么是经编面料？二者如何区别？

6. 什么是单面针织面料？什么是双面针织面料？二者如何区别？

7. 简述纬编四大基本组织的结构及其特性。

8. 简述纬编提花、集圈组织的结构及其特性。

9. 简述纬编罗纹组织的结构特点。为什么罗纹组织常用于服装的领口、袖口、下摆等边口部位？

10. 汗布、棉毛布的组织结构是什么？举例说明这两种面料的用途。

11. 简述针织丝光棉纤维面料的性能特点及用途。

12. 珠地T恤衫面料、卫衣衫面料、摇粒绒面料分别是由哪些纬编组织构成的？

13. 针织内衣面料应具备哪些特性？列举常见纬编内衣面料的品种,并说明其组织结构类型。

14. 针织外衣面料应具备哪些特性？试列举常见纬编外衣面料的品种,说明其组织结构类型。

15. 简述经编基本组织的结构及其特性。

16. 简述经编花色组织的结构特点及花色效应。

17. 做一次市场调查

①了解泳衣、球衣类运动服装常用面料种类。

②了解针织家居服、针织睡衣、女式内衣的主要面料类型及纱线原料类型。

③针织提花蚊帐布的结构属于哪一类针织组织？面料结构特点是什么？多用何种类型的纱线原料？

18.运动外衣、冲锋衣、运动鞋等的面料与里料常用到的经编网眼面料,属于哪种组织结构类型？这些面料的特点是什么？常用的纱线原料主要有哪些？

19.哪些经编面料用于毛毯、毛绒玩具制作？说明其组织结构的特点。

20.试总结经编面料与纬编面料在应用范围上有何异同？为什么？

第五章　非织造布及复合材料

● 本章知识点 ●

1. 掌握非织造布的定义和分类方法。

2. 掌握非织造布的生产技术特点。

3. 掌握非织造布的结构特点、性能和用途。

4. 了解非织造布的生产工艺。

5. 掌握复合材料的定义和分类方法。

6. 掌握复合材料的结构、性能和用途。

7. 了解复合材料的生产方法。

第一节　非织造布

一、非织造布的定义及分类

（一）非织造布的定义

非织造布在我国曾被称为无纺布、无纺织布、不织布，1984年由原纺织工业部按产品特征定名为"非织造布"。与需要纱线通过机织或针织方法制成机织面料及针织面料不同，非织造布是在不用纱线或少用纱线的情况下直接利用高聚物切片、纤维和长丝通过各种纤网形成方法和加工工艺——如应用化学黏合剂黏合，针刺、水刺、热轧、缝编、印花、热风透吹黏合等工艺而制成的新型纤维制品。非织造布突破了传统的纺织原理（由纤维→纱线→面料），充分利用现代物理学、化学、力学、仿生学的有关基础理论，结合纺织、化工、塑料、造纸等工业技术，成为纺织工业中最年轻而又最有发展前途的一个新兴行业。

根据国家标准（GB/T5709—1997）的规定，非织造布的定义为"定向或随机排列的纤维，通过摩擦、抱合、黏合或者这些方法的组合而相互结合制成的薄片、纤网或絮片（不包括纸、机织面料、针织面料、簇绒面料、带有缝编纱线的缝编面料以及湿法缩绒的毡制品）"。所用纤维可以是天然纤维或化学纤维；可以是短纤维、长丝或当场形成的纤维状物。为了区别湿法非织造布和纸，规定了在其纤维成分中长径比大于300的纤维占全部质量的50%以上，或长径比大于300的纤维虽只占全部质量的30%以上，但其密度小于$0.4g/cm^3$的属于非织造布，反之为纸。

(二)非织造布的分类

根据不同的分类标准,非织造布可以有不同的分类方法。

1.按产品使用时间分 可分为耐用型和用即弃型两类。

2.按产品用途分

(1)医疗卫生用布:手术衣、防护服、消毒包布、口罩、尿片、妇女卫生巾等。

(2)家庭装饰用布:贴墙布、台布、床单、床罩等。

(3)服装用布:衬里、黏合衬、絮片、定型棉、合成革底布等。

(4)工业用布:过滤材料、绝缘材料、水泥包装袋、土工布、包覆布等。

(5)农业用布:作物保护布、育秧布、灌溉布、保温幕帘等。

(6)其他:太空棉、保温隔音材料、吸油毡、烟过滤嘴、袋包茶叶袋等。

3.按纤维成网方式结合纤维网的固结方法分 可分为干法成网、湿法成网和聚合物挤压成网三类。如下表所示。

非织造布分类表

成 网 方 式		固 结 方 法	
干法成网	梳理成网 气流成网	机械固结	针刺法
			缝编法
			射流喷网法
		化学黏合	饱和浸渍法
			泡沫浸渍法
			喷洒法
			印花法
		热黏合	热熔法
			热轧法
湿法成网	圆网成网 斜网成网	化学黏合法、热黏合法	
聚合物挤压成网	纺丝成网	化学黏合法、热黏合法、针刺法	
	熔喷成网	自黏合法、热黏合法	
	膜裂成网	热黏合法、针刺法	

二、非织造布的技术特点

由于非织造布生产突破了传统的纺织原理,在原料使用、工艺技术、产品性能等方面具有很多特点。

(一)原料范围广

非织造布的原料范围非常广,原料种类繁多,除纺织纤维外,还包括传统纺织工艺难以使用的原料,如棉短绒、椰壳纤维等以及废料如废花、落毛、化学纤维废丝、再生纤维和传统纺织设备难以加工的无机纤维,如玻璃纤维、金属纤维、碳纤维等。一些新型功能性纤维如耐高温纤维、复合超细纤维、抗菌纤维、阻燃纤维等也可作为非织造布的原料。

(二)工艺流程短

非织造布从原料到成品所经工序比传统的纺织工艺流程大为简化,一般只需经过开清混和、梳理成网、固结即可生产出产品。特别是纺丝成网法的生产过程更为简单,从聚合物切片直接纺丝成网。由于非织造布生产省去了纺纱、织造等多道工序,工艺流程缩短了许多,生产周期短,产品质量也易于控制。

(三)生产速度高

非织造布由于没有纺纱、织布的种种束缚,生产速度大大提高,比传统纺织品高出成百上千倍。与传统有梭织机产量对比,针刺法(4m宽)速度为其125倍,黏合法为其600倍,纺丝成网法最高为其2000倍。非织造布的幅宽范围很大,一般可到4m左右,最宽可达17m,生产效率也远高于传统纺织生产。

(四)产品品种多

非织造布由于原料来源广泛,加工方法多样,因此其产品品种也多。每种加工方法可有多种工艺和组合,例如同样用针刺法固结纤网,通过针刺工艺和针板布针的调节,既可以生产出柔软美丽的装饰地毯,又可生产出高强结实的土工材料。各种加工方法还可以互相结合,如针刺与黏合、纺丝成网与水刺、纺黏与熔喷的结合。通过工艺变化与加工方法组合,可生产出各种规格和结构的产品。

三、非织造布的结构特点

非织造布从整个产品系统来说是介于传统纺织面料、塑料和纸张三者之间的新型材料。非织造布与传统纺织面料的根本区别在于它不是以纤维集束成纱交织而成,而是由单纤维状态的纤维以定向或随机排列的方式构成的,因此,它比机织面料和针织面料更能体现出纤维本身的特性。几乎所有种类的非织造布都是以单纤维所构成的纤维网为特征的。在成网阶段,所构成的纤维网基本上都表现为立体网状结构,或称为三维结构。但由于固结方法的不同,制成的产品会呈现出不同的几何形状,如针刺法、热熔法、喷洒黏合法、射流喷网法和熔喷法的自黏产品等都有着典型的三维几何结构特征,而以薄型纤网为基体经过浸轧或热轧的产品,由于受到热和压力的作用,纤网中绝大多数纤维已呈平面布置,因此体现为平面网状结构,或称二维结构。

非织造布的结构特点决定了其具有独特的性能,如孔径小而曲折且孔隙率大,对角拉伸抗变形能力强,伸长率高,覆盖性和屏蔽性好,结构蓬松,手感柔软,弹性好等。这些特性使非织造布在很多具体应用中表现出了比传统纺织面料具有更大的优越性。

非织造布的生产工艺灵活多样,决定了它外观、结构、性能和用途的多样化。薄型产品每平方米只有十几克,而厚型产品每平方米则达数千克;柔软的酷似丝绸,坚硬的好像木板;蓬松的似棉絮,紧密的似毛毡。这些产品均可通过改变纤维原料、加工工艺和其他后处理技术予以实现,满足使用性能的要求,这是传统的纺织面料难以达到的。

四、非织造布的生产工艺

非织造布的生产工艺一般由纤维准备、纤维成网、纤维网固结和后处理四个环节组成。

(一)纤维准备

由于非织造布生产使用的原料范围广,性能差异大,为了保证产品质量,改善加工性能,原料需经混和。通常使用自动称量装置,使各种成分的纤维按质量混和。混和后的原料要进行充分的开松,清除杂质和进一步的混和纤维。对天然纤维来说,侧重开清功能;对化学纤维来说,侧重开松作用。天然纤维的开清常用一般传统纺纱工艺中的开清设备,化学纤维常用混和开松联合机。

国外常见的开清工艺流程有德国特马法(Temafa)公司的开清混和工艺流程、德国特吕茨施勒尔(Trützschler)公司的开松混和流程和瑞士立达(Rieter)公司的开清混和工艺流程。

(二)纤维成网

纤维成网是非织造布生产的专有工序,几乎所有的非织造布都必须先制成纤维网,如同传统的纺织面料必须先有纱线一样。纤维网是非织造布的骨架,纤维网结构根据产品的性质和定重要求而选定。为了提高非织造布的各向同性程度,要求纤维在网中分布均匀且无明显方向性。纤维成网的方法有以下几种。

1. 干法成网　干法成网是将短纤维用梳理成网法或气流成网法制成纤维网。这种方法是非织造布最早使用的生产方法。干法成网的产品称为纤网,即由短纤维原料经开松分梳加工后形成的网片状结构,它是非织造布的半成品。纤网的均匀度、定量和纤维排列的方向性直接影响非织造布的性能和用途。

2. 湿法成网　湿法成网是采用改良的造纸技术,将含有短纤维的悬浮浆制成纤网的方法。湿法成网以使用长度在 20mm 以下难以纺纱的天然纤维、化学纤维为主,还可以混和一些造纸用浆粕。浆粕与纤维一起成网,可以作为纤维网加固的辅助黏合手段。水流状态下形成的纤网中,纤维呈三维分布,杂乱排列效果好,纤网不但具有各向同性的优点,而且均匀度优于干法成网和纺丝成网。

3. 纺丝成网法　纺丝成网法(又称纺黏法)与熔喷法均属于聚合物挤压纺丝一步成布法。在工艺原理方面两者有许多相同之处,都是经螺杆挤压机对聚合物进行熔融纺丝。但纺丝成网法与熔喷法在纺丝阶段的工艺不同,制得纤维的性质和形态也不同,由纤维制得的非织造布在性能方面有很大差异。纺丝成网法制成的非织造布强力高,可以单独使用,同时又具有生产流程短、效率高、大规模生产、成本低等特点。熔喷法制成的非织造布的特点是具有超细纤维结构和极佳的过滤性、阻菌性、保暖性,但产品强力较低。

(三)纤维网固结

采用化学方法(如胶黏或溶解)或物理方法(如缠结或热)或其联合方法将纤网结合成为非织造布的方法,称为纤维网的固结。纤维网的固结有黏合法、缝编法、针刺法和水刺法 4 种工艺方法。

1. 黏合法 用黏合剂将纤维黏合成布,包括热黏合、化学黏合、热轧黏合等。

(1)热黏合:在加压或不加压的情况下,经热或超声波处理使热熔黏合材料将纤网整体黏合(如全部或面黏合)或只在规定的、分散的部分黏合(如点黏合)的一种方法。该热熔黏合材料可以是单组分纤维、双组分纤维或粉末。纤网可全部或部分由热敏材料组成。

(2)化学黏合:使用化学助剂(包括黏合剂和溶剂),借助如浸渍、喷洒、印花和发泡等一种或组合技术使纤网固结的一种方法。

(3)热轧黏合:纤网通过一对加热轧辊(其中一只轧辊被加热)的钳口进行热黏合的加工方法。轧辊表面可为凹凸花纹或平面,也可用衬毯轧辊。

2. 缝编法 缝编就是对某些加工材料(如纤网、纱线层等)用针进行穿刺,然后用经编线圈对被加工材料进行编织,形成一种稳定的线圈结构。缝编法的生产工艺特点是可以将占成品重量很大比例的纤维直接制成坯布,还可以将传统纺纱无法加工的劣质纤维原料或机织、针织难以加工的纱线制成非织造布。

3. 针刺法 针刺固结法是利用刺针对纤维网进行反复穿刺来实现的。当截面为三角形(或其他形状)、棱边上带有钩刺的直型刺针刺入纤网时,刺针上的倒向钩刺就带动纤网内的部分纤维向网内运动,使网内纤维相互缠结,同时,由于摩擦作用纤网受到压缩。当刺入一定深度后,刺针回升,此时因钩刺是顺向的,纤维脱离钩刺以近乎垂直的状态留在纤网内,形成了垂直的纤维簇,这些纤维簇像一个个"销钉"贯穿于纤网的上下,产生较大的抱合力,与水平纤维缠结,使已压缩的纤网不再恢复原状,这就制成了具有一定厚度、一定物理机械性质和结构紧密的针刺非织造布。

4. 水刺法 水刺法又称射流喷网法。水刺法固结纤网的原理与干法工艺中的针刺法较为相似,是依靠水力喷射器(水刺头)喷出的极细高压水流(又称水针)来穿刺纤网,使短纤维或长丝缠结而固结纤网。

(四)后整理

后整理是指对固结后的纤网烘燥、定型、染色、印花、轧花涂层和复合等,赋予成品特殊的性能和外观。

五、非织造布的品种、性能和用途

1. 缝编印花非织造布 纤维网缝编印花非织造布可以选用棉、黏纤等纤维素纤维成网,用涤纶长丝以单梳栉编链组织进行交织而成,产品表面粗厚,经印花等整理后的产品富有立体感;也可以选用黏胶短纤维纱为纬纱、涤纶短纤维纱为经纱、涤纶长丝为缝编纱制成。坯布按印花—烂花整理后,产品轻盈飘逸,类似抽纱风格。这些面料性能介于机织面料和针织面料之间,按不同的用途选作床罩、台布、浴衣等各种服装或装饰用布。

2. 针刺呢 针刺呢是利用废毛及化学纤维的混合纤维,采用针刺和黏合工艺并结合羊毛纤维的毡缩性能的特定工艺制得类似粗纺呢绒的产品。针刺呢(有衬布)的强力和耐磨性比机织大衣呢、女式呢略高;呢面光滑度、弹性、保暖性与呢绒相同或略好。一般的针刺呢手感较硬、弹性较差,多用于混纺绒毯、童装、鞋帽等。

3. 热熔絮棉　热熔絮棉又称定型棉,是选用涤纶、腈纶等纤维为主体原料,以适量的丙纶、乙纶等低熔点纤维作黏合剂,经开松、混和、成网、热熔定型等工序而制得的产品。热熔絮棉比棉絮轻柔、保暖并可以洗涤。可以用于保暖服装和床上用品的絮料。

4. 喷浆絮棉　喷浆絮棉又称喷胶棉,与热熔絮棉相似,也是一种新型保暖材料。喷浆絮棉采用液体黏合剂来黏结纤维网。由于喷浆絮棉选用中空或高卷曲涤纶、腈纶等纤维为原料,结构疏松,比热熔絮棉蓬松性更高,同样厚的产品可以少 1/3 ~ 1/4 纤维,而且具有弹性好、手感柔软、耐水洗及保暖性良好的特点,是滑雪衫、登山服及其他保暖服装的优良絮料。

5. 非织造布仿麂皮　非织造布仿麂皮是用海岛型复合短纤维为原料,通过分梳、铺网、层叠成纤维网,然后进行针刺,使纤维之间形成三维结构构造物,经处理将"海"成分除去,"岛"成分形成了 0.11 ~ 0.99dtex 的超细纤维。将这种针刺毡浸渍聚氨酯溶液,然后导入水中使树脂凝固,形成内部结合点,即制成仿麂皮基布。将仿麂皮基布进行表面磨毛处理形成绒毛,再进行染色整理,形成酷似天然皮革的仿麂皮。

非织造布仿麂皮手感柔软,有麂皮样非常高雅的外观。此外,保暖性、透气性、透湿性好,耐洗,耐穿,尺寸稳定性好,不霉,不蛀,无臭味,色泽鲜艳。适合做春秋季外衣、大衣、西服、礼服、运动衫等服装。

非织造布用途很广。根据纤维网的厚薄程度不同,非织造布分为薄型和厚型两种。不但可以作为服装材料中的面料、衬垫料、填充料、一次性服装用料,还可用于室内装饰面料,如床罩、被套、毛毯、毛巾被、窗帘、墙布、地毯、家具布,以及汽车用非织造布和空气过滤材料、纺织滤尘材料、耐高温滤料、液体过滤材料等。

第二节　复合面料

一、复合材料的概述

(一)复合材料的定义

复合材料是以一种材料为基体,另一种材料为增强体组合而成的材料。各种材料在性能上可以取长补短,产生协同效应,使复合材料的综合性能优于原组成材料,从而满足各种不同的要求。复合材料的基体材料分为金属和非金属两大类。金属基体常用的有铝、镁、铜、钛及其合金;非金属基体主要有合成树脂、橡胶、陶瓷、石墨、碳等。增强材料主要有玻璃纤维、碳纤维、硼纤维、芳纶纤维、碳化硅纤维、石棉纤维、晶须、金属丝和硬质细粒等。

(二)复合材料的分类

1. 按组成分　可分为金属与金属复合材料、非金属与金属复合材料、非金属与非金属复合材料。

2. 按结构特点分

(1)纤维复合材料:将各种纤维增强体置于基体材料内复合而成,如纤维增强塑料、纤维增强金属等。

（2）夹层复合材料：由性质不同的表面材料和芯材组合而成。通常面材强度高、薄；芯材质轻、强度低，但具有一定刚度和厚度。分为实心夹层和蜂窝夹层两种。

（3）细粒复合材料：将硬质细粒均匀分布于基体中，如弥散强化合金、金属陶瓷等。

（4）混杂复合材料：由两种或两种以上增强材料混杂于一种基体相材料中构成。与普通单增强相复合材料比，其冲击强度、疲劳强度和断裂韧性显著提高，并具有特殊的热膨胀性能。分为层内混杂、层间混杂、夹芯混杂、层内—层间混杂和超混杂复合材料。

20 世纪 60 年代，为满足航空航天等尖端技术所用材料的需要，先后研制和生产了以高性能纤维（如碳纤维、硼纤维、芳纶纤维、碳化硅纤维等）为增强材料的复合材料，其比强度大于 $300MPa \cdot cm^3/g(4 \times 10^6 cm)$，比模量大于 $100GPa \cdot cm^3/g(4 \times 10^8 cm)$。为了与第一代玻璃纤维增强树脂复合材料相区别，将这种复合材料称为先进复合材料。按基体材料不同，先进复合材料分为树脂基、金属基和陶瓷基复合材料。其使用温度分别达 $250 \sim 350℃$、$350 \sim 1200℃$ 和 $1200℃$ 以上。

（三）复合材料的性能

复合材料中以纤维增强材料应用最广、用量最大。其特点是相对密度小、比强度和比模量大。例如碳纤维与环氧树脂复合的材料，其比强度和比模量均比钢和铝合金大数倍，还具有优良的化学稳定性、减摩耐磨、自润滑、耐热、耐疲劳、耐蠕变、消声、电绝缘等性能。石墨纤维与树脂复合可得到膨胀系数几乎等于零的材料。纤维增强材料的另一个特点是各向异性，因此可按制件不同部位的强度要求设计纤维的排列。以碳纤维和碳化硅纤维增强的铝基复合材料，在 $500℃$ 时仍能保持足够的强度和模量。碳化硅纤维与钛复合，不但钛的耐热性提高，而且耐磨损，可用作发动机风扇叶片。碳化硅纤维与陶瓷复合，使用温度可达 $1500℃$，比超合金涡轮叶片的使用温度（$1100℃$）高得多。碳纤维增强碳、石墨纤维增强碳或石墨纤维增强石墨，构成耐烧蚀材料，已用于航天器、火箭导弹和原子能反应堆中。非金属基复合材料由于密度小，用于汽车和飞机可减轻重量，提高速度，节约能源。用碳纤维和玻璃纤维混合制成的复合材料片弹簧，其刚度和承载能力与重量大 5 倍多的钢片弹簧相当。

（四）复合材料的成型方法

复合材料的成型方法按基体材料不同各异。树脂基复合材料的成型方法较多，有手糊成型、喷射成型、纤维缠绕成型、模压成型、拉挤成型、热压罐成型、隔膜成型、迁移成型、反应注射成型、软膜膨胀成型和冲压成型等。金属基复合材料成型方法分为固相成型法和液相成型法。前者是在低于基体熔点温度下，通过施加压力实现成型，包括扩散焊接、粉末冶金、热轧、热拔、热静压和爆炸焊接等。后者是将基体熔化后，充填到增强体材料中，包括传统铸造、真空吸铸、真空反压铸造、挤压铸造和喷铸等。陶瓷基复合材料的成型方法主要有固相烧结、化学气相浸渗成型和化学气相沉积成型等。

（五）复合材料的应用

1. 航空航天领域　由于复合材料热稳定性好，比强度、比刚度高，可用于制造飞机机翼和前机身、卫星天线及其支撑结构、太阳能电池翼和外壳、大型运载火箭的壳体、发动机壳体、航天飞机结构件等。

2. 汽车工业　由于复合材料具有特殊的振动阻尼特性,可减振和降低噪声,抗疲劳性能好,损伤后易修理,便于整体成形,故可用于制造汽车车身、受力构件、传动轴、发动机架及其内部构件。

3. 化工、纺织和机械制造领域　有良好耐蚀性的碳纤维与树脂基体复合而成的材料,可用于制造化工机械设备、纺织机械、造纸机械、复印机、高速机床、精密仪器等。

4. 医学领域　碳纤维复合材料具有优异的力学性能和不吸收 X 射线的特性,可用于制造医用 X 光机和矫形支架等。碳纤维复合材料还具有生物组织相容性和血液相容性,生物环境下稳定性好,也用作生物医学材料。此外,复合材料还用于制造体育运动器件和用作建筑材料等。

纺织用复合材料花样繁多,有复合纤维、复合纱线、复合面料等。

二、复合面料的主要品种、性能和用途

(一)泡沫涂层面料

泡沫涂层面料是将面料与泡沫塑料(如聚氨酯)黏合在一起形成的复合面料。泡沫涂层面料的特点是:

(1)重量轻而柔软,具有保暖性,常用作防寒材料。

(2)泡沫塑料内部由彼此相连的气泡组成,透气性好。

(3)形状稳定性好。

(二)黏合面料

黏合面料由两层面料背对背黏合在一起,或中间加填充料三层黏合而成。这种黏合面料在服装、产业、装饰上具有广泛的用途。黏合面料的特点是:

(1)把一些不能单独裁剪、缝制的面料与里子相黏合,使之尺寸稳定,而且有适当的伸缩性。

(2)可利用改变面料组合与黏合条件,达到改善面料手感、身骨、透气等性能。

(3)缝制方便。表里一起裁剪、缝制,大大简化了服装加工工艺。

(三)薄膜涂层面料

根据不同需要,可制成不同功能的薄膜涂层面料。例如太空棉是由涤纶超薄非织造布、涤纶以及金属薄膜复合而成的保暖材料。最新的防水透气面料是在面料表面涂聚四氟乙烯微孔薄膜以及高分子黏合剂复合而成。若将面料、防水透湿薄膜、衬里复合在一起,可构成具有呼吸功能的防水透湿产品。

(四)多层保暖面料

由内外两层面料,中间加絮料,通过织造或绗缝,将它们结合在一起形成复合面料,一般作保暖材料用。如近年来市场上较常见的三层保暖内衣便是其中一种产品。

☞ 思考题

1. 什么叫非织造布?

2.非织造布有何特点?

3.非织造布包括哪些生产工艺?

4.非织造布有哪些典型品种和用途?

5.什么叫复合材料?复合材料有哪些类型?

6.请举出你平时见到的非织造布与复合面料的例子,它们各有什么特点?

7.为什么近年来非织造布与复合材料发展如此迅速?分析原因。

8.收集非织造布与复合面料。

第六章　天然纤维面料

● 本章知识点 ●

1. 掌握棉纤维面料的性能和分类,了解该纤维面料的主要品种和用途。
2. 掌握麻纤维面料的性能和分类,了解该纤维面料的主要品种和用途。
3. 掌握毛纤维面料的性能和分类,了解该纤维面料的主要品种和用途。
4. 掌握丝面料的性能和分类,了解该面料的主要品种和用途。
5. 了解新型天然纤维面料的种类和用途。

第一节　棉纤维面料

棉纤维面料是以棉纤维作为原料制成的面料。棉纤维面料以其优良的服用性能而成为最常用的纺织面料之一,深受消费者的欢迎。自 20 世纪 80 年代以来,人们更加崇尚环保、自然、健康、舒适的纺织面料,棉纤维面料以其朴实自然的风格和柔软舒适的特点再次得到人们的青睐。

一、棉纤维面料的主要性能

(1)具有良好的吸湿透气性,穿着舒适。

(2)手感柔软,保暖性好。

(3)耐热性和耐光性好。

(4)弹性较差,容易产生折皱,经树脂整理后有所改善。

(5)耐酸性差,耐碱性好。

(6)对微生物抵抗力较差,易产生霉变。

二、棉纤维面料的分类

(1)按印染整理加工方法的不同,可分为本色棉布、漂白棉布、染色棉布、印花棉布和色织棉布。

(2)按面料组织的不同,可分为简单组织面料、变化组织面料、联合组织面料、复杂组织面料和提花组织面料。

(3)按外观风格的不同,可分为平纹面料、斜纹面料、缎纹面料、色织面料、起绉面料、仿麻纤维面料、起绒面料和花色面料等。

三、棉纤维面料的主要品种和用途

(一)平纹面料

平纹面料的基本特征是采用平纹组织,布面平整,结构稳定,比相同规格采用其他组织的面料耐磨性好,强度高,但缺乏弹性。平纹面料的主要品种如下:

1. 平布 平布是棉纤维面料的主要品种,经纬纱的线密度和经纬密度接近或相同,根据所用经纬纱的粗细的不同,可分为细平布、中平布和粗平布三大类。

(1)细平布:又称细布,质地轻薄细密,手感柔软滑爽,一般加工成漂白布、色布、印花布,主要用作衬衫、婴幼儿服装、夏装、床上用品等。

(2)中平布:又称市布,布身厚薄适中,紧密坚牢,主要用作衬布、里布、衬衫、被单等。

(3)粗平布:又称粗布,质地较粗糙,布面有较多的棉结杂质,但手感厚实,坚牢耐磨,常用作包装材料、衬布和劳保服装材料。

2. 府绸 府绸是棉纤维面料中的主要品种之一。府绸的质地细致,富有光泽,手感滑爽,织纹清晰,具有丝绸感,所以称为府绸。根据所用的纱线不同,府绸可分为纱府绸、半线府绸和全线府绸三种,通常以半线府绸为主,纱府绸次之,全线府绸较少。府绸穿着舒适,是理想的衬衫、内衣、睡衣、夏装和童装面料,也可用于手帕、床单、被褥等。

3. 巴里纱 又称"玻璃纱",是以中、低特纯棉纱织成的稀薄面料,也有以丝、再生纤维长丝、合成纤维长丝、毛、麻为原料的巴里纱。巴里纱有股线巴里纱、单纱巴里纱和半线巴里纱三种。巴里纱面料具有独特的"稀、薄、爽"的风格,布面清晰透明,触感挺爽,吸汗透气,常用于夏季女衬衫、裙子、礼服、面纱、头巾及童装衣料等,也可用作装饰或抽纱面料。

4. 帆布 帆布是经纬纱均采用多股线织成的粗厚面料,按纱号的粗细可分为粗帆布和细帆布两种。帆布具有外观粗犷、紧密厚实、坚牢耐磨的特点。粗帆布一般作为工业用布,细帆布经水洗、磨绒后手感柔软,可用于制作男女秋冬外套、休闲服等。

5. 防羽绒布 防羽绒布是线密度小而密度大的薄型面料。其结构紧密,手感滑爽,坚牢耐磨,富有光泽,常用作羽绒服、滑雪衫、风衣、羽绒被套、睡袋等。

(二)斜纹面料

斜纹面料的基本特征是采用各种斜纹组织,使面料表面呈现由经或纬浮长线顺序排列而构成的斜向纹路。斜纹布经纬纱的密度一般大于平纹布,交织点较平纹少,手感较平纹厚实柔软,但不及平纹面料坚牢耐磨。斜纹面料的主要品种如下。

1. 斜纹布 斜纹布属于中厚斜纹组织,是采用$\frac{2}{1}$的经面斜纹组织,面料正面斜纹纹路清晰,反面纹路模糊不清,因此称为单面斜纹。斜纹布布身比平纹布紧密厚实,手感较平纹布柔软。可用作男女便装、制服、工作服、学生装等面料,还可用作台布、床上用品、服装里料等。

2. 哔叽 哔叽采用$\frac{2}{1}$加强斜纹组织,正反面的纹路都很清晰,结构疏松,质地柔软,但耐磨性相对差些。根据所用纱线的不同,分为纱哔叽和线哔叽,以纱哔叽为主。哔叽经染色加工可用作男女服装,经印花加工后主要作为妇女、儿童衣料,亦可作为被面、窗帘等。

3. 卡其 卡其是紧密度较高的斜纹面料,按纱线结构的不同可分为纱卡其、半线卡其和全线卡其三类。纱卡其布身紧密厚实,强力大,但耐磨性不如斜纹布;线卡其又称双面卡其,正反面均有清晰的纹路,尤其是全线卡其更为精致丰满。线卡其的布身厚实,挺括不皱,不易起毛,是棉纤维面料中坚牢度较强的品种,但手感比较硬挺,不够柔软,耐磨性差,特别是衣服折边处容易磨损。卡其一般用于春秋冬季的外衣材料,制成制服、外套、童装等,经防水整理后可制成风衣、雨衣,也可作沙发、窗帘等室内装饰用布。

4. 华达呢 棉华达呢是利用棉纱为原料效仿毛华达呢风格织造的斜纹面料,常见品种有纱华达呢和半线华达呢两种。华达呢织纹突出、细致,手感厚实而不发硬,耐磨不易折裂,手感比哔叽柔软,适宜用作春秋冬季各种男女服装面料。

(三)缎纹面料

缎纹面料的经纱或纬纱具有较长的浮线覆盖于面料表面,面料光滑柔软,富有光泽,质地紧密细腻,可分为经面缎纹和纬面缎纹两种。

常见品种有直贡缎和横贡缎两种,直贡缎属于经面缎纹组织,横贡缎属于纬面缎纹组织。缎纹面料可用作春秋冬季服装面料、床上用品面料、装饰用面料等。

(四)色织面料

色织面料是指用染好的色纱织造而获得的各种面料。色织面料的主要品种如下。

1. 线呢 线呢质地厚实坚牢,富于弹性。线呢的种类繁多,可分为男线呢和女线呢两类。男线呢适宜用作中老年人面料,可做工作服、制服、单夹衫裤、大衣面料等。女线呢可用作妇女和儿童四季衣料,也可做衬衫、外衣、短大衣等。

2. 牛仔布 牛仔布是一种质地紧密、坚牢耐穿的粗斜纹色织面料,俗称劳动布。经纱一般染成蓝色或黑色,纬纱用白色或原色,有轻型、中型和重型之分。牛仔布纱号粗,密度大,布身厚实坚牢,耐磨耐穿,广泛用于牛仔服装面料,经过后整理可获得风格各异的花色牛仔布,也可作为工装或防护用布。

3. 牛津纺 又称牛津布,是以精梳细纱线作双经与较粗的纬纱交织成纬重平或方平组织。该面料表面有针点和色织效应,经纬组织点突起,手感是柔中带挺,保型性好,布面气孔多,穿着舒适。主要用作春秋男礼服、衬衫等。

(五)起绉棉布

起绉棉布是利用特殊的纺织染整加工工艺,使面料表面呈现出不同形态的绉纹效果,也是棉纤维面料中深受广大消费者所喜爱的品种。起绉棉布的主要品种如下。

1. 绉布 绉布是采用普通捻度的经纱和高捻度的纬纱以平纹组织织造的面料,又称绉纱。经染整加工后,纬向产生收缩,在布面形成纵向柳条绉纹。绉布质地轻薄,绉纹细致饱满,富有弹性,主要用作衬衫、裙子、睡衣裤以及儿童服装面料。

2. 泡泡纱 泡泡纱是以平纹组织织制,布面呈凹凸状泡泡的薄型面料。形成泡泡纱的方法有三种:一是织造形成的泡泡纱,利用经纬纱的粗细不同和送经量不同,造成布面呈现反复的松紧变化而出现条状泡泡效果;二是碱缩泡泡纱,利用棉纤维在烧碱作用下,直径增大而长度缩短的性质,用烧碱溶液印花,印有碱液部分棉布产生收缩,无碱部分棉布不收缩,从而使布身形成凹凸泡状;三是利用两种纤维受热收缩率的不同,经过织造染整加工,由于纱线产生不同收缩,而使布身形成凹凸状泡泡。泡泡纱面料具有立体感强,轻盈薄爽,手感柔软,透气舒适的特点,是夏季理想的服装面料,也可作台布、床上用品和窗帘等装饰用品。

(六)麻纱

麻纱是采用捻度较大的细棉纱作经、纬纱,采用平纹变化组织织成的纯棉稀薄面料,外观和手感与麻纤维面料相似,故称为麻纱。麻纱质地轻薄挺括,透气凉爽,穿着舒适,无贴身感,是理想的夏季服装面料,可用作男女衬衫、衣裙、儿童服装面料。

(七)起绒布

起绒布是采用经或纬起毛组织以及经过起绒处理的各种棉布的总称。起绒布的主要品种有:

1. 灯芯绒 灯芯绒是采用纬二重组织,再经割绒、整理而成,绒组织呈现纵条状,外观圆润似灯心草而得名,又称棉条绒,有的地区也叫"趟绒"。灯芯绒质地厚实柔软,条纹清晰饱满,保暖性好,主要用作秋冬男女服装、外衣、童装、鞋帽,也可作家居装饰用布、手工艺品、玩具等。

2. 绒布 绒布是用一般捻度的经纱和较低捻度的纬纱织成平纹或斜纹,经拉绒处理,使纬纱纤维尾端被拉出,在面料表面形成蓬松的绒毛。绒布手感柔软,吸湿性好,保暖舒适,特别适合用作冬季男女内外衣、睡衣、婴幼儿服装、衬里等。

3. 平绒 平绒是以经纱或纬纱在面料表面形成短密、平整绒毛的棉纤维面料,有经平绒和纬平绒之分。平绒绒面平整,光泽较好,手感柔软,富有弹性,保暖性好,不易起皱,厚实耐用。常用作春秋或冬季女装面料,还可作为鞋帽、沙发面料、窗帘、幕布等。

(八)花色布

花色布是指提花面料或经过特别处理的棉纤维面料品种,多呈现独特的外观风格。花色布的主要品种如下。

1. 提花布 提花布是一种有织纹图案的面料,根据花样大小有大提花布和小提花布之分。提花布花样别致,立体感强,大提花布厚重结实,常用作家居装饰用品、床上用品、窗帘,小提花布柔软滑爽,吸湿透气,多用作男女高档服装面料。

2. 静电植绒花布 静电植绒花布是利用高压电场的作用,把纤维短绒(常用黏胶纤维和锦纶)按照特定的图案黏着到棉纤维面料表面获得的印花布。静电植绒花布具有丝绒般的手感,色泽亮丽,绒面丰盈,立体感强,可用作冬季妇女儿童衣料、汽车内饰、家居装饰品、包装材料、玩具工艺品、墙体材料、防滑材料等,用途非常广泛。

3. 网眼布 网眼布是有网眼形小孔的棉纤维面料,又称纱罗。纱罗有真假纱罗之分,用绞经法织制的为真纱罗组织面料,布面网眼清晰,结构稳定;利用提花组织和穿筘方法的变化,织出布面有小孔的面料,称为假纱罗,其网眼结构不稳定,容易移动。网眼布透气凉爽,特别适宜用作夏季服装、窗帘、蚊帐和装饰用布。

（九）毛巾布

毛巾布是在毛巾织机上织制的起毛圈面料,按毛巾纬组织结构的不同,可分为两纬、三纬、四纬等组织。经组织分为单经、单双经、双经等。毛巾布外观丰满厚实,柔软舒适,具有良好的吸水、储水性,主要用作毛巾、浴巾、毛巾被、睡衣、装饰用布等。

第二节　麻纤维面料

麻纤维面料是指用麻纤维纺织加工而成的面料,用于纺织面料的主要有亚麻和苎麻。传统的麻纤维面料一般多属纯纺面料,近年来,随着化学纤维工业的不断发展,加工技术的不断成熟,出现了许多混纺和交织产品。因此,广义的麻纤维面料也包括麻和化学纤维混纺或交织的产品。

一、麻纤维面料的主要性能

（1）麻纤维的强度和刚性位于天然纤维之首,因而麻纤维面料的手感滑爽,外观挺括。

（2）吸湿性、放湿性较好。

（3）耐酸、碱性好,经丝光处理,纤维强度和光泽有所增加。

（4）耐热、耐晒性较好。

（5）抗微生物性能好,有较好的抗霉菌、防虫蛀能力。

（6）弹性差,抗皱能力差。

二、麻纤维面料的分类

（1）按原料不同,可分为苎麻纤维面料、亚麻纤维面料、罗布麻纤维面料、混纺和交织麻面料等。

（2）按加工方法不同,可分为手工麻纤维面料和机制麻纤维面料。

（3）按外观色泽不同,可分为本色麻纤维面料、漂白麻纤维面料、染色麻纤维面料和印花麻纤维面料。

三、麻纤维面料的主要品种和用途

（一）苎麻纤维面料

1. 夏布　夏布是手工织制的苎麻纤维面料的统称,以平纹为主,有本色、漂白、染色和印花品种。优质夏布纱线细而均匀,布面平整光洁,富有弹性,质地坚牢,爽滑透凉,非常适宜用作夏装衣料,质量差的夏布可作蚊帐和服装衬里、工业用布。

2. 长苎麻纤维面料　长苎麻纤维面料以纯纺为主,有平纹、斜纹和小提花组织,常用作床单、被套、台布、手帕等。

3. 短苎麻纤维面料　短苎麻纤维面料多是与棉混纺制成平纹或斜纹组织,主要用作低档服装、餐巾、餐布等。

由于苎麻纤维断裂强度高,特别是湿强度比干强度要高,断裂伸长小,遇水后纤维膨润性较好,也常用作国防和工业用布,如过滤布、帐篷、衬布、包装材料、织带等。

(二)亚麻纤维面料

亚麻纤维面料透凉爽滑,穿着舒适,出汗不贴身,由于亚麻单纤维较细,布身柔软,布面光泽柔和。以粗纱制成的亚麻纤维面料常用作外衣、制服面料,细纱制成的亚麻纤维面料常用作内衣、衬衫、床上用品、抽绣布等。

(三)混纺和交织麻纤维面料

纯麻纤维面料虽然风格独特,穿着舒适,但有柔软性差、容易起皱、不耐磨的缺点,为提高其服用性能,常与其他纤维混纺或交织。常见的有麻棉、涤麻、丝麻、毛麻混纺和交织面料。

1. 麻棉混纺和交织面料 麻/棉混纺面料一般采用55%麻与45%棉或麻、棉各50%比例进行混纺,外观上保持了麻纤维面料独特的粗犷挺括风格,又具有棉纤维面料柔软的特性,改善了麻纤维面料不够细洁、易起毛的缺点。棉麻交织面料多是棉作经、麻作纬的交织面料,质地坚牢爽滑,手感比纯麻纤维面料柔软。麻棉混纺和交织面料多为轻薄型面料,适合用作夏季服装。

2. 涤/麻混纺面料 指涤纶与麻纤维混纺纱织成的面料或经、纬纱中有一种采用涤麻混纺纱的面料。包括涤/麻花呢、涤/麻色织面料、麻/涤帆布、涤/麻细纺和涤/麻高尔夫呢等品种。涤/麻面料具有透气凉爽,质地挺括,易洗快干,保型性好的特点,适合用作夏季男女、儿童各式服装,秋冬季西服、套裙、夹克衫等,也可作窗帘、台布、床上用品等。

3. 毛/麻混纺面料 采用不同毛麻混纺比例纱织成的各种面料,其中包括毛/麻人字呢和各种毛/麻花呢。毛/麻混纺面料手感滑爽,布身挺括,富有弹性,适宜用作女套装、套裙面料。

4. 丝麻交织面料 丝麻交织面料主要有两种类型,一是用桑蚕丝与亚麻纱交织的经面缎纹面料,称丝麻缎;二是用黏胶长丝与亚麻纱交织的平纹面料,称丝麻绸。丝麻缎手感爽滑,外观亮泽,主要用作服装和家居床上用品;丝麻绸轻盈挺括,手感柔软,主要用作男女夏季服装面料、装饰材料等。

第三节   毛纤维面料

毛纤维面料是指以羊毛为主要原料或毛型化学纤维为主要原料织成的面料,包括纯纺、混纺和交织面料,是较高档的纺织面料。

一、毛纤维面料的主要性能

(1)导热性小,有天然卷曲,手感蓬松柔软,保暖性好。

(2)吸湿性强,无潮湿感。

(3)弹性回复率高,抗皱能力强。

(4)耐热性一般,耐磨性较好。

（5）具有缩绒性,经缩绒整理,可获得致密呢面,提高保暖性。

（6）日光中的紫外线对羊毛纤维有分解破坏作用,使之变得干枯粗硬,容易折断。

（7）耐酸不耐碱,不宜使用碱性洗涤剂。

（8）易受虫蛀,易霉烂。

二、毛纤维面料的分类

（1）按原料的不同,可分为纯毛、毛混纺、毛交织呢绒和纯化学纤维呢绒。

（2）按生产工艺的不同,可分为精纺呢绒、粗纺呢绒、长毛绒和驼绒。

（3）按面料用途的不同,可分为服装用呢、装饰用呢和工业用呢。

三、毛纤维面料的主要品种和用途

（一）精纺呢绒

精纺呢绒是用精梳毛纱织成,也称精梳毛纤维面料,所用的羊毛品质高。这类精纺呢绒的表面光洁,织纹清晰,手感柔软,富于弹性,平整挺括,坚牢耐穿。一般面料比较轻薄,适宜制作春秋及夏季服装。精纺呢绒的主要品种如下。

1. 华达呢 华达呢又称轧别丁,也称新华呢,属于厚斜纹面料。常用的是 $\frac{2}{2}$ 斜纹组织,质地轻薄的用 $\frac{2}{1}$ 斜纹组织,质地厚重的用缎背组织。华达呢呢面光洁平整,呢身厚实紧密,手感滑润,富有弹性,耐磨性好。华达呢可用于制作制服、军服、中山服、西服、套装、秋冬大衣等。经防水处理的华达呢可作雨衣、鞋面料等。

2. 哔叽 哔叽采用 $\frac{2}{2}$ 斜纹组织,根据所用原料和产品规格的不同,哔叽分为中厚哔叽和薄哔叽、光面哔叽和毛面哔叽。光面哔叽光洁平整,纹路清晰;毛面哔叽经轻度缩绒,毛绒浮掩呢面,光泽柔和,手感糯滑。中厚哔叽主要用于制作制服、套装、大衣等;薄哔叽主要作夏季女装、裙子。

3. 凡立丁 凡立丁又名薄毛呢,属于轻薄型平纹毛纤维面料。其特点是纱线较细,捻度较大,经、纬密度较小。凡立丁呢面光洁平整,织纹清晰,轻薄透气,有弹性,膘光足。适合制作夏季男女上衣、裙装及秋季西裤、套装、裙装等。

4. 派力司 派力司是用混色毛纱织成的轻薄型平纹毛纤维面料,呢面浅色底上散布有纵横交错隐约的深色细线条纹。派力司表面光洁,质地轻薄,平挺滑爽。适合制作夏季男女西装、套装、中山装、裤装等。

5. 啥味呢 啥味呢又称精纺法兰绒、春秋呢,是用品质较高的细羊毛为原料织成的。常用 $\frac{2}{2}$ 斜纹组织,面料密度适中,一般经过轻度缩绒处理,呢面有均匀短小的绒毛覆盖。啥味呢呢面平整,底纹斜条隐约可见,手感丰满,富有弹性,适合用作春秋季男女西装、套装、裙料、两用衫、风衣等。

6. 女衣呢 女衣呢是精纺呢绒中的松结构组织呢绒,多用平纹组织和斜纹组织,也有提花组织。女衣呢质地细洁松软,织纹清晰,手感柔软而有弹性,常用于制作春秋季节的妇女服装,如上衣、外套、衬衫、裙子等。

7. 花呢 花呢是花式毛纤维面料的统称,是精纺呢绒中变化最大、花色品种最多的品种。花呢经纬纱常用不同种类的纱线,用各种不同的组织变化,织出丰富多彩的花色。

(1)花呢的分类:

①按花呢外观的不同,可分为素色花呢、条花花呢、格子花呢、单面花呢、点子花呢等。

②按呢面风格的不同,可分为纹面花呢、呢面花呢、绒面花呢等。

③按厚度的不同,可分为薄花呢、中厚花呢和厚花呢等。其中薄花呢是花呢中的轻薄制品,纱线较细,捻度较大,以平纹组织为多。薄花呢具有质地轻薄、呢面细洁、花纹清晰、手感滑糯、弹性好的特点。适宜用作男女西装、套装、裙料;中厚花呢比薄花呢厚重,纱线较粗,一般采用斜纹或斜纹变化组织,呢面光洁滑润,富有弹性。适宜制作男女春秋季服装、西装、裙子等。厚花呢大多采用斜纹变化组织,纱线较粗,具有呢身厚实挺括、手感丰润、富有弹性的特点,适宜制作春、秋西装及外套。

(2)花呢的主要品种:

①单面花呢:单面花呢是一种细条子的精纺花呢,俗称牙签呢。单面花呢采用较为优良的原料,利用双面组织织成,正反两面花型色泽可以不同,故称单面花呢。单面花呢表面细洁,呢身厚实,富有弹性,手感柔润。主要用作男女春秋装、西装等。

②板司呢:属于中厚花呢的一种,一般采用方平组织织成,呢面形成细格状花纹或阶梯形花纹。板司呢具有独特的风格,呢面平整,织纹清晰,弹性优良,抗皱性好,适宜用作春秋男女西装、两用衫、套装、裤子等。

③海力蒙:属于中厚花呢的一种,采用双股线作为经、纬纱织成山形、人字形条状花纹,正反面花纹相同。海力蒙厚实紧密,织纹细致,弹性好,不易折皱。适宜制作男女西服套装、两用衫、西裤等,也可用作中老年的各式服装。

④凉爽呢:属于花呢中的轻薄型产品,是涤毛混纺薄花呢的商业名称。凉爽呢采用平纹组织织成,具有轻薄透气、凉爽挺括、易洗快干、抗皱性好的特点,故又名毛的确良。适宜用作春夏季男女套装、衫裙、裤子等。

8. 贡呢 贡呢属于精纺呢绒中较高档的面料,是采用中厚型缎纹组织织成。按纹路倾斜角度的不同,可分为直贡呢、横贡呢和斜贡呢。贡呢是精纺呢绒中密度较大的品种,呢面平整光滑,织纹清晰,质地厚实,悬垂性好。常用作秋冬季高级礼服、西服、大衣、鞋帽面料。

9. 驼丝锦 驼丝锦采用较细纱线织成制,经纬密高,多采用缎纹变化组织,表面呈不连续的条状斜纹,斜线间凹处狭细,背面似平纹,呢面平整,织纹细致,手感柔滑紧密而富有弹性。经过重缩绒和起毛整理,可获得绒面效果。常用作礼服、套装等,是高档的毛纤维面料。

10. 马裤呢 马裤呢是精纺呢绒中较厚重的品种,最初主要用于骑士做马裤而得名。马裤呢用纱较粗,常采用$\frac{3}{1}$急斜纹组织,呢面具有较粗的凸出斜线,反面织纹平坦。马裤呢经密大于纬密近一倍,因而质地厚实,富有弹性,斜纹粗犷,保暖性好,坚牢耐用。适宜制作军服、大衣、裤料、猎装等。

11. 巧克丁　巧克丁又名罗斯福呢,是介于华达呢与马裤呢之间的精纺呢绒品种。巧克丁采用较好、较细的羊毛作为原料,质地紧密光洁,呢面平整挺括,条纹清晰而凸立。中厚型巧克丁适宜用作男女西装、制服、风衣、西裤等。厚型巧克丁适宜用作秋冬季大衣面料。

12. 旗纱　旗纱密度较稀,采用平纹组织织成,身骨松薄。旗纱经纬密度仅为凡立丁的一半左右,因此呢面形成孔眼。主要用作工业用呢,如做旗用面料,也有用作窗帘、领衬或领带的衬布,还可用作夏季西装和男装。

(二)粗纺呢绒

粗纺呢绒多采用粗梳毛纱织造,其所用的纱线粗,条干均匀度差。面料一般经过缩绒和起毛处理,使呢面形成一层致密而丰满的绒毛,故呢身柔软厚实,保暖性好,多用于秋冬服装面料。粗纺呢绒种类较多,按照面料风格特点的不同,分为呢面、绒面和纹面三大类。呢面产品手感丰满,质地紧密厚实;绒面产品有毛绒覆盖,织纹不外露,保暖性强;纹面产品多采用色织,风格粗犷,花色丰富。粗纺呢绒的主要品种如下。

1. 麦尔登　麦尔登是品质较好的粗纺呢绒品种,多采用$\frac{2}{2}$斜纹组织,也有用平纹组织。经重缩绒处理后正反面都呈现细密平整绒毛,不露底纹,呢面丰满,质地紧密,身骨挺实,富有弹性,耐磨耐穿,不起毛球,抗皱性好。主要用于冬季大衣、套装、制服、西裤等。

2. 海军呢　海军呢因多用作海军制服而得名,一般用较好的原料混入少量短毛,采用$\frac{2}{2}$加强斜纹组织织制而成,外观与麦尔登相似,手感和身骨较麦尔登稍差。海军呢质地紧密,呢面丰满平整,手感挺括,有弹性。除用于制作海军服外,还可制作制服、春秋外套、大衣、西裤等。

3. 制服呢　制服呢是粗纺呢绒中的大众化品种,所用羊毛品质较低,一般采用$\frac{2}{2}$斜纹或破斜纹组织织制。制服呢质地厚实,保暖性好,经过缩绒起毛,呢面有均匀的毛绒,但较为粗糙,手感不够麦尔登和海军呢丰满紧密,织纹底板隐约可见。穿后经摩擦表面易落毛,久后渐露底。主要用于制作秋冬季的男女制服、大衣、外套、长裤及茄克衫、劳保服装等。

4. 大众呢　大众呢是利用细支的精梳短毛与再生毛混纺织成的面料。一般采用$\frac{2}{2}$斜纹或$\frac{3}{1}$破斜纹,也经过缩绒处理。呢面外观类似混纺麦尔登,呢面平整细洁,手感紧密而有弹性,基本上不起球,不露底。一般适宜制作秋冬季短外衣或女士大衣及风衣等。

5. 大衣呢　大衣呢是粗纺呢绒中规格较多的品种,为厚型面料,适宜做冬季大衣而得名。大衣呢选用羊毛等级不一,一般都经缩绒或缩绒后起毛,质地丰厚,保暖性强。按面料结构和外观的不同,可分为平厚大衣呢、立绒大衣呢、顺毛大衣呢、拷花大衣呢和花式大衣呢五种。

(1)平厚大衣呢:采用$\frac{2}{2}$斜纹或$\frac{1}{3}$破斜纹和纬二重组织。呢面平整匀净,不起球,不露底,手感丰厚,不板不硬。适宜用作冬季男女大衣面料。

(2)立绒大衣呢:一般使用弹性好的羊毛,采用破斜纹和五枚纬面缎纹组织。经缩绒后反复拉毛、修剪,使表面绒毛竖立。呢面绒毛细密耸立,丰满平齐,手感柔软而有弹性,耐磨且不起球。适宜用作女式大衣面料。

(3)顺毛大衣呢:采用斜纹和缎纹组织织制,经刺果湿拉毛工艺,表面绒毛较长,呢面平顺整齐均匀,不露底,手感滑顺柔软,颇具天然兽皮风格,主要用作男女大衣。若将羊毛或其他动物毛染成黑色,再掺入本色马海毛,可制得银枪大衣呢,使呢面有闪光效果,是粗纺呢绒中较高档的品种。

(4)拷花大衣呢:以优质羊毛为原料,采用纬起毛组织织制。以纬纱起绒,利用织纹和整理工艺制成人字形或波浪形凹凸花纹,立体感强。手感柔软丰厚,有弹性,耐磨不起球。拷花大衣呢可分为立绒拷花大衣呢和顺毛拷花大衣呢两种。立绒拷花大衣呢纹路清晰而均匀,立体感强。顺毛拷花大衣呢绒毛略长,排列整齐而紧密,纹路不明显,较柔软。拷花大衣呢是制作高档大衣的理想面料,适宜用作男女冬季大衣面料。

(5)花式大衣呢:采用花式线与平纹、斜纹、纬二重平组织或小花纹组织配合织制而成。原料多选用半细毛,经纬纱捻度小,成品手感蓬松,有凹凸感。按呢面外观可分为花式纹面和花式绒面两种。花式纹面大衣呢包括人字、圈点、条格等配色花纹组织,纹面和呢面均匀,花纹清晰,手感不硬板,有弹性。花式绒面大衣呢经缩绒起毛整理,绒面丰满,绒毛整齐,手感柔软丰厚。花式大衣呢适宜用作女式春秋季上装、大衣面料。

6. 法兰绒 法兰绒为粗纺呢绒中条染混色的缩绒品种,大多采用斜纹组织,也有平纹组织。所用原料除全毛外,一般为毛黏混纺。法兰绒表面有绒毛覆盖,半露底纹,丰满细腻,混色均匀,手感柔软富有弹性,保暖性好。可分为厚型和薄型法兰绒两种,适宜做春秋冬季各式男女服装,如西装、大衣、西裤、夹克衫、童装,薄型法兰绒,还可做衬衫、裙子面料。

7. 女式呢 女式呢又称女装呢、女服呢,是粗纺呢绒中的高级面料,因专门用于女装而得名。品种较多,按呢面外观特征可分为平素女式呢、立绒女式呢、顺毛女式呢和松结构女式呢等。

(1)平素女式呢:呢面丰满,细洁均匀,不起球,不露底,手感柔软。

(2)立绒女式呢:绒面丰满,匀净,绒毛密立平齐,不露底,手感丰厚而有弹性。

(3)顺毛女式呢:绒毛顺伏,滑润细腻,光泽柔和。

(4)松结构女式呢:呢面纹路粗犷,清晰露底,手感松软有粗糙感。

女式呢具有呢身厚重、手感柔软、保暖性好、外观风格多样的特点。适宜制作女式短大衣、两用衫等,厚面料也可做大衣。

8. 粗花呢 粗花呢一般利用两种或两种以上的单色纱、混色纱、合股夹色线、花式线与各种花纹组织配合,织成人字、格子、条子、星点、提花等独特风格的花型。原料则以中低档羊毛、毛黏涤混纺或毛黏腈混纺为主。粗花呢按呢面外观风格可分为呢面、纹面和绒面三种。呢面花呢表面有短绒,微露织纹,质地紧密厚实;纹面花呢表面花纹清晰,织纹均匀,身骨较挺有弹性。绒面花呢表面有绒毛覆盖,绒毛整齐,手感柔软。粗花呢主要用作春秋男女上装、两用衫、裙子、短大衣、风衣等。粗花呢的主要品种有以下两种。

（1）钢花呢：又称火姆司本，多采用平纹或斜纹组织，呢面上散布彩色粒点。结构疏松，风格独特，适宜制作春秋季大衣、两用衫、男女西装等。

（2）海力斯：是粗纺呢绒中的传统品种。所用羊毛品级较低，纱线粗，结构疏松，织纹清晰，具有粗犷的风格。适宜用作男女春秋大衣、两用衫、西装外套、夹克衫等。

（三）长毛绒

长毛绒俗称海勃龙或海虎绒，是一种经纱起毛的长立绒面料。长毛绒绒面平整，绒毛挺立，手感柔软蓬松，富有弹性，质地厚实，保暖性强。主要品种有素色、夹花和印花三种。适宜制作冬季女装、童装、衣面绒、衣里绒、沙发绒、帽子绒、衣领绒等。近年来还有长短毛的兽皮绒、工业绒、家具玩具绒等。

（四）骆驼绒

骆驼绒简称驼绒，属于针织拉绒面料，以棉纱作底布，粗纺毛纱作绒面。驼绒的主要品种如下。

1. 美素驼绒　美素驼绒采用的是三四级羊毛，由一根毛纱与四根棉纱交织而成，羊毛含量均为46%～50%，绒面为单一素色。

2. 花素驼绒　花素驼绒采用四级国毛和再生毛，羊毛含量约为48%，绒面夹白花或彩色花。

3. 条子驼绒　条子驼绒采用三四级毛纺成毛纱，羊毛含量为65%，用不同颜色毛纱按一定距离间隔排列成条形花纹，有水浪形、菱形、格形等花纹。

驼绒质地松软，手感厚实，绒面丰满，富有弹性，保暖性好，穿着舒适，主要用作冬装鞋帽、手套衬里、童装面料等。

第四节　丝面料

丝面料又称丝绸，主要是指以蚕丝为原料织成的纯纺或混纺、交织的纺织面料。丝面料具有华丽的外观、柔软的手感、柔和的光泽，穿着舒适，是高档的纺织面料。

一、丝面料的主要性能

（1）具有柔和的光泽，手感柔软滑爽。

（2）吸湿性较强，穿着舒适。其中柞蚕丝的吸湿性比桑蚕丝强。

（3）具有良好的弹性和强度。

（4）耐热性一般，温度过高会泛黄变色。

（5）对酸稳定，对碱敏感，蚕丝经酸处理后有特殊的"丝鸣声"。

（6）耐日光性较差，阳光中紫外线对蚕丝有破坏作用，使纤维泛黄、强力下降。

（7）抗微生物性能较差，但比棉、毛好。

二、丝面料的分类

1. 按原料的不同分

(1)真丝面料:以桑蚕丝为原料,如塔夫绸、电力纺、双绉、乔其纱、花线春、杭罗、杭纺等。

(2)柞丝面料:以柞蚕丝为原料,如柞丝绸、柞丝绉、柞丝哔叽等。

(3)绢丝面料:以绢纺丝为原料,如绢丝纺、绢丝哔叽等。

(4)化学纤维丝面料:以化学纤维为原料,如无光纺、富春纺、美丽绸、东方呢、茜丽绸、锦丝绸(尼龙绸)、涤爽绸等。

(5)交织丝面料:指经纬采用不同的纤维为原料交织而成,如涤绢绸、织锦缎、软缎、乔其纱、线绨、大尚葛、羽纱等。

2. 按面料结构形态的不同分
可分为绸、缎、纺、绉、绫、纱、罗、绢、绡、绒、锦、绨、葛、呢十四大类。

3. 按面料用途的不同分
可分为服饰用、工业用、国防用和医用丝面料。

三、丝面料的主要品种和用途

(一)绸类

绸是丝面料的通称,原料有桑蚕丝、柞蚕丝、黏胶丝、锦纶丝和涤纶丝等。绸多采用基本组织和变化组织,有平纹、斜纹、缎纹等多种,其中平纹占多数。按织造工艺不同,有生织和熟织之分,生货绸为生丝织成后练染的绸,熟货绸是熟丝织成的绸;按厚度的不同,可分为轻薄、厚重两种类型。轻薄型面料质地柔软,富有弹性,常用作夏季衬衣、裙料。厚重型面料质地挺括厚实,耐磨性好,主要用作西服、礼服、外套、裤料等。绸类面料主要品种如下。

1. 花线春(大绸) 花线春属于生货绸,可用厂丝、土丝或绢丝织造。花线春多为平纹组织,满地小提花,呈现规则的小点图案,花纹朴实大方,质地厚实坚牢。正面花纹起亮光,反面花纹稍暗,质量以绸面匀净而紧密,光泽丰润为优。花线春适宜制作春、秋、冬三季的男女中式服装、棉袄面。少数民族多用作外衣和节日礼服,在城乡均受欢迎。

2. 塔夫绸 塔夫绸属于熟货绸,是丝绸中的高档面料,用优质桑蚕丝以平纹组织织制。塔夫绸绸面紧密细洁,平挺光滑,光泽好,不易沾尘。常用作外衣、羽绒被套料、高级伞绸等。

3. 绵绸 绵绸是以桑蚕䌷丝为原料,以平纹组织织制的生织的绸类丝面料。由于䌷丝粗细不匀,因而面料表面具有粗糙不平的独特外观,又称疙瘩绸。绵绸质地厚实坚牢,富有弹性,悬垂性好,适宜做男女外衣、衬衫、裤子、窗帘等。

4. 双宫绸 双宫绸是以桑蚕丝和桑蚕双宫丝交织而成的平纹绸类面料。双宫绸纬粗经细,纬向是双宫丝,呈现不规则的粗节,有生织和熟织两种。双宫绸质地厚实,紧密挺括,外观粗犷,适宜做外套、衬衣、室内装饰用品等。

5. 鸭江绸 鸭江绸是柞丝绸中的一个大品种,以普通柞蚕丝为经,特种工艺柞蚕丝作纬织造而成,有平素和提花两种。平素鸭江绸粗犷大方,厚度适中,绸面呈现大小不一的粗节,多用于制作男女西服、套装及室内装饰用绸。提花鸭江绸立体感强,有浮雕效果,是高档的纺织面料和装饰用绸。

（二）缎类

缎是采用缎纹组织或以缎纹组织为地组织的丝面料,有经面缎和纬面缎两种。缎类面料的原料多采用桑蚕丝、黏胶丝以及化学纤维长丝等,外观平整光亮,质地细密,手感柔软润滑。轻薄型缎类面料常用作夏季衬衣、裙料;厚重型缎类面料常用作外衣、棉袄面料、旗袍、床上用品、装饰用品。缎类面料的主要品种如下。

1. 软缎　软缎属于生织绸缎,一般经纱用桑蚕丝,纬纱用黏胶长丝,也有都用黏胶长丝织制的缎类。按外观不同可分为花软缎和素软缎两种。由于软缎经纬丝都未加捻(即平经平纬),故质地柔软,缎面平滑光亮,主要用作礼服、旗袍、妇女、儿童服装面料、刺绣床上用品、工艺品、戏剧服装和高档服装里子等。

2. 绉缎　绉缎是采用平经、绉纬(加强捻的纬线)织成。绉缎正面平整柔滑,有隐约的细皱纹,反面为缎纹,平滑光亮,两面都可作正面使用。绉缎质地紧密坚韧,手感柔软润滑,主要用作春、冬、秋季妇女各式服装和舞台用戏装。

3. 九霞缎　九霞缎是平经绉纬的生丝织成的提花绸缎。由于地组织比较暗淡,织出的花纹越发显得鲜艳而明亮,灿烂夺目,富有民族色彩。其特点是绸身柔软,质地坚韧,花纹图案较大,色彩绚丽鲜明。主要用作春秋冬三季的女式服装。

4. 库缎　库缎是桑蚕丝熟织缎类面料,原为清代进贡入库的面料,又称贡缎。库缎分为花、素库缎两种,其中花库缎以团花为主,多为传统民族图案。库缎面料经纬紧度较大,质地紧密,挺括厚实,富有弹性,主要用作少数民族服装和服装镶边等。

（三）纺类

纺类采用真丝、黏胶丝、合成纤维长丝为原料,属于质地轻薄,布面细洁的平纹花、素丝面料,因与绸近似故又称纺绸。纺的经纬丝一般不加捻,多为生织后再经练漂、染色或印花处理,以花、素、条、格为主。纺类品种较多,适宜用作夏季的衬衫、裙裤料等。纺类面料的主要品种如下。

1. 杭纺　杭纺是纺类中较厚的品种,因产于杭州而得名。绸面平整光滑,织纹颗粒清晰,手感厚实紧密,质地坚牢耐穿。主要用作夏季男女衬衫、裤、裙料,特别适合制作中老年人服装。

2. 电力纺　电力纺通常为平经平纬生丝织制面料。电力纺绸身柔软,质地轻薄,绸面平挺滑爽,光泽柔和。重型电力纺可做夏季衬衫、裙子、儿童服装面料;轻型电力纺可做夏季服装、头巾、窗帘、里子绸等。

3. 绢纺　绢纺是以绢丝为原料织成的平纹组织。绢纺手感柔软,质地坚实,富有弹性。主要用作男女衬衫、内衣裤、睡衣、床罩等。

4. 富春纺　富春纺是用黏胶长丝和黏胶短纤维纱交织的平纹组织的纺类丝面料。富春纺绸面光洁,手感柔软滑爽,穿着舒适,主要用作夏季衬衫、裙子、儿童服装面料,也可做被套、箱包里料。

5. 尼龙纺　又称尼丝纺,是以锦纶长丝织制而成。面料平整细密,绸面光滑,手感柔软,坚牢耐磨。主要用作男女服装面料,经涂层整理后的面料具有不透风,不透水,防羽绒性能,可做滑雪衫、雨衣、伞面、睡袋、登山服等。

(四)绉类

绉类是运用工艺手段或组织结构使面料外观呈现绉效应的丝面料。丝面料的起绉方法很多,如采用捻向不同的强捻丝线在面料中交替排列经收缩起绉;采用绉组织使面料具有绉纹外观;采用两种收缩率不同的原料交替排列,交织后经收缩处理形成绉面料;利用经纬线张力大小差异织制;印染后轧纹整理等。绉类面料手感滑爽,光泽柔和,有一定抗皱性和弹性。主要用作男女衬衫、裙料、风衣、羽绒服装面料。绉类面料的主要品种如下。

1.双绉 双绉是采用平经绉纬的平纹组织,表面有细鳞状绉纹。纬线是采用"2S2Z"间隔排列,经细纬粗,纬向为强捻丝,形成经密平,纬稀绉的特点。双绉面料轻柔,质地坚牢,富有弹性,穿着凉爽舒适。主要用作男女衬衫、裙裤、头巾等。

2.碧绉 碧绉又称更新绉、印度绸。碧绉也是平经绉纬的平纹组织,与双绉的不同点是纬纱是一根螺旋形强捻丝。由于碧绉采用的是单向的绉纬,因此称单绉。碧绉质地紧密细致,手感柔软滑爽,富有弹性,轻薄透气,主要用作夏季服装,如男女衬衫、裙裤、中式衣衫等。

3.留香绉 留香绉是平经绉纬的经向起花丝面料,又叫轻重绉。其经丝有两组,一组为黏胶丝纹经,以经面缎纹形成主花,一组为真丝地经,以经面缎纹形成辅花,纬丝则为加捻真丝。留香绉花纹雅致,质地柔软,富有弹性,光泽明亮。主要用作妇女春秋季服装面料、旗袍面料,也可做被面。

4.乔其绉 乔其绉也称乔其纱,是用强捻绉经绉纬织成的轻薄、稀疏、透明、起绉的平纹组织的丝面料。若纬丝只采用一种捻向,织得的乔其纱称为顺纤乔其纱。乔其绉手感柔软滑爽,质地细致轻薄,飘逸舒适。主要用作高级晚礼服、裙子、衬衫,也可做头巾、围巾、面纱等。

5.桑波缎 桑波缎为提花绉类真丝面料,经纱由两根桑蚕丝合并,纬纱由两根桑蚕丝以S捻合并后再与一根桑蚕丝以Z捻合并,并加强捻,经整理后获得微波纹的外观效果,故又称桑波绉。桑波缎手感柔软舒适,弹性好,主要用作男女衬衫、裙料等。

6.雪纺 雪纺是以强捻低弹涤纶丝为原料织成的绉类丝面料,具有轻薄透明、柔软飘逸的特点,主要用作女晚礼服、连衣裙、高档女衬衫、披巾、头巾等。

(五)绢类

绢类是采用平纹组织或重平组织制成的色织或半色织花素面料。绢可用桑蚕丝、黏胶丝纯织,也可用桑蚕丝、黏胶丝、合成纤维交织。绢类面料平整细密,挺括坚韧。主要做外衣、童帽、床罩、斗篷等,也常作为书画、扇面、宫灯和绢花的材料。绢类面料的主要品种如下。

1.天香绢 天香绢是用桑蚕丝和黏胶丝交织的半色织提花组织,花纹一般为缎纹变化组织。天香绢绸面细洁,质地紧密,轻薄柔软。主要用作春、秋、冬三季妇女、儿童服装、童帽、婴幼儿斗篷等。

2.塔夫绢 塔夫绢又名塔夫绸,是绸类面料中最为紧密的品种之一。塔夫绸紧密细洁,绸面平滑,手感硬挺,不易沾污。主要用作妇女春秋服装、礼服、羽绒面料,也可作里子绸、伞绸等。

3.桑格绢 桑格绢是纯桑蚕丝色织绢类丝面料,经纱用两色以上条子排列,纬纱用两色按格形排列。桑格绢图案美观,质地细致,爽滑平挺。主要用作外衣、礼服、镶边材料等。

(六)绫类

绫以斜纹或斜纹变化组织为基础,表面有明显斜纹或是斜向组成的山形、条格形、阶梯形等几何图案,有素绫和花绫两种。素绫由斜纹或斜纹变化组织构成,花绫则在斜纹地组织上起花,多为传统的龙凤吉祥、文字、环花等图案。绫类面料光泽柔和,质地细腻,中厚型面料适宜做服装、头巾或装饰等;轻薄型面料主要用作服装里子、工艺品包装材料等。绫类面料的主要品种如下。

1. 真丝斜纹绸 真丝斜纹绸又称真丝绫、桑丝绫,一般用 $\frac{2}{2}$ 斜纹组织织制。斜纹绸纹路清晰,轻盈柔软,手感滑爽,适宜用作衬衫、连衣裙、旗袍、睡衣、头巾等。

2. 美丽绸 美丽绸为纯黏胶丝绫类面料。一般采用 $\frac{3}{1}$ 斜纹或山形斜纹组织织制。美丽绸斜纹纹路清晰,绸面光亮平滑。主要用作中高档服装的里子绸。

3. 羽纱 羽纱是纯黏胶丝与棉纱交织的绫类面料,又称棉纬绫,纬向用棉股线的称棉线绫。羽纱纹路清晰,手感松软,质地坚牢。主要用作各种服装里子。

4. 采芝绫 采芝绫是桑蚕丝与黏胶丝交织的提花面料,又名立新绸。一般采用 $\frac{3}{1}$ 破斜纹作地组织,经面提织缎花。采芝绫质地属于中型偏厚,地纹星点隐约可见。主要用作妇女春秋装、冬季棉衣面料及儿童斗篷等。

(七)罗类

罗类是采用纱罗组织织制的丝面料。面料表面呈现等距而有规则的纱孔,习惯上把纱孔横向排列的花素面料称为横罗,直向排列的称为直罗。罗类面料经纬密度低,轻薄透明,透气舒适。主要用作夏季服装、窗帘、蚊帐、刺绣装饰用品等。罗类面料的主要品种如下。

1. 杭罗 杭罗因盛产于杭州而得名,采用桑蚕丝为原料以平纹和纱罗组织联合构成。杭罗质地轻薄爽滑,纱孔清晰,透气凉爽。主要用作夏季男女衬衫、便服等。

2. 帘锦罗 帘锦罗是以桑蚕丝织成的提花罗类面料,采用平纹作地组织,在直条罗纹中缀织经花和少量陪衬纬花。帘锦罗质地轻薄挺括,悬垂性好,风格别致。主要用作夏季服装或窗帘装饰等。

(八)纱类

纱类是采用加捻丝或绞纱组织使布面具有纱孔的花素组织面料。通常把用纱罗组织无横条效应,轻薄而透明的平素面料称为素纱,有提花的叫花纱。纱类面料质地轻薄而透明,结构稳定,布面多有轻微的皱纹。主要用作夏季服装、刺绣品、窗帘材料。纱类面料的主要品种如下。

1. 莨纱 莨纱又名香云纱或拷绸。莨纱有两种,一种是平纹地组织上以绞纱组织提出满地小花,并有均匀细密的小孔,称莨纱;另一种是用平纹组织织制,称莨绸。莨纱是广东的传统产品,透湿散热性好,穿着凉爽不黏身。主要用作男女夏装。

2. 芦山纱 芦山纱是以桑蚕丝为原料织制的平纹提花面料。经、纬丝采用加捻丝,平经与绞经间隔排列,经印染加工后使加捻丝呈现绞地,面料表面分布着均匀的纱孔。芦山纱面料手感柔软,轻薄爽挺,绸面素洁,透气性好,质地坚牢。主要用作夏令男女衫、裤等面料。

3. 夏夜纱 夏夜纱是以桑蚕丝为经纱与黏胶丝、金银线两组纬纱交织成的色织提花面料。夏夜纱质地平整爽挺,花纹纱孔清晰,花地相映宛若夏夜繁星,高贵华丽。主要用作妇女晚礼服、连衣裙材料或高级窗帘等装饰品。

(九) 葛类

葛类一般经纬纱均不加捻,经细纬粗,经密而纬稀,面料外观光泽少,有明显的横向纹路,手感较硬,是较厚的平纹、经重平或急斜纹面料。所用原料一般以黏胶纤维为经,以棉纱或黏胶绉线为纬。按外观的不同可分为提花葛和素花葛两种。提花葛是在横棱纹的地上起缎花,花纹突出别具风格;素花葛表面素净,除横棱纹外无花纹。主要用作春秋季和冬季的袄面、沙发坐垫面料等。葛类面料的主要品种如下。

1. 文尚葛 文尚葛又名朝阳葛,是黏胶丝和丝光棉纱的交织面料,可分为素、花文尚葛。素文尚葛采用九枚急斜纹,花文尚葛则采用三枚斜纹组织。文尚葛质地厚实坚牢,绸面起明显的横条罗纹,光泽柔顺,手感柔和滑爽,透气性好,坚牢耐穿。主要用作春秋冬季服装面料、沙发面料、窗帘等。

2. 金星葛 金星葛是桑蚕丝与黏胶丝、金银丝交织或嵌有粗且蓬松的填芯纬纱的丝面料。金星葛的外观具有较粗横菱纹并嵌有填芯线,使花纹和地纹凹凸效应明显,还饰有金银丝,是较高级的装饰面料。主要用作床垫和沙发面料。

3. 素毛葛 素毛葛是采用黏胶丝与腈纶毛纱或棉纱交织的平纹葛类面料。其经纬密相差很大,经密约为纬密的4倍,故绸面横凸纹明显,质地厚实,光泽柔和,类似于文尚葛。主要用作春秋装或棉袄面料。

(十) 呢类

呢类是指采用绉组织、平纹、斜纹等组织,应用较粗的经纬丝线织制的丝面料。一般以长丝和短纤维纱交织为主,也有采用加中捻度的桑蚕丝和黏胶丝交织而成。按外观特征不同可分为毛型呢和丝型呢两类。毛型呢质地厚实,手感丰满,有仿毛型感,主要用作冬季外衣面料;丝型呢光泽柔和,质地紧密,主要用作夏季妇女衣裙面料。呢类面料的主要品种如下。

1. 大纬呢 大纬呢是仿呢面料,以桑蚕丝为原料,属平经绉纬小提花类丝面料。正面织成不规则呢地,反面为斜纹变化组织,具有绸身紧密厚实,手感柔软,光泽柔和,绸面暗花纹隐约可见犹如雕花效果的特征。主要用作秋季服装和棉衣、裤子等面料。

2. 博士呢 博士呢属于桑蚕丝平经绉纬白织呢类丝面料。纬线采用"2S2Z"排列以四枚变化浮组织织制。博士呢绸身厚实,织纹精细,坚牢耐穿,富有弹性。主要用作春秋服装和棉袄面料。

3. 四维呢 四维呢是桑蚕丝平经绉纬生织呢类丝面料,以联合组织织制。纬纱比经纱粗一倍,纬丝以"2S2Z"交替织入。绸面有细微皱纹和明显横凸条纹,光泽柔和,手感柔软丰糯,坚牢耐用。主要用作男女秋冬季夹衣面料、春夏季衬衫、裙子面料。

4. 纱士呢 纱士呢是由黏胶丝平经平纬织成的平纹小提花呢类面料。具有质地轻薄平挺,手感滑爽,外观呈现隐约点纹的特征。主要用作夏令或春秋服装。

（十一）丝绒类

用桑蚕丝或桑蚕丝与化学纤维长丝交织，布面有毛绒或绒圈的丝面料，统称为丝绒。按织造方式不同，丝绒可分为单层和双层组织两种，一般采用经起毛组织。丝绒是较高档的丝面料，主要用作礼服、外套、帷幕及包装材料等。丝绒面料的主要品种如下。

1. 乔其绒　乔其绒是采用桑蚕丝与黏胶丝两种原料交织的双层经起绒丝面料，经整理可制成烂花、拷花、烫漆印花等不同风格乔其绒。若绒坯在染色前经剪绒，染后进行树脂整理，使绒毛耸立密集，称为立绒。乔其绒绒毛浓密，手感柔软，富有弹性，光泽柔和。主要用作礼服面料、围巾、帷幕、靠垫、花边等。

2. 天鹅绒　天鹅绒也称作漳绒，因起源于福建漳州而得名，是表面具有绒圈或绒毛的单层经起绒丝面料。天鹅绒表面绒圈或绒毛浓密耸立，手感厚实，光泽柔和，质地坚牢耐磨。主要用作高档服装面料、帽子和沙发、靠垫面料等。

3. 金丝绒　金丝绒是由桑蚕丝与黏胶丝交织的单层经起绒丝面料，采用平纹组织织制。金丝绒绒毛密立，质地柔软，富有弹性，色光柔和。主要用作妇女服装、裙子、镶边和装饰用品。

（十二）绨

绨是用黏胶丝作经，棉纱、蜡线作纬织造而成的平纹丝面料，也有用斜纹变化组织织制。按所用纬纱不同分为线绨和蜡线绨。线绨质地比较厚实，绸面粗糙，结实耐磨，有素线绨和花线绨之分。素线绨和小花纹线绨主要用作衣料，大花纹线绨主要用作被面、装饰用绸。

（十三）锦类

锦类是我国传统的提花丝面料，采用斜纹、缎纹组织，由蚕丝与黏胶丝为原料交织而成。锦类面料质地厚实丰满，品种繁多，外观富丽堂皇，花纹精致古朴，是制作服装袄面、旗袍与室内装饰物的极佳材料。其中蜀锦、宋锦、云锦、壮锦被称为中国四大名锦。锦类面料的主要品种如下。

1. 织锦缎　织锦缎是传统的熟织提花丝面料，采用真丝加捻丝为经，有光黏胶丝为纬织成的经面缎纹提花面料，是绸缎中最为精巧而绚丽多彩的面料。织锦缎具有花纹精细、质地厚实紧密、缎身平挺、色泽绚丽的特点，是丝面料中的高档品种。主要用作旗袍、礼服、棉袄及少数民族节日盛装等高档服用衣料。

2. 古香缎　古香缎是桑蚕丝与黏胶丝交织的熟织提花绸缎，其外观与织锦缎相似，但密度小于织锦缎，绸面不如织锦缎光亮，质地比织锦缎松软，多以花草、亭台楼阁为图案，配色朴素。主要用作棉袄、礼服、装饰、装潢、裱画用等面料。

3. 百花锦　百花锦是以桑蚕丝作经，四色黏胶丝作纬交织成的经缎地纬提花锦类面料。具有精致华丽、花纹多彩丰富、富有立体感的特征。主要用作春秋服装或冬季棉袄面料。

（十四）绡类

绡是一种采用平纹或变化平纹组织的轻薄而透明的丝面料，大多是以桑蚕丝、黏胶丝、合成纤维为原料织制。按加工方法的不同分为平素绡、条格绡、提花绡和烂花绡等。绡类具有质地轻薄，透气凉爽的特点。主要用作连衣裙、晚礼服、头巾、窗帘、婚纱等材料。绡类面料的主要品种如下。

1. 真丝绡　真丝绡又称平素绡，用桑蚕丝织成的平纹面料。真丝绡使用半精练纱线，故具有丝身刚柔糯爽,质地轻薄平挺的特点。主要用作晚礼服、舞台布景、婚礼服兜纱、窗帘等。

2. 尼龙绡 尼龙绡是采用单纤维尼龙丝织成的变化平纹组织面料。质地细薄,手感柔软,富有弹性。主要用作妇女头巾、围巾、婚纱等。

3. 烂花绡 烂花绡是采用锦纶丝和有光黏胶丝交织的烂花绡类丝面料。地经和纬线为锦纶丝,花经为有光黏胶丝。经烂花处理后,具有花地分明、轻薄透明、花纹光泽明亮的特点。主要用作窗纱、披纱、裙料等面料。

第五节　新型天然纤维面料

天然纤维以其服用舒适、环保、健康的特点,受到人们的喜爱。随着社会的发展,人们对环保意识的提高,健康消费理念的日趋成熟,开发和利用新的地球资源已经成为人们新的追逐目标。为满足人们崇尚回归自然的需要,合理利用有限资源,许多新型的天然纤维面料不断地被开发并得到应用。

一、天然彩色棉纤维面料

天然彩色棉是利用生物遗传技术,在棉花植株上引入彩色基因,使棉桃内纤维变成相应的颜色,从而获得自然生长的彩色棉花。彩棉无须染色加工,从而避免了加工时对水资源的污染和禁用染料、有毒助剂对人体的危害及对环境的破坏,降低了能源的消耗。由于天然彩色棉纺织品加工的生产全过程采用无毒、低毒的化学助剂和无污染的工艺及设备进行工业生产,实现了纺纱、织造、后加工、成衣"无过程污染"的加工,称得上是真正意义上的环保型纺织面料。

天然彩色棉纤维具有色泽自然,质地柔软,吸湿透气性好,穿着舒适,安全的特点,被誉为"人类第二健康肌肤",特别适合用于贴近皮肤的纺织品和服装产品,如内衣、内裤、衬衫、T恤衫、文化衫、背心、睡衣、文胸、袜子以及婴幼儿服装等,也可用于床上用品、毛巾、童毯、线毯类等家纺产品。目前开发的产品有纯彩棉、彩棉/白棉、彩棉/天丝、彩棉/莫代尔等混纺或交织、色织的针织面料和机织面料。还有高科技彩色棉纺织品,如彩色棉纳米防菌抗臭弹力纱、彩色棉远红外丙纶衬衫面料、彩色棉与罗布麻混纺保健面料、彩色棉与大麻混纺休闲面料等。

二、竹原纤维面料

竹原纤维是一种新型的天然绿色环保纤维,有别于用化学方法生产的竹浆纤维。竹原纤维是通过对天然竹子进行类似麻脱胶工艺的处理,形成适合在棉纺和麻纺设备上加工的纤维,生产的面料真正具有竹子特有的风格与感觉;竹浆纤维则是以竹子为原料,通过黏胶纤维生产工艺加工成的新型黏胶纤维。竹原纤维有较高的强度,吸湿排汗性好,具有很好的抗菌性能和抗紫外线功能,制成服装具有凉爽舒适性。但竹原纤维纤度较粗,离散度大,手感稍显粗硬。

竹原纤维可纯纺,也可与其他纤维混纺。现已开发出纯竹原纤维纱、竹棉混纺纱、竹绢混纺纱,与莫代尔、腈纶、涤纶混纺纱等品种,制成各种规格的机织和针织面料。机织面料主要用作夹克衫、休闲服、西装套服、衬衫、连衣裙、床上用品和毛巾、浴巾等。针织面料主要用作内衣裤、睡衣、汗衫、T恤衫、运动衫裤、袜子和婴幼儿服装等。由于竹原纤维具有的天然杀菌、抑菌性能，其在卫生材料如纱布、卫生巾、口罩、护垫、食品包装袋等方面的应用前景也是非常广阔。

三、改性羊毛纤维面料

一直以来，羊毛纤维因其保暖性好主要用作春、秋、冬三季服装原料。但羊毛纤维也同样具有很好的吸湿性，可通过吸收和散发水分来调节面料内空气湿度，调节内部水分含量，使羊毛纤维在夏季湿热条件下服用也具有凉爽的触感。而要发挥羊毛纤维的凉爽效果，成为夏季理想的服装面料，必须将羊毛纤维细化，制成轻薄型面料，解决防毡缩、机可洗等问题。

（一）表面变性羊毛纤维面料

表面变性羊毛就是通过化学处理将羊毛的鳞片剥除，破坏羊毛纤维的定向摩擦效应，降低羊毛纤维的缩绒性，从而达到防毡缩、机可洗的效果。通过表面变性处理，羊毛纤维变细，表面变光滑，光泽提高，手感滑糯有羊绒感，穿着无刺痒感。主要用作夏季男女服装、T恤衫、休闲装等面料。

（二）拉细羊毛纤维面料

拉细羊毛是通过高科技手段及专用设备，在特定条件下，利用物理方法对普通羊毛牵引拉伸，降低纤维细度，使其成为一种新型纤维的过程。拉细羊毛改变了羊毛纤维以往在厚重、紧密的保暖面料中的应用状况，细化后的羊毛纤维有利于面料的芯吸作用和热量传递，从而有利于产生凉爽感。拉细羊毛主要用来纺制轻薄型面料，满足人们对服装轻便、舒适、易护理等的需求。

拉细羊毛可纯纺或与超细羊毛、羊绒、丝光羊毛、天丝、桑蚕丝、大豆蛋白纤维、细旦涤纶等纤维混纺，制成的毛纺面料轻薄，呢面光洁，手感柔软，光泽明亮，悬垂性好，无刺痒贴身感，而且不易起毛起球，便于护理保养，可用作各种高支轻薄型高档服装面料、内衣面料。

（三）超卷曲羊毛纤维面料

超卷曲羊毛又称膨化羊毛。一般的杂种粗羊毛卷曲度很小，甚至不卷曲，可纺性差，难于生产出具有较高的附加价值的产品。超卷曲膨化羊毛改性技术由新西兰羊毛研究所研制，通过将羊毛条经拉伸、加热（非永久定型）、松弛后收缩而成。与普通羊毛相比，超卷曲羊毛具有良好的卷曲度，线密度降低，可纺性和成纱性能得到提高，膨化羊毛编织成衣比普通羊毛节省约20％，成衣手感更蓬松柔软，保暖性更高。

超卷曲羊毛可纯纺或与常规羊毛混纺，生产的轻而暖系列绒线主要用于轻量化织品，如休闲服装、运动服装等。鹿王羊绒集团公司用超卷曲羊毛与山羊绒、天丝、丝等其他纤维混纺制作出各种针织、机织面料。主要用作普通休闲衫、精纺衬衫、围巾、披肩、高档西装面料、高支纱精纺内衣等。

四、彩色羊毛和彩色兔毛纤维面料

继彩色棉花培育成功后，彩色羊毛和彩色兔毛的开发与利用也越来越受到人们的重视。通过给绵羊饲喂不同的微量金属元素,改变其毛发的颜色,便可培养出彩色绵羊。目前已经培育出浅红色、浅蓝色、金黄色及浅灰色等彩色绵羊,世界最大产毛国澳大利亚也培育出了产蓝色羊毛的绵羊。用彩色羊毛制成的毛纺面料,经风吹、日晒、雨淋后仍能保持较高的色泽鲜艳度。但彩色羊毛因色谱不全,色泽鲜艳度不够,产量低等原因,要大力推广还有一定难度。

我国主要是在彩色兔毛的培育上取得一定成就,已培育出黄、黑、棕、青、紫、蓝、灰、褐等十多种颜色的彩色毛兔。彩色兔毛具有相对密度轻、保暖、吸湿性优良的特点,兔毛纤维面料手感柔软细腻,滑爽舒适,吸湿透气,悬垂性好,保暖性比羊毛强几倍,可机洗。目前已开发出了20.8tex、15.6tex精纺纯兔毛纱,制成各种高档服装、围巾、兔绒衫、袜子等产品。彩色兔毛也存在着可纺性差、毛质较脆易断、加工及穿着时容易掉毛、单强低、静电大等弱点,还需在今后研究和生产中进一步解决。

五、天然彩色茧丝面料

随着彩色棉花的开发,天然彩色蚕茧也应运而生。彩色茧丝主要是通过向人工饲料或桑叶中添加色素,改变蚕绢丝腺的着色性能来获得的。天然彩色茧丝色彩自然,色调柔和,色泽丰富而艳丽。由于天然彩色茧不需染色,避免了环境污染,也避免了染整加工中残留的化学药剂对人体健康的危害,是绿色环保纤维材料。目前,天然彩色茧丝主要有黄红茧系和绿茧系两大类。

天然彩色茧丝是一种多孔蛋白质纤维,轻盈飘逸,吸湿性优良,透气性好,穿着舒适,有较好的紫外线吸收能力,对 UV – B 透过率小于 0.5%,对 UV – A 和 UV – C 透过率不足 2%。彩色茧丝分解产生自由基的能力远远高于白茧丝,抗氧化性能好。天然彩色茧的色素里面含有类胡萝卜素和类黄酮,既有保健又有抗菌功能。天然彩色茧丝面料主要用作高档男女服装、内衣、床上用品、领带、披肩、丝巾、丝棉被、丝绒毯、医用纱布等。

☞ **思考题**

1. 简述棉纤维面料的主要性能、按组织结构分类的主要品种及面料特点。
2. 简述麻纤维面料的主要性能和分类。
3. 毛纤维面料按生产工艺分为哪些类型? 各有什么特点?
4. 简述丝面料的主要性能、按结构形态的分类及特点。
5. 有哪些新型天然纤维面料? 简述其各自的特点。

第七章　化学纤维面料

● 本章知识点 ●

1. 了解化学纤维面料的命名方法。

2. 掌握黏胶纤维面料的性能、主要品种、风格特征和用途。

3. 了解新型再生纤维素纤维面料的种类、性能特点和风格特征。

4. 掌握涤纶面料的性能、主要品种、风格特征和用途。

5. 了解新型涤纶面料的种类、性能特点、风格特征和应用。

6. 掌握锦纶面料的性能、主要品种、风格特征和用途。

7. 掌握腈纶面料的性能、主要品种、风格特征和用途。

8. 掌握维纶面料的性能、主要品种、风格特征和用途。

9. 掌握丙纶面料的性能、主要品种、风格特征和用途。

10. 掌握氯纶面料的性能、主要品种、风格特征和用途。

11. 掌握氨纶面料的性能、主要品种、风格特征和用途。

12. 了解其他新型化学纤维面料的种类、性能特点、主要品种、风格特征和应用。

第一节　化学纤维面料的命名

化学纤维面料是指由化学纤维加工成的纯纺、混纺和交织面料,即由纯化学纤维织成的面料,或化学纤维与天然纤维的混纺、交织面料。

一、化学纤维面料的统一编号

化学纤维面料的分类方法很多,目前主要以所用的原料品种来划分,可分为黏胶纤维面料、富强纤维面料、涤纶面料、锦纶面料、腈纶面料、丙纶面料、维纶面料、氯纶面料等几大类。每类中有纯纺面料、混纺面料、交织面料。还可以纤维的细度和长度分成棉型化学纤维面料、中长型化学纤维面料、毛型化学纤维面料和长丝面料等。由于各类面料花色品种规格繁多,因而有进行统一编号的必要。

化学纤维面料的大类编号用四位数字表示,分别表示面料的大类、原料的种类、面料的品类及原料的使用方法。中长纤维面料又在编号前加字母 C 以示区别。代号详细说明如下：

第一位数字表示面料的大类，其中，"6"表示涤纶面料，"7"表示化学纤维与棉纤维混纺面料，"8"表示单一合成纤维纯纺面料，合成纤维与黏胶纤维混纺面料，"9"表示人造棉面料。

第二位数字表示原料的种类，其中，"1"表示涤纶，"2"表示维纶，"3"表示锦纶，"4"表示腈纶，"5"表示其他，"6"表示丙纶，"9"表示黏胶纤维。

第三位数字表示面料的品类，其中，"0"表示白布，"1"表示色布，"2"表示花布，"3"表示色织布，"4"表示帆布。

第四位数字表示原料的使用方法，其中，"1"表示纯纺，"2"表示混纺。

编号举例说明：

例 1："7112"表示涤纶与棉混纺的色布。

例 2："8132"表示涤纶与黏胶纤维混纺的色织布。

例 3："C8132"表示涤纶与黏胶纤维混纺的中长色织布。

二、纺织面料的常用命名方法

在纺织面料的生产经营中，除了上述的编号方法外，通常还使用以下纺织面料的命名方法。

(1)为了区分不同纤维原料面料的名称，必须在面料前加上所用原料的名称，如用两种以上的原料时，则按原料的比例多少顺序加以排列，多者在前。如比例相同时，则按天然纤维、合成纤维、再生纤维素纤维的顺序进行排列。

例 1：100% 的锦丝绸(或涤丝绸)，称为锦丝绸(或涤丝绸)。

例 2：25% 锦纶、75% 黏胶纤维混纺华达呢，称为黏/锦华达呢。

例 3：40% 涤纶、30% 腈纶、20% 黏胶纤维、10% 锦纶混纺花呢，称为涤/腈/黏/锦花呢，或简称"四合一"花呢。

例 4：50% 黏胶纤维、50% 羊毛混纺花呢，称为毛/黏花呢。

(2)化学纤维的产品被切成一定长度的短段，根据切断长度的不同可分为棉型、毛型和中长型纤维。

①棉型纤维：长度为 25～38mm，纤维较细(线密度 1.3～1.7dtex)，类似棉纤维，主要用于与棉纤维混纺。例如，用棉型涤纶短纤维与棉纤维混纺得到的面料称为涤/棉面料。

②毛型纤维：长度为 70～150mm，纤维较粗(线密度 3.3～7.7dtex)，类似羊毛，主要用于与羊毛混纺。例如，用涤纶毛型短纤维与羊毛纤维混纺得到的面料称为毛/涤面料。

③中长纤维：长度为 51～76mm，纤维的线密度为 2.2～3.3dtex。用中长纤维为原料的面料，在命名时要加注"中长"字样，如"涤/腈中长"，表示该面料是含 50% 涤纶、50% 腈纶的中长纤维(原料混纺比省略)。如原料混纺比不等，则不能省略，应表明其中之一。如"涤 55 黏中长"，表示涤纶为 55%、黏胶纤维为 45% 的中长纤维。

(3)面料如经过树脂整理的，名称前要加注"脂"字，如脂涤黏中长花呢。而未经过树脂整理的，则只称为涤黏中长花呢。

(4)成匹的化学纤维面料，在标签上除印有各类面料的品名外，在面料的前或后还写有

"新"、"普"、"国"、"亚"等字样,这并非面料的名称,而是面料产品的简要说明。

各字样的含义是:

①"新":如"富强(新)"指的是面料采用国产富强纤维,以区别于进口原料。

②"普":指的是化学纤维混纺面料中所用的棉花未经过精纺工艺处理。

③"国":指的是面料采用国产的纤维为原料。

④"亚":如"涤/棉布(亚)"指的是这种涤/棉布中的涤纶受到了损伤,产品质量降低了一等。

⑤"脂":表示面料经过了树脂整理。

⑥"已脂":表示该面料经过了耐久性压烫整理,折叠时不出皱纹。

⑦"并丝":是指织造丝的排列,即经向或纬向是由两根以上的丝并织而成的。

⑧"J":表示交织的意思,如经纱是黏胶纤维,纬纱是天然纤维,交织的华达呢等。

第二节　再生纤维素纤维面料

黏胶纤维面料以其优良的吸湿性取胜于其他化学纤维面料。黏胶纤维面料基本上是指黏胶纤维长丝面料和短纤维面料。此外,也包含部分富强纤维面料和介于长丝与短纤维间的中长纤维面料。富强纤维是采用聚合度在650以上,纯度较高的浆粕为原料,应用与黏胶纤维相似的生产工艺而得到的再生纤维素纤维,其结晶度高;干、湿强度与棉纤维相近;形态稳定,具有较高的弹性回复率和在水中的溶胀度较低,面料比黏胶纤维面料耐穿、耐洗、耐折皱。

一、黏胶纤维面料的性能

黏胶纤维面料具有质地柔软、手感良好、光泽好、吸湿性强、染色性能好等优点,但强力比较低,在湿态时强力下降,刚度差,抱合力差。

富强纤维的干、湿强度均比普通黏胶纤维高,因而面料挺括,抗皱性能好。色泽鲜艳程度稍差。改性黏胶波里诺西克纤维面料具有较好的物理机械性能和对碱的高稳定性,它可进行丝光整理。高湿模量纤维面料湿态下变形小,具有较好的耐磨性。

二、黏胶纤维面料的主要品种、风格特征和用途

黏胶纤维面料的品种很多,除自身的纯纺以外,还有许多黏胶纤维与其他纤维的混纺面料或交织面料。

(一)黏胶纤维面料

以100%棉型、中长型普通黏胶纤维或富强纤维为原料,经棉纺设备纺纱而织成的各种织物。

1.黏胶纤维平布　采用线密度为1.3~1.7dtex、长度为32~38mm的普通黏胶纤维纺成14~28tex的纱织成。一般用平纹组织。经密是236~307根/10cm,纬密是236~299根/10cm,

织成各种厚薄不同的黏胶纤维细平布、中平布,再经染色和印花加工而制得成品。风格特征是:面料质地均匀细洁,色泽艳丽,手感滑爽,穿着舒适,透气性及悬垂性较好。但缩水率较大,湿强力低,故服装保形性及耐穿性比棉面料差。主要适用于制作夏季女装衣裙、衬衫、冬季棉衣、童装和被面等。

2.黏胶纤维色织布　采用线密度为 2.2~2.8dtex、长度在 51~76mm 的中长黏胶纤维纺成纱,一般以 14~28tex 股线做经、纬纱,采用平纹、斜纹、缎纹、变化组织织成的各种花纹、条格及花式纱面料。风格特征是:手感柔滑,稍有毛感,色泽鲜艳,美观大方。主要适用于做春秋季女装衣裙、外套、夹克衫、童装等衣料。

3.富强纤维布　采用棉型富强纤维为原料纺成 14~19.5tex 纱,以平纹、斜纹组织织成的富纤细布、富纤斜纹布和富纤华达呢等面料。风格特征与黏胶纤维同类面料的差异是:色泽鲜艳度较差,抗皱性能稍好,坚牢耐用;缩水率较小,湿强力比普通黏胶面料高。主要适用于做夏季服装、女装衣裙、童装等面料。

(二)黏胶长丝面料

采用黏胶长丝纯纺或黏胶长丝与富强纤维、蚕丝、棉、涤纶长丝等各种纤维交织的丝绸面料。

1.黏胶长丝无光纺　经、纬向均采用 13.3tex 无光黏胶长丝为原料织成的平纹绸类面料。风格特征是:面料密度比较稀,比绸稍薄,与电力纺类似;表面光滑洁净,色泽洁白而无亮光,并以色淡雅为主格调,也有条格或印花面料。湿强力较低,故洗涤用力搓揉易出裂口。主要适用于做夏季男女衬衫、裙衣、戏装、围巾等。

2.美丽绸　经、纬向均采用 13.3tex 有光人造丝为原料,以 $\frac{3}{1}$ 斜纹组织织成的面料。风格特征是:面料表面平滑,正面光泽明亮有细斜纹路,反面暗淡无光;手感滑爽,缩水率为 5%,色泽多为蓝、灰、咖啡等。主要用作呢绒服装的里料。

3.富丝纺、富春纺　采用 16.7tex 有光黏胶长丝做经纱,以棉型富强(黏胶)纤维纺成 20tex 左右的纱线做纬纱,织成经密比纬密约大一倍的平纹面料。风格特征是:印花后色泽艳丽明快,布面光洁,稍有横向粗纹;富丝纺手感挺爽,而富春纺较为柔软。主要用作棉衣、童装、婴幼儿斗篷、褴褛或夏季女装衣裙、衬衫、时装等。

4.线绨　采用 133dtex 有光黏胶长丝做经纱,以(140dtex/2)~(280dtex/2)棉线做纬纱,以平纹提花组织或斜纹变化组织织成的各种大小提花的一般线绨、蜡纱线绨及丝光线绨等品种,有淡雅或浓艳的各种色调。风格特征是:质地厚实,布面有横向条,粗纹路,缩水率较大,湿态强力较低,主要用作春、秋、冬各季服装面料。

5.羽纱　采用 133dtex 有光黏胶长丝做经纱,以 140dtex/2 棉纱做纬纱的斜纹组织面料。风格特征是:质地坚牢,厚实耐磨,布面柔滑挺实,光泽比美丽绸稍暗,多数染成深色或灰、米等色。主要用作服装的里料。

6.人丝绸　采用 100% 黏胶人造丝,低密度平纹或透孔组织织成的面料。风格特征是:面料质地挺爽轻薄,透明,孔眼方正清晰,有素绸、提花绸、修花绸之分。主要用作晚礼服、头巾、披纱以及工业筛网等。

7. 利亚绒 采用100%黏胶人造丝织成的面料。经密：380 根/10cm，纬密：400 根/10cm，成品克重：285～295g/m。风格特征是：外观绒毛紧密，耸立，质地柔软，色泽鲜艳光亮，富有弹性。常用作高档服装面料、帽子和沙发、靠垫面料等。

8. 绿柳绒 采用95%黏胶人造丝、5%金丝织成的面料。经密：400 根/10cm；纬密：380 根/10cm；成品克重：215～233g/m。风格特征是：外观绒毛紧密，耸立，质地柔软，色泽鲜艳光亮，富有弹性。主要用作妇女服装、节日盛装等。

（三）混纺面料、交织面料

各种棉型（人造棉）、毛型（人造毛）和新型（改性、高卷曲、中空）黏胶纤维与棉、毛或其他合成纤维混纺成纱而织成的不同风格特征的面料。

1. 黏/棉布 黏/棉平布是采用混纺比为50/50或63/37的纱织成的平布。风格特征是：布面平整，耐磨性、吸湿性和悬垂性等服用性能均优于纯棉面料。主要有各种鲜艳的杂色、印花或色织黏/棉布。主要用作夏季女用裙衣、童装、时装等衣着面料。

富/棉细布是采用混纺比为67/33的纱织成的平纹布。风格特征是：布面光洁色白，质地细密轻薄，手感柔滑，富有光泽，坚牢耐用，但色泽不如黏/棉布鲜艳，主要用作夏季女装衣裙、童装等面料。

2. 毛/黏面料 毛/黏华达呢是采用毛/黏（70/30）的精梳毛纱，以200dtex×2股线为经纬纱，$\frac{2}{2}$斜纹组织，经密比纬密大近一倍并具有毛华达呢外观风格的面料。它的色泽更为鲜明，但挺括度和身骨较差。主要用于制作制服、职业服、中低档的外用服装。

混纺哔叽是采用羊毛/黏胶（70/30）的精纺毛纱以222dtex×2（45 公支/2）股线做经纬纱，按纯毛哔叽规格织成的同类面料。它具有毛哔叽外观，但色泽较鲜明，身骨弹性较差，穿着舒适。主要用作春秋男女两用衬衫、西服、套裙、便服等中档服装。

混纺粗花呢是采用羊毛/黏胶（30/70，50/50 或70/30）等的粗纺毛纱织成的具有各种彩点、圈圈纱的露地面料。主要用作春秋男女外套、夹克衫、女用套裙等，较低档的可做童装、学生装等。

3. 新型黏胶混纺面料 富强纤维仿棉是采用富纤新品种高湿模量纤维0.1dtex 与涤纶0.8dtex，以35/65.70/30 混纺短纤维纱织成的面料。风格特征是：手感柔软如棉，具有丝状光泽与较好的可染性、悬垂性和舒适性。主要用作礼服、宴会服、青年便服等。

高卷曲黏胶仿毛纤维面料是采用67%具有羊毛特性的细旦高卷曲黏胶与33%涤纶混纺成高支纱，织成坯布后进行松式染整加工而成。风格特征是：手感丰润，毛感强，与各类仿毛面料相仿，如仿毛凡立丁等。主要用作女用裙衣、便服等。

中空黏胶纤维针织面料是采用1.7dtex 的中空黏胶纤维与涤纶以混纺比 50/50 织成的面料。风格特征是：面料有较好的覆盖性，手感蓬松柔软，保暖性好，吸湿性强，穿着舒适，不板不硬，长期穿着洗涤后服装仍可保型。主要用作内衣、童装及便服等。

由于黏胶纤维面料下水后会变硬，强力变差，因此洗涤时须注意不要用力揉搓。此外，在裁剪时要将缝折边留宽一些,并需包缝,以免纱线滑脱,出现"扒丝"现象。

三、新型再生纤维素纤维面料

(一)Tencel 纤维面料

1. Tencel 纤维牛仔布　经纱为 292dtex Tencel;纬纱为 292dtex Tencel;幅宽为 150cm。经密是 472 根/10cm,纬密是 236 根/10cm,地组织采用 $2\!\!\diagup\!\!1$ 斜纹,边组织为平纹组织,具有滑、爽、垂的风格。

2. 涤/Tencel 仿毛纤维面料　采用线密度为 2.2dtex,长度为 45mm 的涤纶与线密度为 2.4dtex,长度为 38mm 的 Tencel 纤维,按涤/Tencel 纤维(60/40)进行混纺,织造经纱选用 167dtex×2,纬纱选用 167dtex,采用斜纹组织织成。风格特征是:强度高,手感厚实,悬垂性好,吸湿放湿快,穿着舒适,容易染色。主要用作夏季衬衫。

3. Tencel 纤维/羊绒针织面料　不同比例的 Tencel 纤维/羊绒进行混纺。风格特征是:手感柔软,丰满度好,弹性好,光泽鲜艳。主要用作高档春秋面料。

4. Tencel 纤维/氨纶面料　经纱采用 Tencel 纤维纱,纬纱采用 Tencel 纤维氨纶包芯纱,通过适当调整工艺生产出的 Tencel 纤维/氨纶面料,布面平整、光滑、细腻,手感柔软,具有天然真丝的效果。Tencel 纤维/氨纶面料的吸湿性能、透气性能、抗折皱性能好,免烫性能和弹性回复性能优于纯棉面料,耐磨性能略低于纯棉面料,形态及尺寸稳定性好,穿着方便自然,是理想的贴身面料。

(二)Modal 纤维面料

1. Modal 弹力面料　经纱为 145dtex Modal,纬纱为 145dtex + 44dtex Modal 棉氨包芯纱,采用平纹组织织成。面料具有手感丰厚柔软,弹力良好的特点,回缩率可达 30% 左右。

2. Modal 针织面料

(1)单面覆盖组织面料:采用 Modal/氨纶、Modal/棉的混纺纱与氨纶进行编织,面料轻柔,而且富有弹性。

(2)全成形单面提花面料:Modal 与锦纶弹力丝在电子提花全成形内衣机上编织,面料轻薄柔软,光滑舒适。

(3)Modal 菠萝布:Modal/棉纱与锦纶包氨纶丝交织,采用单针多重集圈组织,利用弹力丝的收缩形成凹凸效果,更有效地体现了 Modal 的悬垂性。

3. Modal 混纺面料

(1)Modal 棉毛组织面料:采用 Modal/棉纱织成。面料柔软,而且富有弹性。

(2)毛盖 Modal 面料:采用绒化羊毛与 Modal/棉纱形成盖组织。既保持了毛的风格,又具有 Modal 的贴身穿着的舒适性,克服了毛引起的皮肤不适感觉。

(三)再生竹纤维面料

再生竹纤维最大的优点是吸湿、透气性好并具有天然抗菌性。因此再生竹纤维面料可广泛地用于制成贴身衣物、洗浴和床上用品。

1. 再生竹纤维纱线　再生竹纤维手感柔软,光泽好,吸湿性极佳,又具有天然的抗菌性能,是织造贴身内衣、T恤、袜子、家用纺织品的优选纱线。现已开发出100%再生竹纤维纱线,竹/棉纱,竹/绢纱,竹/Modal纱、竹/腈纶纱、竹/涤纶纱等混纺纱品种。

2. 再生竹纤维面料　面料吸湿性好,透气性好,手感柔软,悬垂性好,上色容易,染色色彩亮丽。可用于制作内衣、贴身T恤衫、袜子等。同时再生竹纤维与棉、腈纶等原料混纺制成的面料也具有很好的性能。另外,再生竹纤维有一定的抗紫外线能力,以此纤维生产的春夏服装对皮肤有较好的抗紫外线保护作用。

3. 再生竹纤维非织造布　由100%竹浆纤维制成,性能上与黏胶纤维非常接近,但是再生竹纤维具有天然杀菌、抑菌的效果,因而在卫生材料如卫生巾、口罩、护垫、食品包装袋等方面具有广阔的应用前景。

第三节　涤纶面料

涤纶是聚对苯二甲酸乙二酯纤维的商品名称。这类纤维因其高聚物的分子结构中含有酯基,故学名简称聚酯纤维。涤纶的力学性能良好,做成的纺织面料外观挺括,热稳定性好,但吸湿性和染色性较差。另外,在装饰用领域和产业用领域的应用也很宽广,如用于制作窗帘、床罩、沙发罩、轿车用的装饰面料等,以及轮胎帘子线、橡胶制品的加强筋、绝缘材料、滤布、绳索、工作服、渔网等。

一、涤纶面料的性能

涤纶面料具有抗皱性和保温性好、强度高、耐热性能好、耐日光的稳定性好、耐磨性强、化学性能较稳定、抗霉菌和微生物的性能好、易洗快干等优点。

涤纶面料的缺点是:吸湿性差,染色性差,穿着涤纶衣服有气闷感,不舒适。涤纶面料易带静电,易被沾污。

二、涤纶面料的主要品种和用途

涤纶面料的种类繁多,除纯涤纶面料以外,还有许多与各种纺织纤维混纺或交织的产品,弥补了纯涤纶面料的不足,发挥出更好的服用性能。涤纶通常与棉、毛、丝等进行混纺。主要品种有棉的确良、毛涤纶、涤纶中长花呢、快巴的确良和涤丝绸等。目前,涤纶面料正向着仿毛、仿丝、仿麻、仿鹿皮等合成纤维天然化的方向发展。

(一)涤/棉布

采用65%~67%涤纶、35%~33%棉混纺纱织成。这种面料主要采用细特(高支)纱平纹组织,布身细薄,密度小,强力与耐磨性都很好,手感柔软,缩水极小。多用于轻薄的衬衫布、细平布、府绸等。涤/棉布俗称的确良,它既保持了涤纶强度高,弹性回复性好的特性,又具备棉纤维的吸湿性强的特征,易染色,洗后免烫快干。涤/棉布品种规格较多,有原色布、色布、印花布和色织布等。

1.涤/棉线卡其、涤卡其 采用65%涤纶与35%棉混纺纱线,以斜纹组织织成。涤/棉线卡其正反面的纹路清晰,涤卡其正面纹路清晰。布面光洁,不易起毛,布身厚实紧密,坚韧挺括,耐皱、耐磨,适宜做外衣、裤子等。

2.涤/棉线绢 采用65%涤纶与35%棉混纺纱线,以平纹组织织成。布面平滑,富于光泽,布身紧密挺括,适宜做上衣、裤子等。

3.涤/棉府绸 采用65%涤纶与35%棉混纺纱线,以平纹组织织成。组织结构和布面特征与纯棉府绸相同,经密是纬密的一倍,使布面形成粒状纹。纬向强力仅为经向的一半。布面细密柔软,富有光泽,很像丝绸,以漂白、素色居多,适宜做男女衬衫等。

4.涤/棉细纺 采用65%涤纶与35%棉混纺纱线,以平纹组织织成的经纬密相近的面料。纱线细,密度大,质地细密轻薄,手感光滑,布面光洁,不易起球。以漂白、印花、浅色较多,可制作男女衬衫。

5.涤/棉纱罗 采用65%涤纶与35%棉混纺纱线织造,主要用作男女衬衫面料。

6.涤/棉麻纱 采用单、双经纱间隔排列的平纹组织,面料细洁透气,手感滑爽,具有麻面料的风格。

7.涤/棉泡泡纱 又称涤/棉轧花布,具有挺括、快干、免烫等特点。布面外观风格与纯棉泡泡纱相同。

8.涤/棉斜纹布 采用斜纹组织织成的布面具有清晰斜纹纹路的面料,包括涤/棉卡其、涤/棉华达呢、涤/棉克罗丁等。其中,涤/棉卡其具有厚实紧密、坚韧挺括、纹路清晰、耐磨等特点。适宜制作夹克衫、风衣等。

9.涤/棉烂花布 以涤棉包芯纱(涤纶长丝为芯,外包棉纱)织成的坯布,经酸处理后得到的表面花纹凹凸不平,透明凉爽,立体感强的面料。适合夏季穿用。

(二)毛/涤纶

涤纶与羊毛混纺后,织成的面料叫毛/涤纶。混纺比为:涤纶55%～50%,羊毛45%～50%,外观很像纯毛纤维面料,呢面保持了毛型面料的风格,比纯毛料挺括,不皱不缩,经久耐用,比相同毛料结实2～3倍。毛的确良易洗快干,洗后不需熨烫就能保持平整。

1.毛/涤薄花呢 采用50%涤纶与50%羊毛混纺纱织成。表面平滑,细薄,挺括,适宜做外衣和裤子。

2.毛/涤花呢 采用55%涤纶与45%羊毛混纺股线作经纬交织成平纹面料。面料与纯毛料相似,比纯毛料结实,适宜做外衣和裤子。

3.毛/涤派力司 采用50%涤纶与50%羊毛混纺纱线织成。面料平整光滑,细薄透亮,透气性好,适宜做裤子和裙子。

4.涤/毛派力司 采用55%涤纶与45%羊毛混纺纱线织成。面料平整光滑,挺爽,适宜做裤子和裙子。

5.毛/黏薄花呢 采用40%涤纶、30%国毛与30%黏胶纤维混纺纱线织成。适宜做外衣和裤子。

6.黏/毛/涤薄花呢　采用50%黏胶纤维、30%国毛与20%涤纶混纺纱线织成。适宜做外衣。

7.涤/毛花呢　采用53%涤纶、43%国毛混纺纱线与4%涤纶长丝混纺纱线织成。面料有立体感,适宜做外衣和裤料等。

8.毛/涤花呢　采用60%国毛与40%涤纶混纺纱线织成。面料挺括,滑爽,厚实,牢度较好,适宜做外衣、裤子和裙子等。

由涤纶长丝如涤纶加弹丝、涤纶网络丝或各种异形截面涤纶丝为原料,或用中长型涤纶短与中长型黏胶纤维或中长型腈纶混纺成纱后织成的具有呢绒风格的面料,分别称为精纺仿毛纤维面料和中长仿毛纤维面料,既具有呢绒的手感丰满蓬松、弹性好的特性,又具有涤纶坚牢耐用、易洗快干、平整挺括、不易变形、不易起毛、起球等特点。常见品种有涤弹哔叽、涤弹华达呢、涤弹条花呢、涤纶网络丝仿毛面料、涤/黏中长花呢、涤/腈隐条呢等。

(三)涤丝面料

由圆形、异形截面的涤纶长丝或短纤维纱线织成的具有真丝外观风格的涤纶面料,具有价格低廉、抗皱免烫等优点。这些品种既有丝绸面料的飘逸悬垂、滑爽、柔软、赏心悦目,又兼备涤纶面料的挺括、耐磨、易洗、免烫,美中不足的是这类面料吸湿透气性差,穿着不太凉爽,为了克服这一缺点,现已有更多的新型涤纶面料问世,如高吸湿涤纶面料便是其中的一种。

1.涤绢绸　采用65%涤纶与35%绢丝混纺纱织成。面料外观很像花呢,有平行纵向条纹,厚实挺括,光泽柔和,适宜做外衣。

2.涤欢绸(三合一丝绸)　采用65%涤纶、25%黏胶纤维与10%绢混纺纱织成。坯布经过树脂整理,挺爽,适宜做外衣和衬衫。

3.涤塔夫绸　采用100%涤纶长丝为原料,以平纹组织织制,密度高于一般绸面料,属于高档绸。具有质地紧密、绸面细洁光滑、平挺美观、光泽柔和自然、不易脏污等特点,缺点是易折皱,折叠重压后折痕不易恢复,适用于夏季服装、服饰配件、头巾、伞布等面料。

4.涤双绉　采用100%涤纶长丝为原料,平经绉纬,以平纹组织织成的绉类丝面料。它采用了两种不同捻向的强捻纬纱以"2S2Z"交替织入,在布面上形成隐约可见的均匀闪光细鳞纹,别具风格。具有手感柔软、富有弹性、轻薄凉爽等特点,属丝绸中高档品种。但缩水率较大,在服装制作前应注意预缩或放缩率。双绉有漂白、染色、印花等品种,用途很广,适宜制作衬衫、裙子、头布、绣衣等。

5.涤塔夫绢　采用纯真丝色织而成的提花绢类丝面料,也可采用黏胶长丝或涤纶长丝织造而成,用平纹组织。具有质地平挺滑爽、织纹紧密细腻、花纹光亮突出的特点,一般用作妇女服装、礼服、伞面、鸭绒服装面料等。

6.涤乔其纱　经纬纱均采用强捻丝,其中经纱以"2S2Z"相间而纬纱以"2Z2S"相间排列织成的经、纬密均较稀疏的平纹丝面料。具有质地轻薄稀疏、表面呈现细微均匀绉纹、纱孔明显、悬垂飘逸的特征。适宜做夏季女衣裙、衬衫及婚礼服等。

(四)涤纶仿麻纤维面料

采用涤纶或涤纶/黏胶纤维强捻纱织成平纹或凸条组织面料,具有麻纤维面料的干爽手感和外观风格。如薄型的仿麻摩力克,不仅外观粗犷、手感干爽,而且穿着舒适、凉爽,因此,很适宜制作夏季衬衫和衣裙。

1. 涤/麻布　涤纶与麻纤维混纺纱织成的面料或经、纬纱中有一种采用涤麻混纺纱的面料。包括涤/麻花呢、涤/麻色织布、麻/涤帆布、涤/麻细纺和涤/麻高尔夫呢等品种。涤/麻布兼有涤纶与麻纤维的性能,挺括透气,毛型感强。适合制作西服、时装、套裙、夹克衫等。

2. "三合一"混纺面料　麻与两种纤维混纺的面料,如涤/毛/麻、涤/麻/棉、涤/腈/麻等。这类面料既具有麻纤维面料的凉爽、舒适、挺括透气的特点,又具有其他两种纤维的优良特性,如涤/毛/麻面料既有麻的风格,又有毛/涤花呢弹性好、不易起皱、易洗免烫的特点,可满足各种用途需要,非常适合制作男女各式时装、外套、裙料、裤料等。

(五)涤纶中长花呢

具有毛型风格,挺括抗皱,易洗快干,光泽柔和,为新颖的仿毛产品。

1. 涤/棉隐条府绸　采用 65% 涤纶与 35% 棉混纺纱线织成,经纱采用左右捻形成隐条,色调适宜,手感好,可制作衬衫。

2. 涤/腈隐条呢　采用 50% 涤纶与 50% 腈纶混纺纱线织成,经纱采用左右捻形成隐条,经过树脂整理,毛型感强,可用作外衣和裤料。

3. 涤/腈/黏华达呢　采用 40% 涤纶、40% 腈纶与 20% 黏胶纤维混纺纱线织成。手感比涤/腈柔软,呢色较好,可用作外衣和裤料。

4. 隐条平纹呢　采用 55% 涤纶与 45% 黏胶纤维混纺纱线织成。透气性良好,但面料的硬挺度较差,可用作外衣和裤料。

5. 涤/黏中长花呢　采用 65% 涤纶与 35% 黏胶纤维混纺纱线织成。有隐条型的长纹,毛型感较好,可用作春秋两季男女的外衣及裤料。

(六)涤/黏花呢

涤纶与黏胶纤维混纺的面料,又称涤/黏中长凡立丁,是涤/黏中长面料中的薄型仿毛面料。面料外观似毛/涤纶,呢身挺括,但不如毛/涤纶耐穿耐用,却比毛/涤纶厚实,吸汗性好。

1. 涤/黏花呢

(1)采用 65% 涤纶与 35% 黏胶纤维混纺纱线织成。呢面呈现暗条纹,呢身厚实挺括,平整光滑,凉爽舒适,抗皱性强,适宜做外衣和裤子。

(2)采用 50% 涤纶与 50% 黏胶纤维混纺纱线织成。呢面平整,呢身细薄,密度小,透气性好,适宜做夏季裙子和裤子。

2. 涤/黏/毛花呢(三合一花呢)　采用 40% 涤纶、40% 黏胶纤维与 20% 羊毛混纺纱线织成。面料有毛纤维面料的风格,强度高,抗皱性能好,由于掺入了黏胶纤维,改善了吸湿性能,成本低,呢身挺括,适宜制作夏季的外衣和裤子。

(七)棉氨包芯纱和烂花的确良

棉氨包芯纱,是以涤纶长丝为轴芯,在轴芯外边均匀地包卷上一层棉纤维,加捻而成。可克服涤棉混纺面料的一些缺点,包芯纱的吸湿、透气性都较好,纤维表面不产生静电,衣服不易吸尘,染色性能比纯涤纶和涤/棉面料好。包芯纱同样具有挺括不走样、不缩水、易洗快干、结实耐穿的特点。

根据包芯纱的特点,可织成烂花的确良。根据涤纶耐酸而棉纤维不耐酸的差异,在花纹图案印上强酸(多用硫酸),进行高温焙烘,使棉纤维在酸的作用下成炭,而涤纶丝不发生变化,除去炭渣后,即可现出烂花花纹。烂花处呈半透明状。烂花的花纹线条轮廓清楚,立体感强。适宜做桌布、窗帘等装饰品。

(八)其他涤纶面料

1. 三维卷曲中空涤纶精纺毛/涤双面哔叽 三维中空涤纶短纤维拥有酷似天然羊毛的卷曲波峰,具有回弹性好、毛型感强、蓬松性好等优良特性,是理想的毛纺混纺原料。采用70%羊毛,30%三维卷曲中空涤纶短纤维的原料配比,生产出来的涤/毛双面哔叽在手感、弹性、柔软度等方面都优于同样常规涤毛混纺产品。

2. 三角异形涤纶面料 三角异形涤纶的光泽强,面料具有丝绸般的高雅光泽,抗起毛起球,易染色,防皱,手感接近天然纤维,而成本却远远低于真丝、羊毛等天然纤维面料。

有光三角异形涤纶丝织造闪光褶皱类面料,面料经纱选用83dtex有光涤纶丝、纬纱选用111dtex半消光低弹丝,采用缎纹与平纹组织织成,使面料外观呈现出似平静光亮的缎纹地上轻微起凹凸褶皱的波纹条子花纹。适合制作毛线、女外衣、睡衣、晚礼服等。

3. 细特涤纶精梳棉混纺纱面料 细特涤纶与精梳棉纤维混纺的低特纱(T/JC 65/35 98dtex)有品质优良、表面光洁、条干均匀、棉含杂质少等优点。它与普通涤/棉产品有很大的区别,用其织造的面料手感柔软,挺括,布面光洁匀整,具有良好的吸湿性、染色性、悬垂性和透气性,是理想的衬衫面料。

4. 超细涤纶面料 超细纤维是一种高品质、高技术含量的纺织原料,超细涤纶高密产品采用0.89dtex或以下的涤纶长丝为经纬纱,产品具有透气好、吸湿性强、布面光洁匀整、手感柔韧挺滑、质地轻薄、布面细腻、穿着舒适等特点。独特的性能使超细涤纶面料不仅适于衣用纺织品领域,而且在生物、医学、电子、水处理行业也得到了广泛的运用。常见的有仿真丝面料、高密度防水透气面料、仿桃皮绒面料、洁净布、无尘衣料、高吸水性材料、人造皮革等。此外,超细纤维也在保温材料、过滤材料、离子交换、人造血管等医用材料及生物工程等领域得到了应用。

第四节　锦纶面料

锦纶或尼龙是聚酰胺纤维的商业名称。因分子结构中都含有酰胺基(—CONH—),故学名叫聚酰胺纤维。由于聚酰胺纤维具有优良的物理性能和纺织性能,发展速度很快,其产量曾长期居合成纤维的首位,1972年被聚酯纤维所替代而退居第二。锦纶的品种很多,目前工业化生产及应用最广泛的仍以聚酰胺66(锦纶66)和聚酰胺6(锦纶6)为主。锦纶所生产的面料具有一系列优良的性能,其主要用途分为服装用、产业用和装饰地毯用三个方面。

一、锦纶面料的性能

锦纶面料具有耐磨性能好、强度较高、弹性回复率高、耐疲劳性能好、吸湿性能好、密度小、耐碱性能好等优点。

　　锦纶面料的缺点是:不如涤纶挺括,易于变形,原因是初始模数较低;耐热性不高,随着温度的升高,其强度和延伸度均下降,而收缩率增大,在100~110℃下长时间使用,强度和延伸度下降不太大,但温度超过150℃后,保持5h,则纤维变黄,不能再使用;耐光性能差,锦纶在日光中长时间曝晒,强度下降,耐光性不如棉,但好于蚕丝。锦纶面料易产生静电、易吸附灰尘、易起毛起球,特别是锦纶丝袜较为明显。

二、锦纶面料的主要品种和用途

　　锦纶面料可分为纯纺、混纺和交织面料三大类,每一大类中包含许多品种。

(一)锦纶纯纺面料

　　以锦纶丝为原料织成的各种面料,如锦纶塔夫绸、锦纶绉等。因用锦纶长丝织成,故有手感滑爽、坚牢耐用、价格适中的特点,也存在面料易皱、不易回复的缺点。锦纶塔夫绸多用于做轻便服装、羽绒服或雨衣布,而锦纶绉则适合做夏季衣裙、春秋两用衫等。

　　1.塔丝隆　塔丝隆是锦纶面料的一种,包括提花塔丝隆、蜂巢塔丝隆、全消光塔丝隆等。

　　(1)提花塔丝隆:经纱采用76dtex锦纶长丝,纬纱采用167dtex锦纶空气变形丝;面料组织采用二重平提花结构在喷水织机上交织。面料坯布幅宽为165cm,成品重量158g/m²,有紫红、草绿、浅绿等不同深浅颜色的品种。面料具有不易褪色起皱,色牢度强等优点,适宜女士制作套装、裙装等休闲服饰。

　　(2)蜂巢塔丝隆:面料经纱采用76dtex锦纶全拉伸丝(FDY),纬纱采用167dtex锦纶空气变形丝,经纬密度为(430根/10cm)×(200根/10cm),在带龙头的喷水织机上交织而成,基本选用二重平纹组织,布面形成一种蜂巢格状,坯布先经松弛精练、碱减量、染色,后经柔软、定形处理。面料具有透气性好,手感干爽,轻柔飘逸,穿着舒适等特点。它可制作套装裙、闲装、童装。

　　(3)全消光塔丝隆:面料经纱采用76dtex全消光锦纶6FDY丝,纬纱采用167dtex全消光锦纶空气变形丝。产品适用范围比较大,不仅能制作男女运动服、休闲服,而且是制作童装、校服等的绝佳面料。最突出的优点是穿着比较舒服,保暖性、透气性好。

　　2.尼丝纺(绸)　尼丝纺又称尼龙纺,是锦纶长丝织制的纺类丝面料。根据每平方米重量,可分为中厚型(80g/m²)和薄型(40g/m²)两种。尼丝纺坯绸的后加工有多种方式,可经精练、染色或印花;也可轧光、轧纹或涂层。经增白、染色、印花、轧光、轧纹的尼丝纺,面料平整细密,绸面光滑,手感柔软,轻薄而坚牢耐磨,色泽鲜艳,易洗快干。主要用作男女服装面料。涂层尼丝纺不透风、不透水,且具有防羽绒性,用作滑雪衫、雨衣、睡袋、登山服的面料。

　　3.斜纹布　采用斜纹组织织成的布面具有清晰斜向纹路的面料,包括锦/棉卡其、锦/棉华达呢、锦/棉克罗丁等。其中,锦/棉卡其具有布身厚实紧密、坚韧挺括、纹路清晰、耐磨等特点。适宜制作夹克衫、风衣、箱包类等。

　　4.锦纹绉　采用纯锦纶长丝织造。呢身薄,呢面滑爽,配色柔和,花型美观。

　　5.锦纶牛津布　经、纬纱均采用高特(167~1100dtex)锦纶长丝织造,平纹组织结构,产品经喷水织机织造而成。坯布经过染整、涂层工艺处理后,具有手感柔软、悬垂性强、风格新颖、防水等优点,布面具锦纶丝光泽感观效应。适合用于制作箱包、运动服装等。

(二)锦纶混纺及交织面料

采用锦纶长丝或短纤维与其他纤维进行混纺或交织而获得的面料,兼具各种纤维的特点。如黏/锦华达呢,采用15%锦纶与85%黏胶纤维混纺成纱制得,具有经密比纬密大一倍、呢身质地厚实、坚韧耐穿的特点,缺点是弹性差、易折皱、湿强下降、穿时易下垂。此外,还有黏/锦凡立丁、黏/锦/毛花呢等品种,都是一些常用面料。

1.黏/锦华达呢　黏/锦华达呢是人们较喜爱的品种之一,黏/锦华达呢有两种混纺比,一种是15%锦纶、85%黏胶纤维;另一种是25%锦纶、75%黏胶纤维。经纬纱均采用混纺纱线,属于 $\frac{2}{2}$ 斜纹组织面料。这种面料经密大于纬密将近一倍,故呢身质地厚实紧密,坚韧耐穿。面料一般都进行烧毛加工,所以呢面平整光滑,富有光泽。缺点是弹性差、易折皱、湿态强度小、缩水率较大、洗时呢身变硬、平时易下垂。此外,还由于静电现象,容易吸尘和产生小球。

2.黏/锦凡立丁　黏/锦凡立丁又叫尼龙平纹呢,有15%锦纶、85%黏胶纤维与25%锦纶、75%黏胶纤维的两种配比,混纺成双股线织成的面料。采用平纹组织,正反面的外观相同,手感挺爽,但不够柔软,光泽仅次于华达呢。由于经纬交织点多,纱线弯曲次数多,因而缩水率较大。凡立丁都是用有捻度的细纱织成,经纬密度比华达呢稀,所以面料的身骨细薄透凉。

3.黏/锦哔叽　黏/锦哔叽,也称尼龙哔叽,属于 $\frac{2}{2}$ 斜纹组织,它的外观与华达呢相似,经密比华达呢少40%,纬密接近。由于哔叽表面比华达呢平坦,纹路也宽,交织点清晰可见,但手感不如华达呢,强力和光泽都较差。

4.黏/锦/毛花呢　黏/锦/毛花呢属精纺呢绒,多为素花呢,简称三合一花呢。它是以4:4:2的比例混纺,由于使用了不同捻向的纱线作经纬,面料因对光的反射作用,在呢面上呈现出花纹。色泽主要有青、灰、咖啡等色,素净大方。

5.锦纶/黏弹力罗缎　锦纶/黏弹力罗缎是经纱采用氨纶锦纶包覆纱为原料,在喷气织机上织造,坯布经松弛、退浆→碱量处理→染色(用活性染料和分散染料)→定形整理等。该产品既有黏胶纤维面料的风格,又有锦纶面料的光泽效应,兼具氨纶面料的弹性功能;面料具有棉质感、舒适感、伸缩感。色泽有浅绿、深灰、驼灰、咖啡、土黄等十多种色调。适宜于制作女性的衬衣、睡袍等。

6.尼/棉绫　采用锦纶丝与丝光棉混纺织成。绸面富有光泽,适宜做女上衣。

7.锦合绉　采用锦纶丝与黏胶长丝混纺织成。以原色为主,料身轻薄,适宜做各种夏令裤料。

第五节　腈纶面料

聚丙烯腈纤维是由以丙烯腈为主要链结构单元的聚合物纺制的纤维。腈纶是聚丙烯腈纤维的国内商品名称,美国杜邦公司称为 Orlon,音译名为奥纶。腈纶质轻,手感柔软,保暖性好,性质与羊毛很相似,多作羊毛的代用品,因此又有"合成羊毛"之称。

一、腈纶面料的性能

腈纶面料具有弹性良好、保温性好、卷曲、蓬松而柔软、颜色鲜艳、强度大、耐晒和耐热性能良好、化学性能较稳定、质轻等优点。另外,它和其他合成纤维面料一样不易发霉,不易腐烂,不怕虫蛀。

腈纶面料的缺点是:腈纶的耐磨性差,不仅不如合成纤维,甚至还不及羊毛。因腈纶是疏水性纤维,吸湿性很小,容易沾污。在20℃、相对湿度为65%的标准状态下,只有1.2%~2.0%的回潮率。因此穿着腈纶服装有气闷感,由于吸湿性小,染色性也差。

二、腈纶面料的主要品种和用途

腈纶面料的种类很多,有腈纶纯纺面料,也有腈纶混纺和交织面料。

(一)腈纶纯纺面料

1. 腈纶女式呢(也称女衣呢) 采用100%腈纶为原料,精梳单纱或股线织成的平纹或斜纹及其变化组织、提花组织面料。具有质地细密松软、轻薄、富有弹性、外观花纹清晰、色泽艳丽高雅、品种丰富、适应性强的特点。适于做各类女用服装和时装。

2. 大衣呢 采用100%腈纶膨体纱为原料,以平纹或斜纹组织织成。是粗纺呢绒中较高档的品种,采用面料组织不同,可得到各种织品。质地厚实,保暖性强。主要有平厚大衣呢、立绒大衣呢、顺毛大衣呢、拷花大衣呢、银枪大衣呢等品种。适合制作春秋冬季大衣、便服等。

(二)腈纶混纺面料

采用毛型或中长型腈纶与黏胶纤维或涤纶混纺的面料。包括腈/黏华达呢、腈/黏女式呢、腈/涤花呢等。腈纶与羊毛、黏胶纤维、涤纶、棉混纺的衣料较多,有毛型和棉型的。

1. 腈/黏华达呢(又称东方呢) 采用50%腈纶与50%黏胶纤维混纺织成。呢身厚实紧密,结实耐用,呢面光滑,手感柔软,似毛华达呢的风格,有毛料感,但回弹力较差,容易起皱,适宜做上衣。

2. 腈/黏花呢 采用50%腈纶与50%黏胶纤维混纺织成。呢面平滑,颜色鲜艳,有毛料感,弹力和耐磨性差,柔软、保暖,缩水不大,较为耐用,适宜做上衣。

3. 黏/腈女式呢 采用85%黏胶纤维与15%腈纶混纺,多以绉组织织造。呢面微起毛,绒毛丰满光洁,色泽鲜艳,呢身轻薄松柔,回弹力较差,适宜做外衣,耐用性好。

4. 腈/涤花呢 采用40%腈纶与60%涤纶混纺,以平纹、斜纹组织织成。具有外观平挺、坚牢免烫的特点,而且易洗快干,不易折皱,穿着挺括、平整。缺点是舒适性较差,因此多用于外衣、西服套装等中档服装的制作。

除了上述品种外,还有腈纶人造毛皮等。

（三）改性腈纶纤维面料

1. 细旦腈纶面料 细旦腈纶是利用高科技手段制成的微孔喷丝板纺制而成的。细旦腈纶可纺成细特（高支）纱，制得的纺织品手感平滑，柔软，细腻，色泽柔和，同时具有面料精致、轻薄、柔滑、悬垂性好及抗起球等优良特性，是仿羊绒、仿丝绸的主要原料之一。

2. 仿羊绒面料 仿羊绒腈纶有短纤维和毛条两种。它具有天然羊绒那种平滑、柔软而富有弹性的手感，保暖、透气性能良好，同时具有优良的染色性能，使腈纶羊绒产品更加鲜艳美观，细腻滑爽，适合于轻薄型服饰，价廉物美。

3. 仿真兽皮面料 异形纤维是利用异形喷丝孔，改变工艺条件而制成。纤维风格独特，仿真效果佳，产品档次较高。截面形状为扁平形的异形腈纶简称扁平腈纶，类似于动物毛发，在光泽、弹性、抗起球性、蓬松性及手感等方面都具有特色，能起到仿真兽皮的独特效果。

第六节　维纶面料

维纶又称维尼纶，是聚乙烯醇纤维在我国的商品名称。它是以聚乙烯醇为原料制成的一种合成纤维的统称。未经处理的聚乙烯醇纤维溶于水，用甲醛或硫酸钛处理后可提高其耐热水性。狭义的维纶专指用甲醛处理后的聚乙烯醇缩甲醛纤维。

维纶的主要产品为切断短纤维和牵切纱。短纤维可纯纺或与棉、毛、黏胶纤维等混纺，用于制作外衣、汗衫、棉毛衫裤、运动衫等机织面料或针织面料。维纶牵切纱可制作各种服用制品、仓储用苫布、帆布、橡胶输送带或人力车轮胎帘子线、绳索、渔网、包装材料等。

一、维纶面料的性能

维纶面料具有吸湿性能好、较强的耐磨性、较高的强度、良好的耐腐蚀性、化学稳定性好、耐光性好等优点。

维纶面料的缺点是：耐热水性不够好，如在湿态下加热到115℃时，会发生显著收缩。在沸水中强度会降低1/3，若在水中煮沸3～4h，可使面料变形或部分溶解。但在干态时的耐热性还是比较好的。维纶的软化点约为220～230℃。维纶的弹性较差，面料易折皱，染色性能也较差，一般采用中性染料和硫化染料染色。

二、维纶面料的主要品种和用途

（一）棉/维平布

采用50%棉与50%维纶混纺，或67%棉与33%维纶混纺，以平纹组织织成。没有正反面的区别，布面杂质少，条干均匀，结实耐用，比棉布细密，柔软光滑，颜色洁白，光泽好，适宜做被里和各种服装。

（二）棉/维细布

采用50%棉与50%维纶混纺，以平纹组织织成。布面平滑，富于光泽，布身细薄，手感爽挺，适宜做衬衣和裙子。

（三）棉/维华达呢

（1）采用50%棉与50%维纶混纺织成。布面平整，纹路清晰，布身细薄柔软，适宜做外衣或裤子。

（2）采用67%棉与33%维纶混纺，以 $\frac{2}{2}$ 斜纹变化组织织成。色泽不如纯棉华达呢鲜艳，耐热性差，强度与耐磨性较棉华达呢为好。

（四）维/黏华达呢、维/黏东风呢

采用50%维纶与50%黏胶纤维混纺，以 $\frac{2}{2}$ 斜纹变化组织织成。正反面相同，面料质地厚实，紧密，坚韧耐穿，外观很像毛面料，光泽比毛面料为好。

（五）维/黏凡立丁、维/黏平纹呢

（1）采用70%维纶与30%黏胶纤维混纺，以平纹组织织成。纱线粗，维纶含量高，面料厚实耐穿。

（2）采用50%维纶与50%黏胶纤维混纺，以平纹组织织成，纱线细，密度大，面料紧密轻薄，表面平整。

（3）采用50%维纶与50%黏胶纤维混纺，以平纹组织织成。纱线捻度大，手感挺爽，正反面一样，色泽仅次于纯毛面料，但缩水率大，耐热性能差。

（六）棉/维府绸

采用50%棉与50%的维纶混纺纱织成。布面平滑，布身较细薄，适合做衬衣和裙子，防水涂层处理后可作风衣。

维纶的弹性差，制品在穿用中容易起皱。因此，一般不用维纶与弹性好的羊毛混纺织成仿毛面料。

第七节　丙纶面料

聚丙烯纤维是以丙烯聚合得到的等规聚丙烯为原料纺制而成的合成纤维。在我国的商品名为丙纶。丙纶于1957年开始工业化生产，由于原料只需丙烯，来源极为丰富、价廉，生产工艺简单，是目前最为廉价的合成纤维。丙纶性能良好，发展速度较快，在世界范围内其产量仅次于涤纶、锦纶、腈纶而居于第四位。丙纶具有密度小、熔点低、强力高、耐酸碱等特点，因此丙纶主要用在产业、室内装饰、服装、非织造布领域中。

丙纶主要产品包括短纤维、长丝、非织造布、烟用丝束以及膨体连续长丝（BCF），用于包装、香烟滤材、地毯、非织造布、服饰等制品。除服用之外，产业用丙纶是最活跃的市场，在医疗、卫生材料方面的消费增长也很快。

一、丙纶面料的性能

丙纶面料具有强度高、相对密度小、吸湿率极小、耐腐蚀性良好等优点。丙纶面料的缺点是:由于丙纶是由排列整齐的高度结晶体所组成,极性基团甚少,从其结构上看又没有具有反应能力的基团,所以染色极为困难。采用原液着色纺丝,可解决染色难的问题。另外,丙纶的耐光性能较差。丙纶在高温季节,经阳光长时间照射后,易于老化,而强度降低。尤其是在潮湿的时候,更为严重。所以,丙纶面料及混纺面料洗后不要在阳光下晒干,要放在阴凉通风处晾干。丙纶在高温时易老化,故纤维的热稳定性不够好。

二、丙纶面料的主要品种和用途

丙纶面料有纯纺、混纺和交织等类别,其中,混纺和交织面料多与棉纤维搭配,如丙/棉细布、丙/棉什色麻纱等品种;而纯丙纶面料则以帕丽绒大衣呢为代表。

(一)丙纶纯纺面料

1. 帕丽绒大衣呢 帕丽绒大衣呢是以原液着色丙纶毛圈纱织造而成的仿毛面料,具有独特的呢面毛圈风格,色泽鲜艳美观,质地轻而保暖,毛感强,其最大的优点是易洗快干。适宜做青年装及儿童大衣等。

2. 超细纤维面料 以超细丙纶 FDY 和拉伸变形丝(DTY)为原料,经针织或机织制成的面料,适用于制作高档运动服、T 恤、内衣、睡衣、贴身穿着的各式时装和袜子等。也可用于床上用品、装饰材料(窗帘、桌布)、毛巾、帽子及医用用品等。

(二)丙纶混纺面料

丙纶纤维适宜与棉或黏胶纤维混纺成各种面料,目前我国生产的丙纶面料有含棉35%、丙纶65%的丙/棉什色麻纱;丙纶与棉花各占50%的棉/丙色布或白布等品种。

1. 丙/棉什色麻纱 采用丙/棉(65/35)纱织成,具有结实耐穿、外观挺括、尺寸稳定性好的特点。多用作军用雨衣、蚊帐等。

2. 丙/棉细布 丙/棉细布外观挺括,缩水率小,结实耐用,具有易洗快干的长处,有涤/棉面料的风格。价格又较涤/棉面料便宜得多。

丙纶在服用方面受到一定的局限,目前丙纶主要用于地毯(包括地毯底布和绒面)、装饰布、土工布、非织造布、绳索、条带、渔网、建筑增强材料、包装材料等。其中丙纶非织造布由于其在婴儿尿布、妇女卫生巾的大量应用而引人注目。由丙纶中空纤维制成的絮被,质轻,保暖,弹性良好。

第八节 氯纶面料

聚氯乙烯纤维是由聚氯乙烯树脂纺制的纤维,我国简称氯纶。通常人们把以氯乙烯为基本原料制成的纤维统称为含氯纤维。其中主要包括聚氯乙烯纤维、过氯乙烯纤维、偏二氯乙烯和氯乙烯共聚物纤维等。而氯纶是专指聚氯乙烯纤维,其他两种含氯纤维的商品名称分别叫过氯纶和偏氯纶。由于氯纶耐热性差,对有机溶剂的稳定性和染色性差,从而影响其在服用面料上的应用,与其他合成纤维相比,一直处于落后状态。近年来,随着生活水平的提高,人们安全意识的增强,对于床上用品、儿童及老人衣服、室内装饰面料、飞机、汽车、轮船内仓用纺织品等,很多国家都提出了阻燃要求,氯纶在阻燃纺织品领域中将得到广泛的应用。

一、氯纶面料的性能

氯纶面料具有难燃、对酸、碱具有良好的稳定性、较好的耐磨性、良好的保温性、良好的电绝缘性等优点。氯纶面料的缺点是:耐热性能差,通常在 60 ~ 70℃ 时即开始软化收缩。因此,氯纶不能熨烫,不能用热水洗涤,穿着时要严禁接近高温物体,在沸水中的收缩率可达 50%。氯纶的染色性能也较差。目前除分散染料外,能染氯纶的染料不多。氯纶对有机溶剂的稳定性稍差。在有机溶剂中可使氯纶产生溶胀现象,所以穿着与洗涤时要注意这一点。

二、氯纶面料的主要品种和用途

氯纶面料因不耐热而限制了其应用范围,多集中于装饰和产业用布,用于服装上的氯纶面料品种不多,通常氯纶可与棉、羊毛、黏胶纤维等进行混纺。我国目前生产的主要品种有氯/毛条格天鹅绒、黏/氯绒布及氯/富平布等。

(一)氯纶混纺面料

1. 氯/毛条格天鹅绒 利用氯纶的受热收缩性与受热不收缩的羊毛进行织制,使羊毛凸出于表面则得到条纹格子天鹅绒。面料具有柔软的手感和优美的外观形象,是用于窗帘、帷幕等装饰物的极好材料,也可作为晚礼服的面料。

2. 黏/氯绒布 采用70%黏胶纤维与30%氯纶进行混纺成纱,织成的绒布具有不易燃烧的特点,可用作室内装饰布及老年、儿童内衣。

3. 氯/富平布 氯纶与富强纤维以 1∶1 比例混纺加工而成,面料性能与黏/氯绒布很相似,可做家具的覆盖物。

(二)氯纶纯纺面料

氯纶不仅可以混纺,也可以纯纺制成毛线和棉毛衬衫、衫裤等。还可以做地毯、家具覆盖物、儿童及老年人的衣物和睡衣等。

第九节 氨纶面料

聚氨酯弹性纤维是指以聚氨基甲酸酯为主要成分的一种嵌段共聚物制成的纤维,简称氨纶。氨纶是目前弹性伸长及弹性回复率最好的纺织用纤维。

氨纶加入面料中的主要目的是利用氨纶良好的弹性显著地提高了面料的弹性及尺寸稳定性,用这样的面料制成的服装,穿着时保形性好而且合体舒适。在面料中氨纶的含量一般很少,以泳装为例,其锦纶含量为80%,氨纶含量为20%,一般弹性面料中氨纶含量在20%以下。

因不同的穿着要求,服用面料可按弹性大小分为三类。

(1)高弹面料:弹性伸长率为 30% ~50%。

(2)中弹面料:弹性伸长率为 20% ~30%。

(3)低弹面料:弹性伸长率小于 20%。

一般来说,20% ~30% 的弹性伸长率已能满足人们对穿着舒适性的要求。从弹性面料发展的过程来看,氨纶的使用范围是逐渐从针织面料向机织面料、从内衣向外衣、从袜带类向面料、从妇女用品及体育用品向多种用途纺织品方向发展。氨纶作为高弹纤维在棉、毛、丝及合成纤维等各种面料及服装中越来越得到普遍使用。

氨纶一般以下列五种形式被使用:

(1)裸丝。

(2)由一根或两根普通纱(丝)与氨纶合并加捻而成的加捻丝。

(3)以氨纶丝为芯纱,外包其他纱(丝)制成的包芯纱。

(4)以氨纶为芯纱,外缠各种纱线制成的包缠纱。

(5)纺丝时与其他聚合物一起纺制成皮芯型复合纤维。

由氨纶或其包芯纱通过针织、机织方法制成游泳衣面料、弹力牛仔布和灯芯绒面料。面料的弹性方向根据服装的要求确定,经向弹力面料宜制作滑雪衣、紧身裤等;而纬向弹力面料宜制作运动服、裙料等。氨纶可以直接制成针织品,如内衣、领口、袖口、裤口和袜口等。也用于制作家具罩、松紧带和腰带等。氨纶纺织品在医疗材料方面也有应用,如制作绷带、手术线、人造皮肤等。

一、氨纶面料的性能

(1)氨纶弹性非常高,一般制品不使用 100% 的聚氨酯,多在面料中混用 5% ~30% 的比例,所得各种氨纶面料均具有 15% ~45% 的舒适弹性。

(2)氨纶面料常以复合纱制成,即以氨纶为芯,用其他纤维(如尼龙、涤纶等)做皮层,制成包芯纱弹力面料,面料对身体的适应性良好,很适合做紧身衣,无压迫感。

(3)氨纶弹力面料的外观风格及服用性能与所包覆外层纤维面料的同类产品接近。

二、氨纶面料的主要品种和用途

氨纶面料主要用于紧身服、运动装、护身带及鞋底等。其品种根据用途需要,可分为经向弹力面料、纬向弹力面料和经纬双向弹力面料。我国生产的氨纶面料见表 7－1。

表 7－1　我国生产的氨纶面料品种

面料名称	原料成分	弹性伸长率(%)	风格特征
纬弹力灯芯绒	棉包氨纶丝	24.5 ~35.0	绒面丰满,柔软舒适,有弹性,覆盖率大,服装适用性广
纬弹力卡其	棉包氨纶丝	25.0	质地紧密,舒适耐用

面料名称	原料成分	弹性伸长率(%)	风 格 特 征
纬弹力劳动布	棉包氨纶丝	13.0	质地松软,舒适美观
纬弹力华达呢	60 公支外毛:95% 氨纶:5%	20~25.0	具有毛华达呢风格,弹性大,舒适坚牢
纬弹力哈味呢	64 公支澳毛氨纶包芯纱	20.2	具有毛面哈味呢风格,穿着舒适美观
经向弹力呢	66 公支外毛:92.3% 绢丝:2% 锦纶:5.2% 氨纶:0.5%	9.47	属毛绢锦经向弹力面料,坚牢耐磨,舒适柔滑,具有丝毛感高档衣料
纬向弹力面料	66 公支外毛:91.6% 绢丝:3.0% 锦纶:4.9% 氨纶:0.5%	11.75	属毛绢锦纬向弹力面料,坚牢耐磨,舒适柔滑,具有丝毛感高档衣料
经纬向弹力面料	64 公支外毛:94.4% 锦纶:6.0% 氨纶:0.6%	经向 13.6 纬向 11.3	属双向弹力面料,弹性好,毛感强,是舒适耐用的高档衣料

氨纶面料的适用性见表 7-2 所示。

表 7-2　氨纶面料的适用性

弹力面料名称	弹性伸长率(%)	适用性用途
弹力劳动布、弹力卡其、弹力华达呢等	15	西裤、短裤、牛仔裙
弹力劳动布、弹力灯芯绒、弹力卡其及华达呢	10~20	夹克衫、工作服、牛仔裤、紧身服
弹力细布、弹力塔夫绸、弹力府绸等	20~35	滑雪衫、运动服
弹力府绸、弹力细布等	40~45	内衣裤、女胸衣

第十节　新型化学纤维面料

新型化学纤维面料的发展主要表现在:多元化和多样性;取材于大量的农、牧、林业自然资源而不过度依赖石油;生产过程清洁环保;对人体皮肤有良好的舒适性;应用于各种特殊行业中。因新型化学纤维面料在外观风格、加工特性及使用穿着性能等方面均显示出独特新颖性,因此将其单独列出,以便我们更好地认识及使用。新型化学纤维面料具有以下特点:

(1)纤维具有崭新的结构及新颖的物理机械性能和美学性能。

(2)由不同细度、收缩性、断面形状的丝组成异质组分丝织成的面料,具有独特的外观风格、手感和特殊的服用性能。这些异质丝包括空气网络丝、加捻变形丝、花式异质丝、包芯丝和包缠弹力丝等。

（3）多功能化趋势明显，既适用于特殊工业用，又适合做服用纺织品，尤其是时装材料。

一、聚乳酸纤维面料

聚乳酸纤维是以农业产品玉米为原料，经过微生物发酵将玉米糖转化为乳酸，然后采用化学方法将乳酸合成丙交酯，再聚合成高分子材料，最后经纺丝成为纤维。这种纤维制品废弃后，借助土壤和水中的微生物作用，可完全分解成植物生长所需要的二氧化碳和水，形成资源循环，因而聚乳酸纤维不会对环境产生污染，是一种完全自然循环的可生物降解的环保纤维。

聚乳酸纤维融合了天然纤维和合成纤维的特点，具有许多优良的性能，如生物可降解性能，优良的机械性能和染色性能，优异的触感，导湿性能，回弹性能，阻燃性能以及抗污性能等。聚乳酸纤维面料的主要品种如下：

（一）服装用纺织品

1. 内衣面料 采用聚乳酸纤维纯纺或与棉进行混纺，织制的平纹或斜纹组织面料做内衣，具有吸湿性好、不会刺激皮肤、穿着舒适等优点。

2. 运动服装面料 用聚乳酸短纤维纺成纱或直接用聚乳酸长丝进行织造的面料，由于聚乳酸纤维具有良好的芯吸性、吸水性、吸潮性以及快干效应，适合于运动服装面料。

（二）家用装饰纺织品

聚乳酸纤维具有防紫外线、稳定性良好、发烟少、燃烧热低等优良的性能，特别适合制作家用纺织品，如窗帘、床上用品、沙发布、地毯等。

（三）产业用纺织品

由于聚乳酸纤维具有自然降解的特性，在医疗器械中，被用于制作手术缝合线，免去了病人取出缝合线的二次手术的痛苦。除此之外，聚乳酸纤维还被用于制作人造器官的支架材料等。

二、大豆蛋白纤维面料

大豆蛋白纤维采用大豆经榨油后所剩下的豆粕为原料，经过浸泡从中提取出所需的植物蛋白质，再经过纯化后，使部分蛋白质与含羟基高分子物发生接枝共聚，以提高其与含羟基高分子物之间的相容性，进而用以与聚乙烯醇制备稳定的共混纺丝液，经湿法纺丝制得大豆蛋白质含量达25%～40%的初生丝，随后按湿法纺丝法与聚乙烯醇初生丝后续的常规后加工方法处理，最后经干燥、切断而得大豆纤维的短纤维制成品。

大豆蛋白纤维可纯纺，也可与其他天然纤维、化学纤维混纺，或包芯、复合成纱线，再进行针织或机织加工，制成不同风格的面料。

（一）机织面料

1. 纯大豆蛋白纤维面料 采用经纱250dtex，纬纱250dtex的纯大豆蛋白纤维纱线，以平纹或斜纹组织织成。具有棉型面料的风格。

2. 真丝/大豆蛋白纤维面料 面料具有色泽鲜艳、手感滑糯等特点，可作高档丝绸服装面料。

（1）真丝大豆纺：经纱采用蚕丝，纬纱采用大豆蛋白纤维，以平纹组织织成。面料表面平挺,细腻有光泽,既保持了真丝绸的舒适性,又增加了面料的耐磨性。

(2)真丝大豆缎:经纱采用蚕丝,纬纱采用大豆蛋白纤维,以五枚缎纹组织织成。面料绸面致密有光泽,染色加工后有双色效应,主要用于制作真丝睡衣及高档床上用品。

(3)真丝大豆哔叽:经纱采用蚕丝,纬纱采用大豆蛋白纤维,以斜纹组织织成。面料具有柔软滑糯的手感,真丝面料的光泽和悬垂性,并具有特殊的闪光效应。

(4)真丝大豆提花绸:经纱采用蚕丝,纬纱采用大豆蛋白纤维,以提花织机织成。面料凹凸分明,立体感,层次感强。主要用作女士衬衣、裙子、礼服、高档服饰等。

3.羊毛/大豆纤维面料 羊毛/大豆蛋白纤维面料有花呢、薄花呢、女衣呢、哔叽、板司呢等。面料具有弹性优良、手感滑糯、光泽持久、色泽持久等特点,适于制作高档西服和女士套装等。

(二)针织面料

大豆蛋白纤维纯纺或与羊毛、羊绒、蚕丝混纺后织成针织面料,适于制作内衣、外套、披巾和围巾等。

三、牛奶蛋白纤维面料

牛奶蛋白纤维是指由纯牛奶经提纯后进行化学纺丝或牛奶蛋白与聚丙烯腈混合后纺丝得到的纤维。牛奶蛋白纤维由于具有优越的自然光泽和水分保持性,可用作各种外衣面料,如针织套衫、T恤衫、女式衬衣、牛仔裤等,还可用于制作内衣和贴身衣服。由于牛奶蛋白纤维具有良好的保暖性,因此成为制作寝具的理想材料。此外,牛奶蛋白纤维还可用作日常生活中的许多产品,如毛巾、浴巾、手帕等。

四、甲壳素纤维面料

甲壳素纤维和壳聚糖纤维是用甲壳素或壳聚糖溶液纺制而成的纤维,是继纤维素纤维之后的又一种天然高聚物纤维。甲壳素是由虾、蟹、昆虫的外壳及菌类,藻类的细胞壁中提炼出的一种天然生物高聚物。壳聚糖是甲壳素经浓碱处理后脱去乙酰基的产物。

目前市场上最常见的甲壳素纤维是甲壳素与黏胶纤维共混纺丝得到的黏胶基甲壳素纤维。纯甲壳素纤维大部分用作医用纺织品,服用的甲壳素纤维多是混纺纤维,目前有甲壳素纤维/棉混纺、甲壳素纤维/涤纶/黏纤混纺、甲壳素纤维/棉/毛等混纺面料。

(一)甲壳素纤维针织面料

采用甲壳素纤维(182dtex、145dtex)/远红外纤维/棉混纺纱,在大圆机上用罗纹、双罗纹及变化组织,可生产出同时具有抗菌和远红外功能的面料。面料手感柔软,染色后色泽鲜艳,适用于男女内衣、睡衣、休闲衣、童装、袜子、手套等。

(二)甲壳素机织面料

采用40%毛条125dtex、20%大豆蛋白纤维、40%甲壳素纤维混纺,利用变化组织或斜纹组织开发的甲壳素抗菌舒适呢是一种高档服用机织面料。面料具有呢面细洁、手感舒适、光泽自然、抗菌、抑菌和保健功能,适宜制作高档衬衫和女装。

(三)医用纺织品

1.手术缝合线　将高纯度的甲壳素粉末溶于适当的溶剂(如酰胺类溶剂),经湿法纺丝制得细丝,然后纺制成不同型号的缝合线。这种以高质量的甲壳素为原料制作的手术缝合线能加速伤口愈合,能被组织降解并吸收,可替代肠衣手术线,而性能在许多方面优于肠衣线。甲壳素缝合线的力学性质良好,能很好地满足临床要求。

2.医用敷料　将开松的甲壳素或壳聚糖短纤维经梳理加工成网,再经叠网、上浆、干燥或用针刺即成医用非织造布。这种纱布或非织造布由于多孔,有良好的透气性和吸水性,透气量为1500L/m² · s,吸水率为15%,裁剪成各种规格,经包装消毒,就成为理想的医用敷料。

五、芳纶面料

凡是由酰胺键互相连接的芳基所构成的合成线型大分子,其中至少有85%的酰胺键直接连接在两个芳基环上,而有50%以下的酰胺键可被亚胺键所取代者都称之为芳族聚酰胺。由芳族聚酰胺长链大分子制成的纤维叫芳族聚酰胺纤维,我国简称芳纶。

(一)芳纶 1313 面料

聚间苯二甲酰间苯二胺纤维是一种由芳族二胺和芳族二酰氯缩聚所得的全芳聚酰胺纤维,我国称之为芳纶1313,美国叫诺曼克斯(Nomex),日本叫康纳克斯,前苏联叫菲尼纶。这种纤维在1960年首先由美国杜邦公司试制成功,1967年正式工业化生产,是第一种耐高温纤维,也是目前所有耐高温纤维中产量最大,应用面最广的一种纤维。

芳纶1313目前主要用于制作高温下使用的过滤材料、输送带及电绝缘材料等;另外也用于制作防火帘、防燃手套、消防服、耐热工作服、降落伞、飞行服、宇航服、热辐射和化学药品的防护服等;还可用于制作民航客机或某些高级轿车的阻燃装饰面料。芳纶1313中空纤维还可按反渗透原理用于咸水与海水淡化处理。

(二)芳纶 1414 面料

聚对苯二甲酰对苯二胺纤维的商品问世于1972年,最初称为凯夫拉(Kevler),我国称芳纶1414,是美国杜邦公司专为增强轮胎和其他橡胶制品而开发的高强芳族聚酰胺纤维。

目前,聚对苯二甲酰对苯二胺纤维产量的3/4被用于生产高级轮胎。另外,可用于制作复合增强塑料、特种帆布和绳索等。由于聚对苯二甲酰对苯二胺纤维具有能透过微波的特性,用于制作雷达等装置的外罩也十分适宜。

聚对苯二甲酰对苯二胺纤维除了用于轮胎工业外,还有许多其他很有前途的应用,例如用作高压水龙带、三角皮带、运输带中的增强纤维,还可用于生产电缆(如深海电缆)、腰带和防弹背心等。

六、高密度聚乙烯纤维面料

超高分子量聚乙烯纤维由超高分子量聚乙烯(UHMW – PE)制备,具有高的模量,纤维强度达26cN/dtex,模量达935cN/dtex以上,强度和模量完全可以与芳纶相媲美,而且其比模量及耐冲击性均高于芳纶。

聚乙烯有三个品级,低密度聚乙烯(LDPE)、中密度聚乙烯(MDPE)和高密度聚乙烯(HDPE),超高分子量聚乙烯的结构与高密度聚乙烯相似,但相对分子质量高达 $5 \times 10^5 \sim 5 \times 10^6$。

超高分子量聚乙烯纤维强度高,模量大,耐磨,抗紫外线,所以特别适合于制作绳索。它的自由断裂长度达336km(芳纶193km,碳纤维171km,玻璃纤维76km,钢丝37km),并能浮于水面,实际其断裂长度为无限长。与相等细度的其他绳索相比较,超高分子量聚乙烯纤维承受的重量为最大,而且没有因水解和紫外线引起的强度下降和减短寿命的缺点。

超高分子量聚乙烯纤维具有良好的耐挠曲性,有很高的钩接强度和耐磨性,因此其加工性能良好。纤维的熔融温度为144~155℃,可用热黏合或化学黏合的方法制成非织造布,这种非织造布可用作过滤面料、防护服或纤维增强材料。利用纤维高断裂能和耐紫外线强的性能,可制成耐冲击面料、过滤面料、降落伞、航海用面料等。

七、碳纤维面料

碳纤维是以聚丙烯腈纤维、黏胶纤维或沥青纤维为原丝,通过加热除去碳以外的其他一切元素制得的一种高强度、高模量纤维。它有很好的化学稳定性和耐高温性能,是高性能增强复合材料中的优良结构材料。

根据碳化温度的不同,碳纤维可分为三种类型。

(1)普通型(A型)碳纤维:是指在900~1200℃下碳化得到的碳纤维。这种碳纤维的强度和弹性模量都较低,一般强度小于11cN/dtex,模量小于1346cN/dtex。

(2)高强度型(Ⅱ型或C型)碳纤维:是指在1300~1700℃下碳化得到的碳纤维。这种碳纤维的强度很高,可达14~17cN/dtex,模量约为1384~1661cN/dtex。

(3)高模量型(Ⅰ型或B型)碳纤维,又称石墨纤维:是指在碳化后再经2500℃以上高温石墨化处理所得到的碳纤维。这种碳纤维具有较高的强度,约为9.8~12.2cN/dtex,模量很高,一般可达1711cN/dtex以上,有的甚至高达3179cN/dtex。

(一)碳纤维的性能特点

碳纤维是由许多微晶体堆砌而成的,微晶体的厚度为4~10nm,长度为10~25nm,它由约12~30个层面组成。

实测碳纤维各层面间的间距约为 $(3.39 \sim 3.42) \times 10^{-1}$nm,比石墨微晶体的层面间距稍大一些。另外,各平行层面间的各个碳原子也不如石墨那样排列规整。

1.物理机械性能 碳纤维轴间的结合力比石墨强,所以它在轴向的强度和模量均比石墨高得多,而径向强度和模量与石墨相似,相对较低,因而碳纤维忌径向受力,打结强度低。

2.耐热性能 碳纤维具有很好的耐热性和耐高温性。碳纤维升华温度高达3650℃左右,能耐温度急变,热膨胀系数小,耐腐蚀且能导电。

3.化学性能 碳纤维的化学性能与碳十分相似,在空气中当温度高于400℃时即发生明显的氧化,氧化产物二氧化碳和一氧化碳在纤维的表面散失,所以碳纤维在空气中的使用温度不能太高,一般在360℃以下。但在隔绝氧的情况下,使用温度可显著提高,一般可达1500~

2000℃,而且温度越高,纤维的强度越大。

碳纤维除能被强氧化剂氧化外,一般的酸、碱对它不起作用。碳纤维具有自润滑性,在铜中混入25%的碳纤维后,可使该复合材料的磨损率大为降低。

碳纤维的密度虽比一般纤维大,但远比一般金属小。通常它的密度决定于热解过程和所用原丝的性质。如以黏胶纤维为原丝制得的碳纤维,密度一般为 $1.5 \sim 1.7 g/cm^3$,以聚丙烯腈为原丝制得的碳纤维,密度约为 $1.7 \sim 2.0 g/cm^3$。

(二)碳纤维的用途

碳纤维并不单独使用,它一般加入到树脂、金属或陶瓷等基体中,作为复合材料的骨架材料。这样构成的复合材料是十分有用的结构材料,它不仅质轻,耐高温,而且有很高的抗拉伸强度和弹性模量,是制造宇宙飞船、火箭、导弹、高速飞机以及大型客机等不可缺少的组成原料。

碳纤维除用作飞行器的结构材料外,其复合材料在原子能、机电、化工、冶金、运输等工业领域以及容器和体育用品(例如网球拍、冰球拍、高尔夫球拍、滑雪板、赛船、帆船)等方面也有广泛的用途。

☞ **思考题**

1. 化学纤维面料包括哪些大类?

2. 如何对化学纤维面料进行命名?

3. 黏胶纤维面料有什么特点?

4. 黏胶纤维面料有哪些主要品种?

5. 新型再生纤维素纤维面料有哪些优点?

6. 涤纶面料有什么特点?

7. 涤纶面料有哪些主要品种?

8. 锦纶面料有什么特点?

9. 锦纶面料有哪些主要品种?

10. 腈纶面料有什么特点?

11. 腈纶面料有哪些主要品种?

12. 普通维纶面料有什么特点?

13. 普通维纶面料有哪些主要品种?

14. 丙纶面料有什么特点?

15. 丙纶面料有哪些主要品种?

16. 氯纶面料有什么特点?

17. 氯纶面料有哪些主要品种?

18. 氨纶面料有什么特点?

19. 氨纶面料有哪些主要品种?

20. 新型化学纤维面料主要有哪些品种? 各有什么特点? 主要应用在哪些方面?

第八章　纺织面料染整加工

● 本章知识点 ●

1. 了解纺织面料染整加工的概念。
2. 了解棉纤维面料练漂的目的。
3. 掌握原布准备、烧毛、退浆、煮练、漂白、丝光等主要练漂工序的目的和有关工艺特点。
4. 掌握棉针织面料的前处理加工的目的和要求。
5. 了解棉纤维面料练漂工艺的发展方向。
6. 了解染料的分类、名称和染色牢度。
7. 掌握染色过程的三个阶段。
8. 掌握染色方法和染色设备的分类。
9. 掌握常用染料的主要特点及其适用性。
10. 掌握涤/棉面料的染色方法。
11. 掌握涂料染色的工艺特点。
12. 了解染色发展的新方向。
13. 掌握面料印花的定义和工艺过程。
14. 掌握染色与印花的区别。
15. 掌握印花原糊在印花过程中的作用及常见的印花原糊。
16. 掌握印花按使用机械设备及工艺不同的分类方法。
17. 掌握直接印花、拔染印花、防染印花和特种印花工艺。
18. 掌握面料整理的目的和整理的分类方法。
19. 掌握面料一般性整理、树脂整理和特种整理。

第一节　练　漂

　　未经染整加工的直接从织机上下来的面料统称原布或坯布。坯布中常含有一定量的杂质，如纤维素纤维的伴生物（蜡质、果胶质、含氮物质、灰分、天然色素及棉籽壳等）、化学纤维上的油剂、纺织过程中施加或沾污的油剂、织造时经纱的上浆料等。这些杂质、油剂、污物如果不去除,不但影响面料色泽、手感,而且还会影响面料染色的坚牢度。因此无论是漂白、染色或印花的产品,一般都需要进行练漂加工。

练漂的目的是在尽量减少纺织面料强力损失的前提下去除面料上的各种杂质及油污,充分发挥纤维的优良品质,并使纺织面料具有洁白、柔软及良好的润湿渗透性能,以满足服用及其他用途的要求,并为染色、印花、整理提供合格的半成品。

含棉纤维面料的练漂,一般包含原布准备、烧毛、退浆、煮练、漂白、开幅、轧水、烘干和丝光工序,其目的在于去除纤维中的各类杂质及油污,改善面料的外观及提高面料的内在质量。

在棉纤维面料的练漂加工过程中,除烧毛与丝光必须以平幅状态进行外,其他过程用平幅或绳状均可,但厚重面料及涤棉混纺面料仍以平幅加工为宜,以免产生折皱,影响印染加工。

一、坯布准备

(一)坯布检验

坯布在进行练漂之前都要经过检验,发现问题及时采取措施,以保证印染成品的质量,避免不必要的损失。坯布检验率一般在10%左右,可根据具体情况适当增减。检验内容包括物理指标和外观疵点两方面。物理指标包括坯布的匹长、幅宽、重量、经纬纱细度、密度和强度等。外观疵点主要是指纺织加工过程中所形成的疵病,如缺经、断纬、跳纱、油污纱、色纱、棉结、斑渍、筘条、稀弄、破洞等。

(二)翻布(分批、分箱、打印)

为便于计划管理,常将相同规格加工工艺的坯布划为一类加以分批分箱。分批的原则主要是根据设备的容量、坯布的情况及后加工的要求而定。如果采用煮布锅煮练,则以煮布锅的容量为依据;如果采用绳状连续练漂加工,则以堆布池的容量为准;如果采用平幅连续练漂加工,则以十箱为一批。

(三)缝头

下机面料的长度一般为30~120m。印染厂的加工多是连续进行的,为了确保成批布连续地加工,必须将坯布加以缝接。缝头要求平整、坚牢、边齐,在两侧布边还应加密,以防止开口、卷边和后加工时产生皱条。如发现纺织厂开剪歪斜,应撕掉布头后再缝头,以防止面料纬斜。正反面不能搞错,也不能漏缝。常用的缝接方法有环缝和平缝两种。环缝式最常用,卷染、印花、轧光、电光等面料必须用环缝。在机台箱与箱之间的布用平缝连接,但因为布头重叠,在卷染时易产生横档疵病,轧光时易损伤轧辊。

二、烧毛

面料表面的绒毛会影响染整加工的质量和服用性能,必须经过烧毛处理,使布面光洁。烧毛就是使坯布以平幅状迅速地通过烧毛机的火焰或擦过赤热的金属表面,致使布面上的绒毛因快速升温而燃烧,而面料本身因结构比较紧密、厚实,升温较慢,在温度尚未达到着火点时就已经离开了火焰或赤热的金属表面,从而达到既烧去了绒毛,又不损伤面料的目的。

三、退浆

机织面料在织造前,经纱一般都要经过上浆处理,以提高经纱强力、耐磨性及光滑程度,便于织造。但坯布上的浆料对印染加工不利,因为浆料的存在会沾污整工作液、耗费染化料,甚至会阻碍染化料上染纤维,影响印染产品质量。因此,面料在染整加工之初必须经过退浆。

(一)碱退浆

碱退浆是目前印染厂使用最普通的一种方法,使用于纯棉及其混纺面料,对绝大部分浆料都有去除作用。对棉纤维上的天然杂质也有一定的分解和去除作用,但因碱退浆仅使浆料与面料黏着力降低,并不能使浆料降解,所以退浆后必须充分水洗,洗液必须不断更换。由于退浆的烧碱一般都是废碱,因此退浆成本较低。

(二)酶退浆

酶是某些动植物或微生物所分泌的一种蛋白质,是一种生物催化剂。酶的作用效率高,作用条件缓和,不需要高温高压等剧烈条件。此法工艺简单,操作方便,浆料去除较完全,同时不损伤纤维。但酶具有作用专一性,一种酶只能催化一种或一类化学物质,所以不能去除浆料中的油剂和坯布上的天然杂质,对化学浆料也无退浆作用。

(三)酸退浆

在适宜的条件下,稀硫酸能使淀粉等浆料发生一定程度的水解,将其转化为水溶性较大的产物而去除。但纤维素在酸性条件下也要发生水解,所以应严格掌握工艺条件,一般硫酸用量为 $5 \sim 7g/L$,温度不超过 $50℃$,保温堆置 $45 \sim 60min$,最后充分水洗。酸退浆一般很少单独使用,而是常与酶退浆或碱退浆联合使用。

(四)氧化剂退浆

在氧化剂的作用下,淀粉等各种浆料都会发生氧化、降解导致大分子链断裂,从而使溶解度增大,经水洗后容易去除。用于退浆的氧化剂有双氧水、亚溴酸钠、过硫酸盐等。氧化剂退浆对浆料品种的适应范围广、速度快、效率高,退浆后面料手感柔软,还有一定的漂白作用。但在去除浆料的同时,也会使纤维氧化降解,损伤棉纤维面料。因此一定要严格控制好氧化退浆工艺条件。

四、煮练

棉纤维面料经过退浆后,大部分浆料及少部分天然杂质已被去除,但棉纤维中的大部分天然杂质,如蜡状物质、果胶质、含氮物质、棉籽壳及部分油剂和少量浆料还残留在面料上,使棉纤维面料布面较黄,吸湿渗透性差,不能适应后续染整加工的要求。为了使棉纤维面料具有一定的吸水性和渗透性,有利于染整加工过程中染料助剂的吸附、扩散,因此在退浆以后还要经过煮练,以去除棉纤维中大部分的残留杂质。

烧碱是棉及棉型面料煮练的主要用剂,在较长时间及一定的温度作用下,可与面料上的各类杂质起作用。如可使蜡状物质中的脂肪酸皂化生成脂肪酸钠盐,转化成乳化剂,使不易皂化的蜡质去除。另外能使果胶质和含氮物质水解成可溶性物质而去除。棉籽壳在碱煮过程中发生溶胀,变得松软而容易去除。

为了加强煮练效果,另外,还要加入一定量的表面活性剂,如亚硫酸钠、硅酸钠、磷酸钠等助练剂。在表面活性剂作用下,煮练液容易润湿面料,并渗透到面料内部,有助于杂质的去除。亚硫酸钠能使木质素变成可溶性的木质素磺酸钠,有助于棉籽壳的去除。另外,因其具有还原性,还可以防止棉纤维在高温带碱情况下被空气氧化而受到损伤,并可提高棉纤维面料的白度。硅酸钠俗称水玻璃或泡花碱,具有吸附煮练液中的铁质和棉纤维中杂质分解产物的能力,可防止在面料上产生锈斑和杂质分解产物的再沉积,有助于提高面料的吸水性和白度。磷酸钠具有软化水的作用,去除煮练液中钙、镁离子,提高煮练效果,节省助剂用量。

五、漂白

棉纤维面料经过煮练后,大部分杂质被去除,吸水性有了很大改善,但由于纤维上还有天然色素存在,外观尚不够洁白,除极少数品种外,一般都要进行漂白,否则会影响染色或印花的色泽鲜艳度。漂白的目的是在保证纤维不受到明显损伤的情况下,破坏天然色素,赋予面料必要的和稳定的白度,同时去除煮练后残存的杂质(特别是棉籽壳)。

目前用于棉纤维面料的漂白剂主要有次氯酸钠、过氧化氢(俗称双氧水)和亚氯酸钠。

(一)次氯酸钠漂白

次氯酸钠漂白成本低,设备简单,但对退浆、煮练的要求较高。

次氯酸钠漂白一般 pH 值控制在 9.5~10.5,漂白温度最好在 35℃以下。棉纤维面料次氯酸钠绳状连续轧漂的工艺流程为:轧漂液→堆置(→轧漂液→堆置)→水洗→轧酸液→堆置→水洗(→脱氯→水洗)。

(二)过氧化氢漂白

过氧化氢漂白的面料白度较好,色光纯正,储存时不易泛黄。而且此漂白法适用范围广,对煮练的要求低。多用于高档纯棉纤维面料的漂白,也广泛用于棉型面料的漂白。但漂白成本较高,需要不锈钢设备,能源消耗也较大。

过氧化氢漂白方式比较灵活,既可连续化生产,也可在间歇设备上生产;可用汽蒸法漂白,也可用冷漂;可用绳状,也可用平幅。目前印染厂使用较多的是平幅汽蒸漂白,此法连续化程度、自动化程度、劳动生产率都较高,工艺流程简单,而且不污染环境。

(三)亚氯酸钠漂白

亚氯酸钠漂白的白度好,晶莹透亮,手感柔软,对纤维损伤小,同时兼有退浆和煮练功能,特别是对去除棉籽壳和低相对分子质量的果胶质有独特的功效,白度的稳定性也好。但是亚漂成本较高,对金属设备腐蚀性强,需用含钛金属材料,而且在亚漂过程中会产生有毒气体,需要良好的防护设施,因此在使用上受到了一定的限制。

六、丝光

丝光是指含棉纤维面料在一定的张力作用下,经过浓烧碱处理,并保持所需的尺寸,结果使面料获得如丝一般的光泽,除此之外,面料的强力、延伸度和尺寸及形态稳定性也得到提高,纤维的化学反应能力和对染料的吸附能力也有了提高,所以含棉纤维面料的丝光是染整加工的重要工序之一。

影响丝光效果的主要因素是碱液的浓度、温度、作用时间和对面料所施加的张力。检验丝光效果最常用的方法是衡量棉纤维对化学药品吸附能力大小的钡值法，钡值越高，表示丝光效果越好。通常本光棉纤维面料钡值为100。丝光后面料的钡值常在130～150之间，钡值在150以上表示棉纤维充分丝光。

七、棉纤维面料练漂工艺的发展动向

退浆、煮练、漂白三道工序是相互联系、相互补充的。传统的三步法前处理工艺稳妥，重现性好，但机台多、投资高、占地多、耗能大、时间长、效率低。为降低能耗，提高生产效率，可以把三步法前处理工艺缩短为两步法或一步法工艺，称为短流程前处理工艺，这是棉纤维面料前处理的发展方向。

两步法工艺一般包括两种方法，其一是面料先经退浆，再经碱氧一浴法煮漂。此工艺的关键是必须选择优异的双氧水稳定剂，另外退浆及随后的洗涤必须彻底，以减轻碱氧一浴煮漂的压力。此工艺适用于含浆较重的纯棉厚重紧密面料。其二是面料先经退煮一浴法处理，再经常规双氧水漂白。此法因退浆煮练合一后，浆料在强碱浴中黏度较高，不易洗净，从而影响退浆和煮练的效果。为此退煮后必须彻底地水洗。此工艺适用于含浆料不多的纯棉中薄面料及涤棉混纺面料。

一步法工艺是将退浆、煮练、漂白三个工序并为一步，其中的汽蒸一步法工艺是用烧碱、双氧水作为主要用剂，辅以性能优异的耐碱、耐高温的稳定剂及高效煮练剂，通过高温汽蒸来实现的。此法对上染率高、含杂量大的纯棉厚重面料有一定的难度，较适合于涤棉混纺轻薄面料。而冷堆一步法工艺就是在室温条件下的碱氧一浴法工艺。因温度较低，碱用量要比汽蒸工艺高出50%～100%，同时需要较长的堆置时间，以及充分的水洗，才能取得较好的效果。但由于作用温和，对纤维的损伤相对较小，因而此工艺是可广泛地适应于各种棉纤维面料的退煮漂一浴一步法工艺。

第二节 染 色

根据染色加工对象的不同，染色方法可分为成衣染色、面料染色（分为机织面料与针织面料染色）、纱线染色（分为绞纱染色与筒子纱染色）和散纤维染色四种。其中面料染色应用最广，纱线染色多用于色织面料与针织面料，散纤维染色主要用于色织面料。

一、染色基本知识

（一）染料的分类

染料是指能够使纤维材料获得色泽的有色有机化合物，但并非所有的有色有机化合物都可以作为染料。

染料的分类方法有两种，一种是根据染料的性能和应用方法进行分类，称为应用分类；另一

种是根据染料的化学结构或其特性基团进行分类,称为化学分类。按应用分类主要有直接染料、活性染料、还原染料、可溶性还原染料、硫化染料、硫化还原染料、不溶性偶氮染料、酸性染料、酸性媒染染料、酸性含媒染料,碱性及阳离子染料、分散染料、酞菁染料、氧化染料、缩聚染料等;按化学分类主要有偶氮染料、蒽醌染料、靛类染料、三芳甲烷染料等。

(二)染料的选择

各种纤维各有其特性,应选用相应的染料进行染色。纤维素纤维(棉、麻、黏胶等纤维)可用直接染料、活性染料、还原染料、可溶性还原染料、硫化染料、硫化还原染料、不溶性偶氮染料等进行染色;蛋白质纤维(羊毛、蚕丝)和锦纶可用酸性染料、酸性含媒染料等进行染色;腈纶可用阳离子染料染色;涤纶主要用分散染料染色。但一种染料除了主要用于一类纤维的染色外有时也可用于其他纤维的染色,如直接染料也可用于蚕丝的染色,活性染料也可用于羊毛、蚕丝和锦纶的染色,分散染料也可用于锦纶、腈纶的染色。除此之外,还要根据被染物的用途、染料助剂的成本、染料拼色要求及染色机械性能来选择染料。

(三)染色牢度

染色牢度是指染色产品在使用过程中或染色以后的加工过程中,在各种外界因素影响下,能保持原来颜色状态的能力(即不易褪色的能力)。染色牢度是衡量染色产品质量的重要指标之一。染色牢度的种类繁多,随染色产品的用途和后续加工工艺而定,主要有耐晒色牢度、耐洗色牢度、耐汗渍色牢度、耐摩擦色牢度、耐升华色牢度、耐熨烫色牢度、耐漂色牢度、耐酸色牢度、耐碱色牢度等,此外,根据产品的特殊用途,还有耐海水色牢度、耐烟熏色牢度等。

(四)染色的三个过程

1. 染料的吸附　染料从染液向纤维表面扩散,并上染到纤维表面,这个过程称为吸附。

2. 染料的扩散　由于吸附在纤维表面的染料浓度大于纤维内部的染料浓度,这种浓度差促使染料由纤维表面向纤维内部扩散,直到纤维各部分染料浓度趋于一致。

3. 染料在纤维中的固着　这个阶段是染料与纤维结合的过程。染料和纤维不同,结合的方式也各不相同,固着方式有纯粹化学性固着和物理性固着两种类型。

(五)染色方法和染色设备

染色方法可分为浸染(或称为竭染)和轧染两种。浸染是将纺织面料浸渍在染液中,经过一定的时间使染料上染纤维并固着在纤维中的染色方法。轧染是将纺织面料在染液中浸渍后,用轧辊轧压,将染液挤入面料的空隙中,同时将面料上多余的染液挤除,使染液均匀地分布在面料上,再经过后处理而使染料上染纤维的过程。

染色设备的种类很多,按照设备运转性质的不同可分为间歇式染色机和连续式染色机;按照染色方法的不同可分为浸染机、卷染机和轧染机;根据被染物状态的不同可分为散纤维染色机、纱线染色机和面料染色机。

二、常用染料染色

(一)直接染料染色

直接染料因分子结构中含有水溶性基团,故一般能溶解于水。也有少数染料要加一些纯碱帮助溶解,它可以不依赖其他助剂而直接上染棉、麻、丝、毛和黏胶等纤维,所以叫直接染料。直接染料色谱齐全、色泽鲜艳、价格低廉、染色方法简便、得色均匀,但其耐水洗色牢度差,耐日晒色牢度欠佳。因此,除浅色外,一般都要进行固色处理。

(二)活性染料染色

活性染料是水溶性染料,分子中含有一个或一个以上的活性基团(又叫反应性基团),在一定的条件下,能与纤维素中的羟基、蛋白质纤维及锦纶中的氨基、酰氨基发生化学结合,所以活性染料又称反应性染料。

活性染料与纤维发生化学结合后,染料成为纤维分子中的一部分,因而大大提高了被染色物的水洗、皂洗色牢度。

目前常用的活性染料有 X 型(普通型或称冷染型)、K 型(热固型)、KN 型(乙烯砜型),此外,还有 M 型(含双活性基团)、KD 型(活性直接染料,主要用于丝绸)、P 型(磷酸酯型)等多种。

(三)还原染料染色

还原染料(商品名为士林染料)不溶于水,染色时要在碱性还原液中还原溶解成为隐色体钠盐才能上染纤维,再经氧化后,使其重新转变为原来的色淀而固着在纤维上。

还原染料色谱较全、色泽鲜艳,是染料中各项性能都比较优良的染料,特别是耐晒、耐洗色牢度为其他染料所不及,但价格较贵,红色品种较少,染浓色时摩擦色牢度较差,某些黄橙色染料有光敏脆损现象,因而使用受到一定的限制。

还原染料染色可采用浸染、卷染或轧染,主要的染色过程都包括染料的还原溶解、隐色体的上染、隐色体的氧化和皂煮后处理四大工序。还原染料的染色方法按染料上染的形式不同可分为隐色体染色法及悬浮体轧染法两种。

(四)可溶性还原染料染色

可溶性还原染料又称印地科素染料,多数由还原染料衍生而来。可溶性还原染料可溶于水,对纤维素纤维有一定的亲和力,染料的扩散性及匀染性较好,耐摩擦色牢度高,耐日晒、耐水洗及耐汗渍色牢度较好。对纤维素纤维和蛋白质纤维都能上染,但染料提升率低,很难染得深色,而且价格较高,故一般只用于染中、浅色,染色方法有卷染和轧染两种。

可溶性还原染料的染色分两步进行:第一步是面料浸入染液后,染料被吸附并扩散到纤维内部;第二步是染料上染纤维后,在酸性氧化液中产生水解和氧化,完成染料在纤维上的固着,这个过程称为显色。

(五)硫化染料染色

硫化染料中含有硫,它不能直接溶解在水中,但能溶解在硫化碱中,所以称为硫化染料。硫化染料制造简单,价格低廉,染色工艺简单,拼色方便,染色牢度较好,但色谱不全,主要以蓝色及黑色为主,色泽不鲜艳,对纤维有脆损作用。

染色过程可分为染料还原成隐色体、染料隐色体上染、氧化处理及净洗、防脆或固色处理四个阶段。

(六)酸性染料染色

酸性染料分子中含有磺酸基和羟基等酸性基团,易溶于水,在水溶液中电离成染料阴离子。

酸性染料色泽鲜艳,色谱齐全,染色工艺简便,易于拼色。能在酸性、弱酸性或中性染液中直接上染蛋白质纤维和聚酰胺纤维。根据染料的化学结构、染色性能、染色工艺条件的不同,酸性染料可分为强酸性染料、弱酸性染料和中性浴染色的酸性染料。弱酸性染料可染羊毛、蚕丝;酸性染料可染锦纶,着色鲜艳,上染百分率和染色牢度均较高,但匀染性、遮盖性较差,常用于染深色。

(七)分散染料染色

分散染料是一类分子较小、结构简单、不含水溶性基团的非离子型染料,所以难溶于水,染色时需借助分散剂的作用,使其以细小的颗粒状态均匀地分散在染液中,故称分散染料。分散染料色谱齐全,品种繁多,遮盖性能好,用途广泛,特别适用于涤纶、醋酯纤维、锦纶等的染色。

根据分散染料上染性能和升华牢度的不同,分散染料一般分为高温型(S 型或 H 型)、中温型(SE 型或 M 型)和低温型(E 型)三种。由于涤纶分子结构紧密,分子间空隙小,无特定染色基团,极性较小,故吸湿小,在水中膨化程度低,难与染料结合,因此易染性较差,需用分子较小、结构简单的分散染料染色。染色方法有载体染色法、高温高压染色法和热熔染色法等。

(八)阳离子染料染色

阳离子染料是在原有碱性染料(即盐基性染料)的基础上发展起来的,是一种色泽十分浓艳的水溶性染料,在溶液中能电离生成色素阳离子及简单的阴离子,是含酸性基团腈纶的专用染料。腈纶用阳离子染料染色,色谱齐全,色泽鲜艳,上染百分率高,结合量好,湿处理牢度和耐晒牢度比较高,但匀染性较差,特别是染浅色时。

阳离子染料腈纶染色,包括腈纶散纤维、长丝束、毛条、膨体针织绒、绒线、粗纺毛毯、腈纶面料等。

阳离子染料轧染主要用于腈纶丝束、腈纶条、腈纶混纺面料的染色。

(九)涂料染色

涂料染色是将涂料制成分散液,通过浸轧使面料均匀带液,然后经高温处理,借助于黏合剂的作用,在面料上形成一层透明而坚韧的树脂薄膜,从而将涂料机械地固着于纤维上。

涂料染色工艺具有以下特点:

(1)品种适应性较强,适用于棉、麻、黏胶纤维、丝、毛、涤、锦等各种纤维制品的染色。

(2)工艺流程短,操作简便,能耗低,有利于降低生产成本。

(3)配色直观,仿色容易。

(4)排放量小,能满足"绿色"生产要求。

(5)色相稳定,遮盖力强,不易产生染色疵病。

(6)色谱齐全,湿处理牢度较好,还能生产一般染料染色工艺无法生产的特种色泽,对提高产品附加值较为有利。

(十)染色发展的新方向

随着社会的进步和人们生活质量的提高,人们越来越重视环境和自身的健康水平。穿用"绿色纺织品"、"生态纺织品"成为当今人们的生活需求。

发展纺织工业的清洁生产,运用有利于保护生态环境的绿色生产方式,向消费者提供生态纺织品是世界纺织业进入 21 世纪的全球性主题,是事关人类生存质量和可持续发展的重要内容。绿色染色技术是今后纺织面料染色的重点发展方向。

绿色染色技术的主要特点在于应用无害染料和助剂,采用无污染或低污染工艺对纺织面料进行染色加工。染色用水量少,染色后排放的有色污水量少且易净化处理,耗能低,染色产品是绿色或生态纺织品。为此,近年来国内外进行了大量的研究,提出和推广应用了一些污染少或符合生态要求的新型染色工艺。

新型染色工艺包括非水染色、少水染色、节能染色、增溶染色、新型涂料染色、短流程染色、多效应染色、计算机应用和受控染色等。

第三节　印　花

一、面料印花的定义

将各种颜色的染料或颜料制成色浆,施敷在面料上印制成图案的加工过程,称为面料印花。为完成面料印花所采用的加工手段,泛称印花工艺。

印花工艺一般包括图案设计、印花工艺选择、雕刻工艺设计、花筒雕刻(或花版制作)、仿色打样、色浆调制、印制花纹和面料印前、印后的处理加工等过程。

二、染色与印花的异同

印花是一种局部的染色,染色用的染料大多数也能用于印花,两者有异同点。

(一)染色与印花的共同点

染色和印花使用同一类型的染料时,所用的化学助剂的物理与化学属性相似。应用染料的染着、固色原理也相似。染料在纤维上同样要具有面料在使用过程中所应具有的各项染色牢度。

(二)染色与印花的不同点

(1)染色溶液一般不加增稠性糊料或仅加少量糊料;印花色浆一般均要加较多的增稠性糊料,以防止花纹的渗化而造成轮廓不清或花型失真,以及印后烘燥时的染料泳移。

(2)染色溶液一般浓度不高,染料易溶解,一般不加助溶剂;印花色浆的染料浓度常很高,而且由于加有较多的糊料,会使染料的溶解困难,所以常要加较多的助溶剂如尿素、酒精、溶解盐 B 等。

(3)染色时(特别是浸染)面料在染液中有较长的作用时间,这就使染料能较充分地扩散、渗透到纤维中去而完成染着过程;印花时色浆中所加的糊料待烘干成膜后,高分子膜层影响了染料扩散进入纤维,必须借后处理的汽蒸、焙烘等手段来提高染料的扩散速率,以助于染料染着纤维。

(4)染色和印花对某一类型的染料既有共同的要求,但也可能各有特殊的要求。有时一种染料既可用于印花也可用于染色,但有时同一类型甚至某一种染料,却只能用于染色而不能用于印花,有时也有反过来的情况。

(5)染色时很少用两种不同类型的染料拼色(染混纺面料时例外),而印花时经常使用不同类型染料的共同印花,甚至同浆印花。再加上有防染印花、拔染印花等,其工艺较复杂。

三、印花原糊

(一)印花原糊在印花过程中的作用

印花糊料是指加在印花色浆中能使其起增稠作用的高分子化合物。印花糊料在加入印花色浆之前,一般先在水中溶胀,制成一定浓度的稠厚的胶体溶液,这种胶体溶液称为印花原糊。

印花原糊在印花过程中的作用有四个方面。

(1)作为印花色浆的增稠剂,使印花色浆具有一定的黏度,部分地抵消面料的毛细管效应而引起的渗化,从而保证花纹的轮廓光洁度。

(2)作为印花色浆中的染料、化学品、助剂、溶剂的分散介质和稀释剂,使印花色浆中的各个组分能均匀地分散在原糊中,并被稀释到规定的浓度制成印花色浆。

(3)作为染料的传递剂,起到载体的作用。印花时染料借助原糊传递到面料上,经烘干后在花纹处形成有色糊料薄膜,汽蒸时染料通过薄膜转移并扩散到面料里,染料的转移量视糊料的种类而不同。

(4)用作黏着剂。原糊对花筒必须有一定的黏着性能,以保证印花色浆被黏着在花筒凹纹内。印花时色浆受到花筒与承压辊的相对挤压,又要使色浆能黏着到面料上去。经过烘干,面料上的有色糊料薄膜又必须对面料有较大的黏着能力,不致从面料上脱落。

(二)常见的印花原糊

印花原糊由亲水性高分子化合物制成,可分为天然高分子化合物及其衍生物、合成高分子化合物、无机化合物和乳化糊四大类。

1.淀粉及其衍生物　淀粉按其来源不同可分为小麦淀粉和玉米淀粉。淀粉难溶于水,在煮糊过程中,发生溶胀、膨化而成糊。

淀粉的主要特点是:煮糊方便,成糊率和给色量都较高,印制花纹轮廓清晰,蒸化时无渗化。但存在渗透性差,洗涤性差,手感较硬,大面积印花给色均匀性不理想等缺点。主要用于不溶性偶氮染料、可溶性还原染料等印花的色浆中,还可用于与合成龙胶等原糊的混用。

2.海藻酸钠(海藻胶)　硬水中的钙、镁离子能使海藻酸钠糊生成海藻酸钙或海藻酸镁沉淀,大大降低了羧酸的阴荷性,也降低了原糊分子与染料间相互排斥的作用,降低了染料的给色量。海藻酸钠遇重金属离子会析出凝胶,故在原糊调制时,加入0.5%六偏磷酸纳,以络合重金属离子并软化水。

海藻酸钠糊具有流动性和渗透性好,得色均匀,易洗除,不黏花筒和刮刀,手感柔软,可塑性好,印制花纹轮廓清晰,制糊方便等优点。海藻酸钠在pH值为6~11较稳定,pH值高于或低于此范围均有凝胶产生。

3.合成龙胶　合成龙胶是由槐树豆粉醚化而制成的,它的主要成分是甘露糖和半乳糖的多糖类高分子化合物。

合成龙胶成糊率高,印透性、均匀性好,对各类糊料相容性好,印花得色均匀,印后易从面料上洗除。常用于不溶性偶氮染料的印花,但不适用于活性染料印花。

4. 乳化糊　乳化糊是利用两种互不相溶的溶液,在乳化剂的作用下,经高速搅拌而成的乳化体。其中一种液体成为连续的外相,而另一种液体成为不连续的内相,分油/水型乳化体和水/油型乳化体两大类。为了保证乳化糊的稳定,常加入羟甲基纤维素、海藻酸钠、合成龙胶等保护胶体。用于印花的乳化糊以油/水型为宜。乳化糊不含有固体,烘干时即挥发,得色鲜艳,手感柔软,渗透性好,花纹轮廓清晰精细,但乳化糊制备时需使用大量煤油,烘干时挥发会造成环境污染。乳化糊主要作为涂料印花糊料,常与其他原糊拼混制成半乳化糊使用。

四、印花方法

目前常用的印花方法按照使用的机械设备不同可分为以下五种。

(一)型版印花

将纸版(浸过油的型纸)、金属版或化学版雕刻出镂空的花纹,覆于面料上,用刷帚蘸取色浆在型版上涂刷,即可在面料上获得花纹。

1. 型版印花的优点

(1)雕花方便,应用灵活,适用于小批量生产。

(2)花纹大小、套色不受限制,可印出色泽浓艳的产品。

2. 型版印花的缺点

(1)花纹轮廓不够清晰,线条欠精细。

(2)印不出直线套版的花纹,采取措施后才能印镂空的圆环形的花纹。

(3)套色对花较困难。

(4)劳动生产率低。

(二)铜辊印花

铜辊印花机上的每一个花筒均配有浆盘、给浆辊、刮浆刀和除纱铲色小刀。印花时,浆盘中的色浆由给浆辊传递给花筒,由刮浆刀刮除花筒表面的色浆,花筒刻纹中所储的色浆经过花筒与承压滚筒的相互挤压,色浆便被转移到面料上去,从而完成印花过程。

1. 铜辊印花的优点

(1)花纹清晰,雕刻的方法较多,例如可采用干笔、云纹、刻纹深浅不同等方法,使一个花筒可以印制丰富的层次,还可印出精细的直、横线条花纹。

(2)劳动生产率高,适用于大批量生产。

(3)生产成本较低。

2. 铜辊印花的缺点

(1)印花套色数受到限制。

(2)单元花样大小和面料幅宽所受的制约较大,面料幅宽愈宽,布边与中间的对花精确性愈差。

(3)面料上先印的花纹受后印的花筒的挤压,会造成传色和色泽不够丰满,影响花色鲜艳度。

(三)平版筛网印花

平版筛网印花(简称绢网印花)有框动式和布动式两大类。

1. 框动式筛网印花 在框动式筛网印花中待印的面料是黏着在温度约45℃的热(或冷)台板上。依次将绷紧在框架上的、制有花纹的筛网上的色浆,用橡胶刮刀刮印到面料上去,就可以一套接一套,一版接一版地在面料上印成完整的花型。因其生产形式为手工劳动,操作工人的劳动强度很大。目前筛网印花大多已实现半自动化,使手工搬动框架变为电动式自动移位、定位,并使手工刮浆印花变成机械电动刮印,减轻了工人的劳动强度。

(1)框动式筛网印花的优点:

①单元花样的大小所受的限制少,可以印制特殊花样。

②套色不受限制。

③花色浓艳度及鲜艳度为其他印花方法所不及。

④面料粘贴于台板上,较有利于印制容易变形的面料。

⑤适宜小批量、多品种的高档面料的印花生产。

(2)框动式筛网印花的缺点:

①设备占地面积大,车间要有足够的长度。

②直条花样的接版印较难解决。

③花型精细度,特别是线条精细度不如铜辊印花。

④劳动生产率低。

2. 布动式筛网印花 布动式筛网印花是在自动筛网印花机上进行印花。该机的台板不加热,其长度也较短,台板上套有一张无接缝的环形橡胶导带,待印面料平整地黏贴在该导带上,并随导带行进一个花回的距离后,随即停下,筛框升降架即自动下降,至筛网紧贴或贴近面料,刮刀根据电磁控制的刮印次数往复刮浆;色浆被刮印到面料上后,筛框即向上抬起,导带再按规定距离前进,如此一版接一版地自动完成印花步骤。印花结束后,面料即进入烘燥设备进行烘干。

(1)布动式筛网印花的优点:

①单元花样大小所受的限制少。Hydromag4—V 型能印出最大花回为4200mm 的花样,印花幅宽可达3200mm。

②套色虽有限制,但尚可印制十余套色的花样。

③适宜于小批量、多品种的高档面料的印花生产。

④面料粘贴于橡胶导带上,适宜于印制容易变形的面料。

⑤花色浓艳度及鲜艳度优于铜辊印花。

⑥克服了框动式筛网印花设备占地面积大和劳动强度高的缺点。

(2)布动式筛网印花的缺点:

①直条花样的接版印较难解决。

②花型精细度,特别是线条精细度不如铜辊印花。

③花色浓艳度及鲜艳度不如框动式台板筛网印花。

④台班产量与铜辊印花相比,相差甚远。

(四)圆筒筛网印花

圆筒筛网印花简称圆网印花。圆网印花机是在布动式自动平版网印机的基础上,把平版筛网改成圆筒形镍网。这种圆网印花机兼有铜辊印花和平版网印的特色,它的机械运行是连续化的,其对花原理也与铜辊印花相似,而刮印方式却保留了网印的特点。它的台班产量较高,而产品的风格却接近于筛网印花。因此,近年来圆网印花发展很快。

1. 圆网印花的优点

(1)圆网轻巧,装卸、对花、加浆等操作方便,劳动强度低,设备运转率高。

(2)台班产量较高,印花布速一般为 $60 \sim 70m/min$,最高的可达 $110m/min$,接近铜辊印花的水平。

(3)可印制多套色花样,套色数限制少。

(4)花色浓艳度虽不如热台板平网印花,却优于铜辊印花。

(5)面料粘贴于橡胶导带上,适宜于印制容易变形的面料,也适宜于印制宽幅面料。

(6)圆网圆周较铜辊大,单元花样花形排列可以灵活多变。

(7)印直条花样无接头印,优于平网印花。

(8)无需衬布。

2. 圆网印花的缺点

(1)印花花型受到一定的限制,花样层次也不如铜辊印花。

(2)国内镍网的成本较高。

(五)转移印花

转移印花是先将染料印到纸上,然后在一定条件下使转印纸上的染料转移到面料上去的印花方法。利用热量使染料从转印纸上升华而转移到合成纤维上去的方法叫热转移法。利用在一定温度、压力和溶剂的作用下,使染料从转印纸上剥离而转移到被印面料上去的方法叫湿转移法。

1. 转移印花的优点

(1)转移纸可以长期存放,不易变质,可随时根据需要进行转移印花,适应性强,可作小批量生产。

(2)热转移法转移印花,不需要后处理,对水和空气无污染。

(3)印花面料的前处理要求低,转移前,转印纸可预先进行检查,印花疵布可减少。

(4)图案丰富多彩、层次多,花样设计的表现能力强,能印制花形逼真、艺术性强的花样,特别适用于在面料上再现照片原形。

(5)培训操作工人容易。

(6)能源消耗低。

2. 转移印花的缺点

(1)纸张消耗量大,成本有所提高。

（2）热转移法所使用的分散染料，升华牢度较低，因此不适于褶裥的后定型服装。

（3）适用的纤维品种不多，目前主要用于涤纶面料。在纤维素纤维面料上进行转移印花，还有一些问题有待解决。在锦纶面料上转移印花的湿处理牢度比一般印花法低。

五、印花方式

印花的方式根据印花工艺的不同可分为面料直接印花、拔染印花、防染印花三种类型。

（一）面料直接印花

直接印花是所有印花方法中最简单而且使用最普遍的一种印花方法。根据花型的不同要求，直接印花可以得到三种效果，即白地、满地和色地。白地即印花部分的面积小，白地部分面积大；满地花则是面料的大部分面积都印有颜色；色地花是先染好地色，然后再印上花纹，这种印花方法又叫罩印。染地罩印工艺适宜花色与地色是同类色调的姐妹色，以浅地深花为多。下面分别介绍各种染料的直接印花。

1. 活性染料直接印花　活性染料直接印花具有工艺简单、色谱齐全、色泽鲜艳、湿处理牢度较好、拼色方便、印花成本低、印制效果好等优点，是印花中应用最普遍的染料之一。缺点是一些活性染料的耐氯漂色牢度和耐气候色牢度较差，后处理不当容易产生白地不白的疵病。

2. 分散染料直接印花　分散染料是涤纶面料印花的主要染料。涤纶印花面料主要有涤纶长丝面料和涤棉混纺面料。分散染料选择时要考虑升华色牢度、耐日晒色牢度、匀染性、固色率等因素，以保证印花质量。分散染料印制涤棉混纺面料时，一般用量控制在1%以下，否则容易产生"银丝"现象。

涤/棉面料印制深色花纹时，需用两种染料拼混印花，常用的工艺是分散染料、活性染料的同浆印花。印花时，将分散染料、活性染料、碱剂、助剂和原糊调制成色浆，印在面料上，烘干后先经热熔使分散染料上染涤纶，然后再汽蒸，使染料在棉纤维上固色。要注意的主要问题是两种染料的相互沾色。

3. 酸性染料直接印花　酸性染料（其中主要是弱酸性浴染色的酸性染料）是蚕丝面料和锦纶面料直接印花的常用染料，其色谱齐全，色泽鲜艳，牢度也较好。也可用于羊毛面料的印花。

蚕丝面料印花选用酸性染料时，要注意掌握染料的最高用量，否则，浮色增多，水洗时易造成白地不白和花色萎暗。硫酸铵是释酸剂，也可以用其他释酸剂如酒石酸或草酸铵等，氯酸钠用于抵抗汽蒸时还原物质对染料的破坏，尿素和硫代双乙醇作为助溶剂帮助染料溶解。印花原糊常用白糊精、黄糊浆或海藻酸钠和乳化糊的混合糊等。面料印花烘干后，采用圆筒蒸化箱蒸化，蒸化时蒸汽压力为 $8.84 \times 10^4 Pa(0.9kg/cm^2)$，蒸化时间 30～40min。为了提高色牢度，可用固色剂 Y 进行固色。如印浆中含有淀粉糊，面料必须经 BF—7658 淀粉酶退浆处理，水洗必须充分，采用机械张力小的设备以免擦伤面料。

酸性染料在锦纶面料上的直接印花，其印花工艺和蚕丝面料印花基本相同。但在印花后固色时，可采用单宁酸、酒石酸处理，其固色效果较固色剂 Y 显著。

1:2 型酸性含媒染料对蚕丝面料的印花方法和酸性染料相同，但色浆中不加酸或释酸剂，印花后处理中需固色。一般情况下，常与酸性染料共同印花，适用于深暗色花纹。

4. 阳离子染料直接印花　阳离子染料是腈纶面料印花的主要染料。在腈纶上阳离子染料可获得其他染料所没有的非常浓艳的花色。阳离子染料色谱齐全,各项色牢度均较好。印花原糊采用合成龙胶及其混合糊。由于阳离子染料对腈纶的直接性较高,扩散性较差,所以印花后汽蒸时间较长,应采用松式汽蒸设备,防止腈纶面料在加热下受张力变形。

5. 涂料直接印花　涂料印花是借助黏合剂在面料上形成透明的树脂薄膜,将不溶性的颜料机械地黏附在纤维上的印花方法。涂料印花不存在对纤维的直接性问题,适用于各种纤维面料和混纺面料的印花。涂料印花工艺简单,色谱齐全,拼色方便,花纹轮廓清晰,无需水洗,能减少印染废水。但摩擦牢度、刷洗牢度不够理想,印制大面积花纹时手感欠佳,色泽鲜艳度不够。

(二)拔染印花

拔染印花是指面料先染色、再用加有拔染剂的印花色浆印花的印花方法。拔染剂在印花的后处理过程中,会破坏地色或阻止染料中间体进一步变成染料,或破坏媒染剂并阻止以后在被印的花纹处地色染料上染。凡使面料经过洗涤后形成白色花纹的,称为拔白印花。如果在破坏地色的同时,另一种染料上染在印花的花纹处,获得不同于地色的有色的花纹,称为着色拔染印花。拔白印花和着色拔染印花可同时运用在一个花样上,统称拔染印花。

拔染印花面料的地色色泽丰满艳亮,花纹细致,轮廓清晰,花色与地色之间没有第三色,效果较好。但在印花时较难发现疵病,工艺也较繁复,成本较高,而且适宜于拔染印花的地色也不多,所以应用有一定的局限性。

(三)防染印花

防染印花是在面料染色(或尚未显色,或染色后尚未固色)前进行印花,印花浆中含有能阻止地色染料上染(或显色,或固色)的防染剂,印花以后,再在染色机上进行染色(或进行显色、固色)。因印花处有防染剂而地色染料不能上染(或不能显色、固色),因而印花处仍保持洁白的白地,这就是防白的防染印花(简称防白)。若与此同时,印花防染浆中加入另一类不能被防染剂破坏的染料,经后处理后与纤维发生染着,则可得到不被地色所罩染的花色,这就是着色防染印花(简称色防)。防白和色防在印花机上进行的就称防印印花,它又可分为防和染同时在印花机上完成的一次印花法(也称湿罩印防印印花法)和第一次印防染浆,烘干后,第二次印地色浆的二次印花法(也称干罩印防印印花法)。

此外,如果选择一种防染剂,它能部分地在印花处染地色,或对地色起缓染作用,最后使印花处既不是防白,也不是全部上染地色,而出现浅于地色的花纹,而这花纹处颜色的染色牢度,又符合服用等使用的标准,这就称为半色调防染印花,简称半防印花。

防染剂分为两种:一种是化学性防染剂,一种是机械性防染剂。

化学性防染剂的作用是与地色染料固色和发色所需的化学药剂或固色时所必要的介质发生化学反应,破坏地色染料与纤维发生染着作用的最佳条件。例如,地色染料需在酸性介质中发色或固色,碱或碱性物质就可以用作化学防染剂;地色染料需在氧化剂存在的条件下发色或固色,适当的还原剂就可以用作化学防染剂。

机械性防染剂是阻止染料与纤维接触,防止染料在纤维上固色的物质。它们能在面料表面形成薄膜(如牛皮胶、树胶、蛋白等),或能沉积在面料表面阻滞地色染料上染纤维的速率,或阻滞染料的固色速率(如锌氧粉、钛白粉、碳酸钙和氧化镁等不溶性物质),在以后的水洗过程中,花纹处的地色染料随机械性防染剂一起洗除,达到防染的目的。为使防染效果良好,有时一个印花浆处方中,既含有化学性防染剂,也含有机械性防染剂。

防印印花工艺较短,适用的地色染料较多,但花纹一般不及拔染印花精密、细致。

六、特种印花

(一)烂花印花

烂花印花是利用各种纤维不同的耐酸性能,在混纺面料上印制含有酸性介质的色浆,使花型部位不耐酸的纤维发生水解,经水洗在面料上形成透空网眼花型效果。

烂花面料常见的有烂花涤/棉面料,是涤棉混纺纱与包芯纱交织的面料,包芯纱一般采用涤纶长丝为内芯,外面包覆棉纤维。通过印酸、烘干、焙烘或汽蒸,棉纤维被酸水解炭化,而涤纶不受损伤,再经过松式水洗,印花处便留下涤纶,形成半透明的花纹面料。

(二)印花泡泡纱

印花泡泡纱是通过印花的方法,利用一种可使纤维收缩的化学药剂,使印花处面料收缩,无花处的面料卷缩和起绉成泡,形成凹凸差异有规则的花纹。

(三)发泡印花

发泡印花是将热塑性树脂和发泡剂混合,经印花后,采用高温处理,发泡剂分解,产生大量气体,使印浆膨胀,产生立体花纹效果,并借助树脂将涂料固着,获得各种色泽。

(四)胶浆印花

胶浆印花常用于针织面料上,特别是儿童服装。局部印上具有光泽、弹性的动物或卡通人物,可获得逼真的花纹图案。

胶浆印花的色浆分为一般胶浆和弹性胶浆两大类。每一类又分白胶浆和彩色胶浆。

胶浆印花的工艺流程为:直接印花→烘干→焙烘→轧光。

(五)金粉印花

金粉印花是将铜锌合金与涂料印花黏合剂调制成色浆,印到面料上。为了降低金粉在空气中的氧化速度,应加入抗氧化剂,防止金粉表面生成氧化物而使色光暗淡或失去光泽。常用的抗氧化剂有对甲氨基粉(商品名为米吐尔)、苯并三氮唑等,渗透剂为扩散剂 NNO 等,有助于提高印花后花纹亮度,可提高仿金效果。

金粉印花工艺流程为:

印花→烘干→焙烘(130℃,3min 或 180℃,1min)→拉幅→轧光→成品。

第四节　面料整理

一、面料整理的目的

面料整理指的是练漂、染色及印花以后的加工过程,其目的是发挥纤维和面料的优良特性,克服前加工遗留下的缺陷(如张力大、缩水率大、极光、幅宽不相等),使之更适合于服用要求,以及为满足某些专门需要而赋予面料新的性能,使面料得到完美的加工。

面料整理主要有以下五个目的:

(1)使面料的幅宽整齐一致,尺寸形态稳定。如定(拉)幅、机械或化学防缩、防皱和热定形等。

(2)改善面料的手感。采用化学、机械的方法或两种兼用的方法处理,使面料获得或加强诸如柔软、丰满、滑爽、硬挺、轻薄等综合性的触摸感觉,如柔软整理、硬挺整理等。

(3)改善面料的外观。提高面料的白度、光泽,增强或减弱面料表面的绒毛。如轧光、轧纹、电光、起毛、剪毛和缩呢等。

(4)增加面料的耐用性能。主要采用化学的方法,防止日光、大气或微生物对纤维的损伤和侵蚀,延长面料的使用寿命。如防霉、防蛀等整理。

(5)赋予面料特殊的服用功能。主要采用一定的化学方法,使面料具有诸如阻燃、防毒、防污、拒水、抗菌、抗静电和防紫外线等功能。

二、面料整理的方法

(一)按工艺性质分

1.物理机械整理 利用水分、热能、压力及其机械作用达到整理的目的。

2.化学整理 利用反应性化学整理剂与面料纤维发生化学反应来改变纤维的物理和化学性能。

3.综合整理 将化学整理和物理机械整理结合进行,面料经过整理后既有机械变化也有化学变化。例如涤/棉面料耐久性轧光整理。

(二)按整理效果的耐久性分

1.暂时性整理 整理效果经水洗或久置后降低甚至消失。

2.半耐久性整理 整理效果能耐较温和及次数较少的洗涤。

3.耐久性整理 保持整理效果时间较长。

三、一般性整理

面料一般性整理即常规整理,主要是物理机械性整理。

(一)柔软整理

棉及其他天然纤维都含有脂蜡状物质,化学纤维含有一定量的油剂,因此都具有一定的柔软性。但面料在练漂、染色及印花加工过程中纤维上的脂蜡质、油剂已去除,面料失去了柔软的手感,或因工艺控制不当,使染料等物质印染在面料上,造成手感粗糙发硬,故往往需对面料进行柔软整理。

面料柔软整理方法有机械整理法和化学整理法两种。机械柔软整理通常是使用三辊橡胶预缩机,适当降低操作温度、压力,加快车速,可获得较柔软的手感;也可通过轧光机进行柔软整理,但这种柔软方法不理想,目前多数采用柔软剂进行整理。化学柔软整理主要是利用柔软剂来减少面料内纤维、纱线之间的摩擦力和面料与人手之间的摩擦力,提高面料的柔软性。石蜡、油脂、硬脂酸、反应性柔软有机硅均可作为面料柔软整理的助剂。

(二)硬挺整理

硬挺整理是利用具有一定黏度的高分子物质制成的浆液,将其浸轧在面料上,在面料上形成薄膜,从而赋予面料平滑、厚实、丰满、硬挺的感觉。硬挺整理也称上浆整理。

硬挺整理剂有天然浆料和合成浆料两大类。天然浆料有淀粉或淀粉衍生物,如可溶性淀粉、糊精等。采用淀粉上浆的面料,手感光滑、厚实、丰满。可溶性淀粉或糊精易渗透到面料内部,对色布上浆不会产生光泽萎暗现象,但采用天然浆料作为硬挺剂,效果不耐洗涤。采用合成浆料上浆,可以获得较耐洗的硬挺效果。

(三)拉幅整理

面料在印染加工过程中,经向受到的张力较大较持久,而纬向受到的张力较小,这样就迫使面料的经向伸长,纬向收缩,产生如幅宽不匀、布边不齐、纬斜等问题。为了使面料具有整齐均一的稳定门幅,并纠正上述缺点,面料出厂前都需要进行拉幅整理。

拉幅整理是根据棉纤维在潮湿状态下,具有一定的可塑性,缓缓调整经纬纱在面料中的状态,将面料门幅拉至规定尺寸,达到均匀一致、形态稳定的效果。拉幅只能在一定的尺寸范围内进行,过分拉幅将导致面料破损,而且勉强拉幅后缩水率也达不到标准。除棉纤维外,羊毛、麻、蚕丝等天然纤维以及吸湿性较强的化学纤维在潮湿状态下都有不同程度的可塑性,也能通过类似的作用达到拉幅目的。

(四)机械预缩整理

面料在湿、热状况下会产生收缩。面料在温水中发生的尺寸收缩称为缩水性。以面料按试验标准洗涤前后的经向或纬向的长度差,占洗涤前长度的百分率来表示该面料经向或纬向的缩水率。

由于面料在纺织染整加工过程中,经纬纱受到不同的张力作用,积累了内应力。面料再度润湿时,随内应力的松弛,纤维或纱线的长度发生收缩,造成面料缩水,面料便发生变形。面料缩水会导致服装变形走样,影响服用性能,给消费者带来损失,因此需要对面料进行必要的防缩整理。

面料防缩整理的方法包括机械预缩整理和化学防缩整理两种。机械预缩整理就是利用机械物理的方法调整面料的织缩,以消除或减少面料的潜在收缩,达到防缩的目的。化学防缩整理是采用某些化学物质对面料进行处理,降低纤维的亲水性,使纤维在润湿时不会产生较大的溶胀,从而使面料不会发生严重的缩水。常使用树脂整理剂或交联剂处理面料以降低纤维的亲水性。

面料机械预缩多在压缩式预缩机上完成。主要设备有橡胶毯压缩式预缩整理机、毛毯压缩式预缩整理机和毛毯压缩式预缩整理机。

(五)轧光整理

1. 原理　利用纤维在湿热条件下的可塑性,轧光后纱线被压扁,耸立的纤毛被压伏在面料的表面,降低了对光线的漫反射程度,从而提高面料的光泽。

2. 方法

(1)热轧法:在高温下轧光,使面料表面光滑均匀,产生较理想的光泽。

(2)轻热轧法:中温下,使面料手感柔软,但不影响纱线的紧密度。

(3)冷轧法:使纱线压扁,纱线排列更紧密,堵塞了面料交织孔,面料表面平滑,但不产生光泽效果。

3. 轧光机类型

(1)普通轧光机:采用"硬—软—硬"或"软—硬—软"组合的方式,加热温度为 $80 \sim 110℃$,适用于平轧光。

(2)摩擦轧光机:由于摩擦辊运转的线速度大于面料通过轧点的线速度,利用其之差的摩擦作用,使所加工的面料取得磨光效果,同时借摩擦作用将面料压成一片,如纸状面料,获得很强的极光和薄而硬的手感。

轧光作为涂层整理的前工序,可以防止涂层浆渗透和改善涂层表面的平滑性。

四、树脂整理

所谓树脂整理就是利用树脂来改变面料及纤维的物理和化学性能,提高面料防缩、防皱性能的整理工艺。棉纤维面料树脂整理在一般防缩防皱整理的基础上,经历了免熨(洗可穿)及耐久压熨整理(简称 PP 或 DP 整理)等发展阶段,除用于棉及黏胶纤维面料外,还用于涤/棉、涤/黏等混纺面料的整理。

面料产生折皱是由于在外力作用下,纤维弯曲变形,外力去除后未能完全复原造成的。就纤维素大分子而言,大分子链上存在许多极性羟基,当纤维大分子受外力作用发生相对位移后,在新的位置上形成新的氢键;当外力去除后,由于新形成的氢键的阻碍作用,使纤维素大分子不能立即回复到原来的状态,往往要滞后一段时间。如果在外力作用时,纤维素大分子间氢键的断裂及新的氢键的形成已达到充分程度,使新的氢键具有相当的稳定性,则发生了永久形变,这也就是造成折皱的原因。树脂整理剂能够与纤维素分子中的羟基结合而形成共价键,或者沉积在纤维分子之间,和纤维素大分子建立氢键,限制了大分子链间的相对滑动,从而提高了面料的防缩、防皱性能。

树脂整理剂的种类很多,但仍以 $N -$ 羟甲基酰胺类化合物使用最多。如二羟甲基脲(脲醛树脂,简称 UF)、三聚氰胺甲醛树脂(氰醛树脂,简称 TMM)、二羟甲基次乙烯脲树脂(简称 DMEU)、二羟甲基二羟基乙烯脲(简称 DMDHEU 或 2D)。但此类树脂整理剂因处理后的织物上残留的甲醛量超标,对人们的健康不利,故应用新型的树脂整理剂取代。

根据纤维素纤维含湿量程度的不同,树脂整理工艺分为干态交联工艺、含潮交联工艺和湿态交联工艺。目前树脂整理工艺多采用干态交联工艺,此工艺易控制,重现性好,连续、快速,但面料断裂强力、撕破强力及耐磨性下降较多。

树脂整理(干态交联)的工艺流程为:

浸轧树脂整理液→预烘→热风拉幅烘干→焙烘→皂洗→后处理(如柔软、轧光、拉幅、烘干)。

五、特种整理

(一)阻燃整理

某些特殊用途的面料,如冶金及消防工作服、军用纺织品、舞台幕布、地毯及儿童服装等,要求具有一定的阻燃功能,因此需要对面料进行阻燃整理。所谓阻燃,并非说经处理的面料具有接触火源时不被燃烧的性能,而是指面料不易被燃烧,或离开火焰后即能自行熄灭,不发生阴燃。

1. 暂时性阻燃整理　棉纤维属于易燃纤维,加热达 275℃ 以上开始裂解,并分解出可燃性气体 CO、CH_4、焦油与固体炭等,引起有焰燃烧及阴燃,致使燃烧迅速蔓延。

普通的阻燃整理是属于物理性的整理。它适用于干态使用的棉纤维面料,如墙布、地毯等,它是利用水溶性无机盐做阻燃剂,采取浸渍、浸轧、涂刷或喷雾等简单方法,利用稀释可燃性气体和将纤维与火源、空气隔绝的原理进行的。经整理后的面料增重率达到 10%～15% 时才能收到比较好的效果,但用这种方法处理后的面料不耐洗,属暂时性整理。如用由硼砂∶硼酸∶磷酸氢二铵(按比重)为 7∶3∶5 配成的处理液,均匀地施加于面料上,经烘干即可使用。另一种是用水溶性聚磷酸铵溶液,均匀施加于面料上,烘干后使增重在规定的范围内,以保证良好的阻燃效果。

2. 半耐久性阻燃整理　面料经过整理后,能经受 15 次左右温和洗涤的阻燃整理。这种整理工艺常用于窗帘、室内装饰用布如沙发布等。目前这类阻燃剂多用磷酸和含氮化合物混合制成。应用这一阻燃剂整理棉纤维面料时,在高温下,能使纤维素变成纤维磷酸脂,从而起到阻燃作用。

3. 耐久性阻燃整理　阻燃剂与棉纤维之间通过反应达到阻燃的目的,因而面料经耐久性处理后,具有较高的耐洗性,一般能耐水洗 50 次以上。

(二)防水和拒水整理

防水整理是指在面料表面上涂上一层不溶于水的连续性薄膜。这种面料虽不透水,但也不透气,不宜用作一般衣着用品,但适用于工业上的防雨蓬布、遮盖布等。拒水整理是纤维间和纱线间仍保留大量孔隙,使面料既能保持透气性,又不易被水润湿,适于制作风雨衣及其他衣用面料等。

拒水整理有铝皂法、耐洗性拒水整理及透湿透气的拒水整理方法。

1. 铝皂法　铝皂法是用石蜡、肥皂、醋酸铝及明胶等制成工作液,在常温下浸轧面料,再经烘干即可。铝皂法操作简便,成本低,但不耐水洗。

2. 耐洗性拒水整理　耐洗性拒水整理可用含脂肪酸长链的化合物,如经防水剂 PF 浸轧后,焙烘时能与纤维素纤维反应而固着在面料上,具有耐洗性拒水性能。

面料整理用的有机硅常制成油溶性液体或是 30% 乳液,使用较为方便。面料进行整理以后,除了获得耐久拒水性外,还具有丰满的弹性风格。

3. 透湿透气的拒水整理　将聚氨酯溶于二甲基甲酰胺(DMF)中,涂在面料上,然后浸在水中,此时聚氨酯凝聚成膜,而 DMF 溶于水中,在聚氨酯膜上形成许多微孔,这样,既可透湿透气,又有拒水性能,是风雨衣类的理想面料。

(三)抗静电整理

合成纤维具有疏水性,因此纯合成纤维及合成纤维组分高的混纺面料因吸湿性差,往往容易因摩擦而产生静电,从而容易吸附尘埃、沾污、起毛起球等。在一些易爆场所还会因静电火花导致爆炸事故。

印染产品后整理的抗静电整理剂分为非耐久性抗静电整理剂和耐久性抗静电整理剂两大类。非耐久性抗静电整理剂对纤维的亲和力小,不耐水洗,但整理剂挥发性低,毒性小,而且不易泛黄,腐蚀性较小。常用于合成纤维的纺丝油剂以及如地毯类不常洗涤面料的非耐久性抗静电整理。这类整理剂的主要成分是表面活性剂,如烷基磷酸脂类化合物是应用性能较好的一类阴离子型抗静电剂。常用的抗静电剂就是烷基磷酸脂和三乙醇胺的缩合物,或者是通过交联作用在纤维表面形成的不溶性聚合物的导电层。在生产中应用广泛的是非离子型和阳离子性整理剂。

聚合物分子结构中含有聚氧乙烯醚键,可在聚酯纤维表面形成连续性的亲水薄膜,富有吸湿性,可以减少静电现象,它和聚酯纤维的基本化学结构相同。通过高温焙烘,整理剂可以和聚酯纤维产生共融共结晶作用,使面料的抗静电性有较高的耐久性。

抗静电整理的工艺流程为:

浸轧整理剂→烘干→高温处理(180~190℃)。

☞ 思考题

1. 练漂的目的是什么? 含棉纤维面料练漂过程包括哪几个主要工序?

2. 退浆的目的是什么? 常用的退浆方法有哪几种?

3. 煮练的目的是什么? 简述各种助剂在煮练中的作用。

4. 漂白的目的是什么? 简述三种常用漂白剂漂白的工艺特点。

5. 丝光的目的是什么? 简述丝光面料主要性能的变化。

6. 什么称为短流程前处理工艺? 简述其主要优点。

7. 解释染料、染色、染色牢度的含义。

8. 常见的染色方法可分为哪几种?

9. 简述染色设备的分类。

10. 简述常见纤维面料染色适用的染料。

11. 简述常用染料的主要特点。

12. 什么叫涂料染色? 简述涂料染色的主要优缺点。

13. 新型染色工艺包括哪几个方面的因素。

14. 什么称为印花? 简述印花与染色的异同。

15. 按使用设备及印花工艺分类印花分别可分为哪几类?

16. 简述印花原糊在印花过程中的作用。

17. 常见的特种印花包括哪几种?

18. 什么叫面料整理? 面料整理的目的是什么?

19. 按照工艺性质及整理的耐久性不同,面料的整理分别可分为哪几种?

20. 简述常见的特种整理。

第九章　纺织面料的性能

● 本章知识点 ●

1. 了解纺织面料的外观性能,并掌握外观性能的测试方法。
2. 掌握纺织面料舒适性能、耐用性能的基本概念。
3. 了解纺织面料的其他性能。

　　纺织面料的品种繁多,用途广泛,不同用途的面料对性能有不同的要求。如服用面料一般在外观上要求有一定的保形性,有一定的抗伸长能力、抗折皱能力和抗压缩能力,有理想的悬垂性、色彩和光泽。在舒适性方面,要求有一定的透气性;能维持满足人体生理需要的热湿平衡,既透湿又保暖;具有一定的手感。在耐用性方面,要求具有一定的抗拉强度、撕破强度、耐冲击能力、耐磨和耐疲劳能力。在物理、化学性能方面,要求耐热、耐光、耐汗及耐化学试剂。在生物性能方面,要求耐虫蛀、防霉。

　　纺织面料的性能取决于组成面料的原料,纺纱工艺、织造工艺、纱线结构、面料结构及后整理加工方法等一系列因素,其中原料是最根本、最重要的一个因素。因而根据面料的用途,合理选配原料是面料设计的基本内容之一。

　　纺织面料的性能可以从面料的外观性、舒适性、耐用性等方面进行测试和评价。

第一节　纺织面料的外观性能

　　纺织面料的外观性能包括两个方面:一是指面料本身固有的性能,它决定了面料制成服装后,在穿着过程中的稳定性,这种性能称为面料的外观保形性能;另一种是指通过人们的视觉和触觉所感知到的面料性能,这种性能称为面料的表现性。

一、面料的外观保形性能

　　面料的外观保形性能,通常是指面料在使用中能保持原有外观特征,便于使用,易于保养的性能。保形性能包括易洗快干、免烫或洗可穿、抗皱防缩、机可洗、不易起毛气球等性能,属于易护理的范畴。

(一)抗皱性

面料抵抗由于揉搓或使用过程中引起弯曲而变形的能力,称为抗皱性。实际上,面料的抗皱性大都反映在除去引起面料折皱的外力后,由于面料的弹性而使面料逐渐回复到初始状态的能力,因此面料的抗皱性也称为折皱回复性。

面料的折皱回复性在面料使用中有着很好的实用意义,如人的膝部、肘部等经常活动,导致服装的这些部位容易起鼓包,相对应的部位就会出现皱纹。由抗皱性小的面料制成的服装,在穿着过程中容易起皱,即使该服装在色彩、款式及合体性方面均较为理想,也无法保持美好的外观,而且还会因皱纹处产生剧烈的磨损而加快服装的损坏。一般弹性好的纤维所织成的面料其抗皱性往往较好,如涤纶、锦纶、羊毛(干态)及含有氨纶成分的面料;弹性差的纤维,如棉、麻、黏胶纤维面料,抗皱性就较差。

判断面料的抗皱性,可用手大把捏面料,然后放松,观察其回弹情况及折痕深浅,或在布头上折起一角,稍加压,待去压后看恢复能力及折痕深浅。抗皱性好的面料,其回复能力强,不留折痕线或折痕线不明显。

(二)褶裥保持性

面料经熨烫形成的褶裥(含轧纹、折痕),在洗涤后经久保形的程度称为褶裥保持性。

褶裥保持性与裤、裙及装饰用面料的折痕、褶裥、轧纹在服用中的持久性直接相关。

通常采用目光评定法测试面料的褶裥保持性。基本程序是:面料→折叠→熨烫→洗涤→对比样照→褶裥保持性评价。其中熨烫条件和洗涤方式与条件,会对测量结果产生影响。按照评价分五级,五级最好,一级最差。

面料的褶裥保持性主要取决于纤维的热塑性和纤维的弹性。热塑性和弹性好的纤维,在热定型时面料能形成良好的褶裥。显然,涤纶面料在不考虑纤维间的作用时,是褶裥保持性最好的。

(三)免烫性

面料经洗涤后,不经熨烫而保持平整状态的性能称为免烫性,又称"洗可穿"性。

面料的免烫性与纤维的吸湿性、面料在湿态下的折皱弹性及缩水率密切相关。一般来说,纤维的吸湿性小,面料在湿态下的折皱弹性好、缩水率小,面料免烫性就好。合成纤维较能满足这些性能,如涤纶面料免烫性尤佳。而毛纤维,虽然干弹性很好,但吸湿后可塑性变大、弹性变差,所以毛纤维面料的洗可穿性能并不好,必须熨烫后才能穿用,一般毛纤维面料多采用干洗。

可通过将面料下水揉洗,然后拎起晾干,观其表面平挺程度判断面料免烫性的优劣。

(四)尺寸稳定性

面料的尺寸稳定性是面料在穿着、洗涤、储存等过程中表现出来的长度的缩短或伸长性能。

新的面料在使用过程中会发生收缩,有自然回缩、受热收缩和遇水收缩三种情况。自然回缩是指面料从出厂到使用前产生的收缩现象。受热收缩是指熨烫过程中的收缩,大多数合成纤维是热塑性高聚物,熨烫温度过高会发生收缩。收缩性中表现最为明显的是面料遇水后的收缩,常叫缩水。

缩水的主要原因:

（1）纤维吸湿后纱体膨胀，面料中经纬纱线的屈曲波高加大，即面料中的纱线弯曲加大，而导致面料长度和宽度的收缩。吸湿性大的纤维，其缩水率也大；而涤纶、丙纶等吸湿性很小，由此引起的缩水也小。

（2）伸长形变的收缩。由于面料在加工过程中始终受到机械拉伸力的作用，使纤维、纱线以致面料产生伸长变形，当外力去除后，便有产生自然回缩的趋势，而遇水后，伸长形变的回缩更加显著。

缩水的大小是服装制作时考虑加放尺寸的依据之一。对缩水率大的面料，最好预先进行缩水处理，然后再进行裁剪。现在的面料后整理中一般都经过了定形处理，可以防止面料的热收缩和缩水。

缩水性一般用缩水率来表示：

$$缩水率 = \frac{缩水前长度 - 缩水后长度}{缩水前长度} \times 100\%$$

收缩性的测试可分为自然缩率试验、干烫缩率试验、喷水缩率试验和浸水缩率试验四种。

1. 自然缩率试验　自然缩率是指将面料包装件拆散，取出整匹面料，检查面料的长度和幅宽，做好记录，然后将整匹折叠的面料拆散抖松，放置 24h 后进行复测，并计算出经、纬向缩率。面料放置环境条件：一个标准大气压，温度为 20℃，相对湿度为 65%。一般来说，组织结构疏松的面料自然缩率也较大。

2. 干烫缩率试验　干烫缩率是指面料不经水的处理，直接用熨烫的方法使面料受热，然后测定经、纬向收缩的程度。这种方法大多用于丝绸面料或喷水易产生水渍的面料，如维纶面料、柞丝绸等。

试验过程：在距面料端部 2m 处（为防止引头不准确而避让 2m）剪取长度为 50cm，宽度为整个幅宽的试样一块。按原料所能承受的最高温度用熨斗来回熨烫 15s 后，使其充分冷却，然后测量面料的长度与宽度，并计算出经、纬向缩率。

3. 喷水缩率试验　喷水缩率是指面料经喷水熨烫后，经纬向产生收缩的程度。

试验过程：取样与上述方法相同。将样品用清水均匀喷湿，然后将试样用手捏皱，再捋平、晾干，用熨斗烫平（不要用手拉平），并测量长度和宽度，计算出经、纬向缩率。

4. 浸水缩率试验　浸水缩率是指将面料在水中浸透，然后测其经、纬向缩水后的长度，计算出缩率。这种测量方法实际应用较多，还常用于辅料。

试验过程：取样与上述方法相同。将样品浸在 60℃ 左右的清水中，用手揉搓，使面料完全浸透，浸泡 15min 后取出，压去水分（不能拧绞）、捋平、晾干，测量缩水后面料的长度和宽度，计算出经、纬向缩率。

（五）起毛起球性和勾丝性

1. 起毛起球性　面料受外界物体摩擦，纤维端伸出面料表面形成绒毛及小球状突起的现象称为起毛起球性。面料起毛起球后，外观明显恶化。

在各种纤维面料中，天然纤维面料（除毛外）很少有起毛起球现象，再生纤维面料也较少起毛起球，而合成纤维面料大多存在起毛起球现象，其中尤以锦纶、涤纶面料最为严重，丙纶、维纶、腈纶面料次之。另外,普梳面料比精梳面料易起毛起球;捻度小的面料比捻度大的面料易起毛起球;斜纹、缎纹面料比平纹面料易起毛起球;针织面料比机织面料易起毛起球。

测定面料起毛起球性的基本原理是:使面料在受到机械摩擦力作用的情况下,产生起毛起球,然后评定。目前大多是根据起毛起球的长度和密度进行评级,分为五级,一级为起毛起球最严重的,五级最好。

2. 钩丝性　面料在使用过程中,一根或几根纤维被钩出或钩断而露于面料表面的现象称为钩丝。

钩丝主要发生在长丝面料、针织面料及浮线较长的机织面料中。钩丝不仅使面料外观明显恶化,而且影响面料的耐用性,随着弹力长丝针织面料大量进入服装领域,这一缺点显得十分突出。但变形长丝的抗钩丝性能有明显的改善。

测定面料钩丝性的基本原理是:使面料受到坚硬的钉或锯齿等作用,产生钩丝,然后与标准样品对比评级,分为五级,一级为勾丝最严重的,五级最好。

(六)色牢度

色牢度是指面料在加工缝制及使用过程中受外界因素的影响,仍能保持原来色彩的一种能力。

外界因素指摩擦、熨烫、皂洗、日晒及汗渍等。色牢度与使用染料的性能、纤维材料性能、染色方法及染色工艺等有着密切的关系。

色牢度主要分为以下五种:

1. 耐摩擦色牢度　色布(或印花布)的耐摩擦色牢度可分为干摩和湿摩两种。

简单判断方法可用一块干的(或湿的)白色棉细布在色布上来回摩擦一定次数,然后观察色布的褪色情况和白布的沾色情况,如果色布与未摩擦前一样,或白布上没有沾上颜色,则表示干(或湿)摩擦色牢度好。但真正评级要按照标准做实验,并用 GB250—1995《评定变色用灰色样卡》、GB251—1995《评定沾色用灰色样卡》中所规定的等级来评定。摩擦色牢度分为五级,一级最差,五级最好。

2. 耐熨烫色牢度　色织面料(或印花面料)在允许承受的熨烫温度下,熨斗不加压,经过 15s 后将熨斗移去,把试样放在暗处 4h 后与未试样品对比,按染色牢度褪色样卡评定。耐熨烫色牢度分为五级,一级最差,五级最好。试验时可分湿熨烫和干熨烫两种。

有些色布当用熨斗熨烫时,颜色会变,但冷却后仍能恢复原来的色泽,且不变质。所以当移去熨斗后,要充分冷却才能评判。

3. 耐皂洗色牢度　色布经皂洗后,用清水洗净晾干,看其褪色情况,称为耐皂洗色牢度。

试验时要在色布上缝一块相同大小的白布同时皂洗,然后评定色布的褪色及白布的沾色程度。耐皂洗色牢度分为五级,一级最差,五级最好。

4. 耐日晒色牢度　色布(或印花布)在天然日光或日晒机下暴晒后变色的程度,称为日晒色牢度。试样在暴晒后按褪色样卡进行鉴别。耐日晒色牢度分为八级,一级最差,八级最好。

5. 耐汗渍色牢度　耐汗渍色牢度是指色布(或印花布)经汗渍浸沾后的变色程度。

并非所有的面料都要进行汗渍色牢度测试,通常棉纤维面料中的府绸、丝面料要做该项测试。试验时,将试样放入已配好的模拟汗渍溶液中,经过反复挤压,取出烘干,与原样比较,并按染色牢度褪色样卡中所规定的等级进行评级。耐汗渍色牢度分为五级,一级最差,五级最好。

二、面料的表现性能

纺织面料有很多性能,其中通过人们的视觉和触觉所感知的性能叫面料的表现性能。主要包括软硬感、粗滑感、轻重感、透明或不透明感、冷热感和悬垂性等。

(一)软硬感

软硬感表示面料的硬挺程度和柔软感。

硬挺的面料大多挺括而有身骨。通常认为丝面料和棉纤维面料有柔软感,而麻面料则相对硬挺些,但随着现代面料后整理加工技术的发展,上述观念也在不断更新。一般来说,当纤维的线密度较小时,纺出来的纱线较蓬松,面料较为柔软。另外,在后整理中还可以进行柔软整理来改善面料的软硬感。

硬挺的面料适用于线条明朗的款式,而且硬挺的面料会使身体与面料之间形成空隙,常可用来弥补瘦小体型的缺陷;柔软的面料适宜较优雅而柔和的设计。

(二)粗滑感

面料在触感上有粗糙感和光滑感的区分。

粗细不匀的纱线和组织结构的变化可使布面呈凹凸不平状,富有立体感。粗犷的面料给人以原始、自然的感觉,对这种面料应以简洁、随意自如的设计取胜。而纤维光滑、纱线均匀、紧密的面料,布面平整、光滑、细腻,面料外观反而略显平淡。

(三)轻重感

面料轻薄,使人感到动作轻快、飘逸;而沉甸甸的面料使人感到安定、稳重。

通常轻薄的面料凉爽、透气,多用于夏季服装;厚实的面料防风、保暖,多用于秋冬季服装。

(四)透明或不透明感

面料有透明、半透明、全透明和部分透明之分。

透明就是面料的透光程度,一般比较稀薄、颜色比较淡的面料相对透明感强。透明的面料宜使用垂褶、百褶等造型。透明面料呈现的重叠效果与单层时的感觉有所差异,尤其是颜色的差异最大,因此由重叠层次的多少、重叠面积的大小而产生各种深浅不同的色彩及变化,并产生阴影而富有情趣。透明面料是近年的流行时尚。

(五)冷热感

一般来说,丰满厚实、毛茸茸的面料有温暖感,有暖色调色彩的面料也同样会给人以温暖感;而光滑、轻薄的面料,有冷色调色彩的面料则给人以冰冷感。

温暖感的面料多用于秋冬季服装以及老人、儿童保暖服装,冰冷感的面料多用于夏季服装。

(六)悬垂性

由于面料自身的重量,在下垂时产生的优雅形态的特性叫悬垂性。

悬垂性也是一种视觉效果,硬挺而轻的面料不易下垂,愈柔软、愈重的面料就愈容易下垂。黏胶纤维面料悬垂性非常好,毛、丝面料的悬垂性也较好,棉、麻面料则较差。

悬垂性好的面料,特别能够表现出女性的优雅感,所以多用于晚礼服、宴会装等。轻薄、透明又具有悬垂性能的面料(如乔其纱),能表现出优雅、清纯的风格,所以常用于结婚礼服的垂纱和拖裙。

悬垂性的简易测试方法:用手握拳,将面料托起,令其自然下垂,如果面料越贴近手,下摆面料越小,弯曲面越小而均匀,则表示悬垂性好。在正式测定时,采用悬垂性测试仪进行测定。

第二节　纺织面料的穿着舒适性能

人类的生活环境可以用温度、湿度、气流和辐射来描述。人的身体所感受的各种复杂气候是这些环境条件的各种组合,以其中一项条件来考察,不能综合判定人体所处的环境气候。纺织面料的穿着舒适性是人身体对面料与身体之间所形成的微环境的感受情况。影响面料穿着舒适性的有关性能主要有:透气性、透湿性、透水性、吸湿性、吸水性、透热性(保温性)及对皮肤的刺激、对人体运动的影响等。

一、面料的透气性、透湿性和透水性

气体、液体以及其他微小质点通过面料的性能,称为面料的通透性。

面料的通透性包括透气性、透湿性和透水性。

(一)面料的透气性

面料的透气性是指在面料的两侧存在空气的压力差时,空气从面料的气孔透过的性能。

衣服穿着时是否舒适,与透气性的好坏密切相关。夏季衣着用面料应有较好的透气性,才能保持凉爽;冬季外衣用面料的透气性应尽可能弱些,以保证衣服具有良好的防风性能,防止人体热量的散失。

面料的透气性能好坏与纤维材料、纱线的结构、面料的组织、密度等因素有着密切的关系。此外,织造的工艺条件,印花、染色、整理等过程,也均对面料的透气性有所影响。纯棉纤维面料比纯毛面料的透气性好;纱线捻度大的面料,透气性较好;平纹组织比斜纹组织的面料透气性好。

(二)面料的透湿性

面料的透湿性是指水以蒸汽的形式透过面料的性能,即面料对气态水的通透能力,也常常称为透汽性。

透湿性对面料的穿着舒适性的影响意义更大,因为人体蒸发的水分如果不能及时散发,就会引起不适。如果将湿气透过面料的途径简单化,则可将其分为两种途径:一是吸湿放湿途径,二是孔隙途径。

所谓吸湿放湿途径是指水分子先被纤维吸附,然后经过传递再散回大气。因此,纤维的吸湿性和放湿性对于面料的透湿性有较大影响。天然纤维和再生纤维素纤维等具有较好的吸湿性,而合成纤维吸湿性较差。

孔隙途径中所说的孔隙有两种:一是面料内的毛细管,二是纤维与纤维、纱线与纱线之间的孔隙。在这两种透湿途径中,以后一种为主,所以面料的透湿性主要与面料的内部结构有关,与面料的透气性有着密切的关系。一般衣着用面料,即使是用疏水性纤维制成的面料,如果含有40%以下的纤维容积,就可达到与吸湿性很好的棉纤维面料相类似的透湿能力。面料的透湿性对于内衣很重要。无论冬季还是夏季,人体都在不断散发汗汽,透湿好的内衣就能及时排除人体散发的水蒸气,使人感觉舒适。

面料的透湿性测定通常用一小烧杯(或透湿杯)来进行,先将杯内盛定量的蒸馏水,然后在杯上覆盖所测样品,经一定时间后测定杯内水分重量的降低率,这种方法叫蒸发法。此外也有用吸收法的,即杯内放置易吸湿的材料,杯口用样品封盖,经一定时间后测定杯内材料的增重率。

(三)面料的透水性

面料的透水性是指面料渗透水分的能力。

由于面料的用途不同,有时采用与透水性相反的指标——防水性来表示面料对水分子透过时的阻抗性。透水性和防水性对于雨衣、鞋布、防水布、帐篷布及工业用滤布的品质评定有重要意义。

二、面料的吸湿性和吸水性

(一)面料的吸湿性

面料的吸湿性是指面料在空气中吸收水分的能力。

吸湿性主要取决于组成该面料的纤维的吸湿能力。对于亲水性纤维,气态水分子不但能吸附在纤维表面上,而且能进入到纤维的内部,与纤维的亲水性基团相互吸引;疏水性纤维,气态水分子只能在纤维表面吸附,所以吸湿量很小。无论何种形式的吸湿都要释放能量,并以热的形式出现,即所谓的吸湿放热。由于人体不停地进行新陈代谢,也就不停地散发汗气,就要求服装,特别是内衣用面料的吸湿能力要强,才能及时吸走人体散发的汗液,使人体始终保持清爽干燥。

面料吸收水分的速度和能力,与面料的结构或纤维的成分有着密切的关系。面料的紧密度与厚度越大,则吸湿性就越小。纺织面料的吸湿性能按回潮率的大小顺序为:羊毛(15% ~17%) > 黏胶纤维(13% ~14%) > 丝(10% ~11%) > 棉(7% ~8%) > 维纶(5% ~6%) > 锦纶(3.5% ~5%) > 腈纶(1.2% ~2%) > 涤纶(0.4%)。

(二)面料的吸水性

面料吸水性的好坏也是服装舒适与否的重要指标之一。特别是在大汗淋漓时,面料的吸水性就显得相当重要。

面料的吸水性可用面料的回潮率来表示。回潮率是指面料中所含水分重量占面料干重的百分率。

面料吸水的途径有两个:一是组成面料的纤维吸附,把水分从面料的表面传递到纤维内部;二是借助面料内纤维间及纱线间的空隙,由毛细管作用吸水。人体出汗时,与身体接触的面料表面纤维吸水,并把水分传递到另一与干燥空气相接触的表面,再向空气散发。在大汗淋漓的状态下,棉纤维面料虽吸水快,但水分的散发慢,而且面料容易贴紧身体,给人以不舒服的感觉;麻纤维面料则吸水快散发也快,凉爽效果会更好些,但纤维太刚硬,面料略显粗糙,不太适合身体运动,舒适感觉也一般;而新型的导湿干爽涤纶,虽吸水性不佳,但中空结构和导湿沟槽结构使其芯吸和导湿效果显著,反而给人舒适的感觉,在运动服装面料上得到广泛的应用。

三、面料的透热性和保温性

面料的透热性能对维持人身体的正常体温有重要的意义,透热性决定了面料的热舒适性,它以温度变化为标志,是描述热舒适性的主要指标。当面料的透热性好,则保温性就差。由于服装代替了皮肤与环境的直接接触,从而改变了人体与环境的热交换关系。在冷的环境下,服装的作用是减少人体热量的散失;而对于热的环境,服装的作用则是隔热和散热。

在人穿着服装后所处的环境中,热以三种形式传递,即热传导、对流和辐射。

主要的传递方式是热传导。如果以 R 表示热阻,则可以下公式表示:

$$R = \frac{k}{d}$$

式中:d——面料的厚度;

k——热传导系数。

k 值的大小是由面料所采用的纤维的种类决定的,常见纤维的热传导系数见下表。通过选用纤维,可以改变热阻即改变面料的热传导性能;也可以在面料上通过后整理的方法附着上一些热传导系数不同的物质,来改变其综合 k 值的大小,从而改善面料的热传导性能。通过改变面料的组织结构,来改变面料的厚度,也可以改善面料的热传导性能,当纤维材料确定后,面料的厚度越厚,热阻越大。另外,可以改变面料的组织结构,增加其厚度或在面料结构中增加能保持静止空气的物质,因为静止空气的热传导系数较小,使面料的热传导性能得到了改善,如三层针织保暖内衣。

常见材料的热传导系数

材　料	热传导系数	材　料	热传导系数
棉	0.061～0.063	涤纶	0.072
羊毛	0.045～0.047	腈纶	0.044
蚕丝	0.043～0.047	丙纶	0.19～0.26
黏胶纤维	0.047～0.061	氯纶	0.036
醋酯纤维	0.043	空气	0.022
锦纶	0.18～0.29	水	0.515

第二种传递方式是对流。对流的主要介质是空气。对流使人体与服装之间构成的微环境的空气得到交换,也使热量得到传递。对流与面料的透气性直接关联,也跟外环境有很大的关系。如夏天,坐在风扇底下,那是外环境的强制空气对流;在冬天,毛衣蓬松、保暖(热阻大),但

若只穿毛衣,蓬松的毛衣的透气性太好,即使穿两件、三件也不会觉得暖和,若外面再加一件风衣,那效果就大不相同了。

第三种传递方式是辐射。对于面料,无论是人体的温度高于外界,还是外界的温度高于人体,热量在透过面料时都可以分为吸收、反射和透过三部分。不论是热量从外界向人体传递,还是由人体向外界传递,面料吸收热量后温度升高,有利于保温。影响面料吸收热量的因素与面料的表面状态和颜色有关,与热量的反射和透过的性能也有关。若纺织面料表面光滑则反射性大,表面粗糙则反射性小。因此,像缎纹组织那样纱线平整、起毛小、有光泽的反射大,而起毛面料、短纤维面料、起绒面料则反射小。面料对热辐射的透过性能可以通过后整理加工得以改变,例如在面料的表面进行真空镀膜,则可以提高反射性能,如果反射是面向人体,则可以使体温得到保持。还可以在面料的表面进行远红外涂层整理或用远红外纤维做纺纱原料,这样,面料就可以吸收外界和人体散发出的热量,而以远红外线的形式再辐射回人体,不仅保持了体温,还可起到保健的作用。

四、面料对皮肤的触感

面料与皮肤接触时所产生的触感,也是面料穿着舒适性的一个重要方面。一般来说,柔软、平滑的面料,给人较好的舒适感,如丝面料、黏胶纤维面料、超细旦仿真丝面料等;而较为刚硬的面料,如麻面料,给人的舒适感较差;还有一种纤维——羊毛纤维,其平均直径多在 $19\,\mu m$ 以上,抗弯模量高,在湿态时虽有降低,但仍保持了较高的抗弯模量,再加上洗涤后因缩绒使面料的表面绒毛丛生,所以羊毛面料无论是干态还是湿态(吸汗后)均表现出强烈的针刺感,不适用于制作内衣及夏装。面料对皮肤的触感包括面料的刺痒感和面料的湿冷刺激。

第三节 纺织面料的耐用性能

一、面料的耐拉伸、撕破和顶破性

面料在使用中,需要抵抗各种不同类型的荷重,如张力、压力、弯曲、扭转、剪切等负荷,面料在各种负荷的作用下,呈现的应力应变关系,称为面料的机械性能。

由于面料所受的外力形式不同,它们由此而产生急弹性、缓弹性和塑性变形的程度也各不相同。影响面料机械性能的因素,除了构成面料本身的纤维与纱线的机械性能是主要因素外,面料的组织结构和加工方式也是影响面料机械性能的重要因素。

(一)面料的耐拉伸能力

面料的耐拉伸能力可以用面料的断裂强力和断裂伸长率来表示。

面料的断裂强力是指在拉伸试验中,面料抵抗拉断时所能承受的最大的力,一般以力的单位牛顿(N)表示;面料的断裂伸长率是指面料拉伸到受最大负荷断裂时的伸长对未拉伸前长度的百分率。

面料受拉伸外力作用而导致破坏是面料耐用性能的一个方面,一般穿用情况下,这种破坏不多,只是在多次反复的拉伸作用下,产生疲劳的破坏较多一些。影响面料断裂强力及断裂伸长率的因素是多方面的,如纤维材料的种类和性能、纱线的线密度及结构和特征、面料的织造条件和方法、组织结构和密度、染整后加工方法等。

(二)面料的撕破和顶破性

面料的撕破性可以用面料的撕破强力来表示。面料的撕破强力是指在规定条件下,从经向或纬向撕破面料所需的力,以牛顿(N)表示。面料的撕破强力主要由纱线的强力所决定,另外纱线的断裂伸长率及面料的组织结构对撕破强力也有很大的影响。一般来说,纬向的撕破强力要大于经向的撕破强力。

面料的顶破性可以用面料的顶破强力来表示。面料的顶破强力(也称胀破强力)是指在规定条件下,以流体压力或球状物体作用于面料平面的垂直方向,使面料扩张而致破裂所需的力。影响胀破强力的主要因素是面料的原料、加工工艺和面料组织的设计、弹性伸长等。因为服装面料多受圆弧状物顶压,如膝部、肘部等,面料的弹性伸长越大,在顶压时接触面积越大,而单位面积负荷降低,所受的破坏力也就小。

二、面料的耐磨性

耐磨性是指衣服在穿着过程中与外界物体(或面料与面料之间)相互摩擦而产生的损伤程度。

耐磨性包括耐平磨、耐折边磨和耐曲磨三种类型,模拟服装不同部位受磨的情况。一般以试样反复受磨致破的摩擦次数表示,或以受磨一定次数后的外观、强力、厚度、重量等的变化程度表示。

面料的耐磨性与所用纤维的种类、纱线结构、面料组织结构、面料密度等因素有关。在密度相同的条件下,交织点少的缎纹组织面料就不如交织点多的平纹组织面料耐磨。纤维耐磨性差,其面料的耐磨性也不会好,如棉、黏胶纤维耐磨性差,其面料就不如耐磨性好的涤纶、锦纶面料耐磨。所以常用两种或多种纤维进行混纺来弥补各自的不足,提高面料的实用价值。

三、面料的缝纫强度和可缝性

服装耐用与否,与面料的缝纫强度有关。缝纫强度取决于缝线强力、缝迹种类、缝迹密度及缝合面料的紧密程度、面料的表面光滑程度等因素。无论是平行还是垂直于接缝处的单向或多向作用外力,都会引起缝纫线的断裂、被缝合面料内部纱线的断裂或被缝合面料内部纱线滑脱而造成缝合处裂缝的出现。一般缝迹密度大,即单位长度内的针数多,缝纫强度高;但密度过大,也会影响缝纫强度。

面料在制成成品时都需进行缝纫,这就遇到缝合是否顺利、缝合时是否损伤缝纫材料(包括面料和缝纫线)、缝合后面料的表面是否起皱等问题,这些问题反映的是面料的可缝性。面料的可缝性是指在一定的缝纫条件下,使用适当的缝纫线、缝纫针,由面料自身结构和特征所决定的缝纫加工的难易程度。一般从以下三个方面衡量面料的可缝性。

(1)是否容易缝纫和适合高速缝纫。这既要看针刺入面料时的阻力大小;也要看高速缝纫时针温升高程度是否会导致被缝的合成纤维面料和所用的合成纤维缝纫线熔融；是否会导致其他被缝面料的破坏。

（2）面料缝后是否起皱。一般面料缝制后的起皱有以下三种情况：

①缝制后自然起皱。

②缝制后起皱不太明显或有轻微起皱，经熨烫加压后能消失，但穿洗后又会重新出现。

③由于面料尺寸不稳定，缝制和穿用后都会发生起皱。

（3）缝制时，面料内部纱线是否会被切断。

由此可知，面料的可缝性与被缝面料的厚度、组织、紧度、弯曲刚度、可压缩性、尺寸稳定性以及缝纫线的粗细、刚度、延伸性、尺寸稳定性等因素有关，也和缝纫条件，如缝型、缝合方法、缝迹密度等有关。

四、面料的耐熨烫性

面料的耐熨烫性对于服装制作者及使用者都非常重要，尤其是化学纤维面料，如果对其耐热性不掌握，将会给厂方及个人带来不必要的损失。

耐熨烫性可用一个调温电熨斗试验，温度由最低开始，在面料上熨烫10s左右，然后待其冷却，看面料变化情况，若无损伤可逐渐升高温度，直至发生变化。试样无损伤的标准是：

（1）不泛黄、不变色或热时泛黄变色，但冷却后仍能恢复原面料色泽。

（2）面料的各项物理机械性能指标基本不受影响。

（3）不发硬、不熔化、不变质、不皱缩、手感不变。

五、面料的耐老化性

面料在加工、储存和使用过程中，要受到光、热、辐射、氧化、水解、温湿度等各种环境因素的影响，使性能下降，最后丧失使用价值，这种现象称为老化。面料抵抗老化的特性称为耐老化性，是物理、化学、生物作用频数和时间的典型结果，直接影响面料的耐久性。

面料的老化主要表现在：面料的变脆、弹性下降等力学性质的劣化；面料褪色、泛黄、光泽暗淡、破损、出现霉斑等外观特征的退化；面料原有电绝缘或导电、可导光或变色、可耐高温或易变形、高强高模或高弹性、高吸湿或拒水、吸油或抗污、抗降解或生物相容等功能的消失。使人们原认为仍可用的面料变得无法使用，甚至产生不安全和危害。

第四节　纺织面料的其他性能

纺织面料除了要具有良好的外观性能、舒适性能与耐用性能以外，根据特定的用途，有时还需要具有其他一种或多种性能，如阻燃性能、拒水拒油性能、防污性能、防静电性能、防霉抗菌性能等。

一、面料的阻燃性能

随着人们生活水平的提高和安全意识的增强,许多纺织面料(如消防服装,宾馆、酒店等公共场所使用的纺织品,产业用布,装饰用布等)都需要具有不同程度的阻燃性能。

一般阻燃面料应具有以下条件:离开火焰后不再燃烧;要有较好的耐久性(耐水洗、耐干洗、耐气候性);整理后不影响手感;面料强力降低少;不会使染色产品变色、褪色,对色泽牢度无影响;无毒性,对皮肤无刺激等。

阻燃面料的形成有两种方法:一种是将阻燃材料添加到纺丝液中制成阻燃纤维,再用阻燃纤维织制成纺织面料;另一种是对天然纤维或化学纤维面料进行阻燃整理或变性处理。

一般认为,棉、黏胶纤维、醋酯纤维是易燃纤维;腈纶、羊毛、锦纶和蚕丝属于可燃纤维;变性合成纤维,如氯乙烯和丙烯腈共聚纤维为难燃纤维;石棉、玻璃纤维及金属纤维为不燃性纤维。

二、面料的拒水、拒油性能

面料的拒水、拒油性能是以有限的润湿为条件,表示经处理后的面料在不经受任何外力作用的静态条件下,抗液体油污渗透作用的能力。

面料的拒水和防水是有区别的。防水整理是在面料的表面涂上一层不透水的化合物,如油脂、蜡、石蜡、橡胶及热塑性树脂,以充填面料表面的孔隙,达到防水的目的,但同时也不透气。拒水整理是以疏水性化合物沉积于纤维表面,使水不能浸润,达到拒水的目的,但该整理并不封闭面料上的孔隙,空气、水汽还可透过,使其既拒水又透气,常用于风衣、夹克等外套。拒水整理剂一般是具有低表面能基团的化合物,用其整理纺织面料,可使面料表面的纤维均匀覆盖上一层由拒水剂分子组成的新表面层,使水不能润湿面料。

拒油整理是面料的低表面能处理,其原理与拒水整理相似,只是经拒油整理后的面料要求对表面张力较小的油脂具有不润湿的特性,常用于饭店厨师、服务员的制服和家庭厨房的围裙。氟聚合物的表面自由能要比其他聚合物低,用其对面料进行整理,可使面料具有较好的拒油效果。

三、面料的防污性能

面料在日常使用过程中常发生沾污,常见的污垢有:固体污物(简称干污),如灰尘、铁锈、泥土等;液体和固体的油脂(简称油污),如食品油脂、炊事油污、城市灰尘中油类以及人体排出的油脂等;其他水溶性或半水溶性固体物质,如盐、糖以及一些着色物质等。面料被沾污的类型有三种。

1. 直接接触沾污 面料在服用时与外界直接接触,如内衣和皮肤的接触,使油污沾到衣袖、领口等处;外衣和户外使用的纺织品与大气的接触,使大气中浮游尘屑被吸附;衣物与衣物或衣物与其他物体的接触,也常发生污物转移的情况。

2. 静电沾污 因纺织面料表面的静电荷对空气中悬浮物的吸引而造成的沾污,其吸尘程度取决于纤维所带的电荷和电量。

3.再沾污 在洗涤过程中,油污从重污衣物及污液中转移到轻污衣物上。

面料的防污性就是面料不易与干污或油污产生沾黏,或沾黏后污垢容易脱落,也能减轻在洗涤过程中污垢重新沾污衣物。面料的防污整理主要在于减小面料与污染物(干污或油污)的亲和力。若面料表面平整光滑有利于降低固体污物对面料的黏附;降低面料静电的产生和聚集也有利于降低面料对悬浮污物的吸附;降低面料的表面自由能(拒油整理)有利于降低面料对油污的吸附。

四、面料的防静电性能

在精密仪器的生产环境中,工作服装要求具有较高的抗静电性能;日常衣物中,特别是内衣类,若容易产生静电或积聚静电,穿着时皮肤会感觉过分干燥、不舒适;外衣类,若容易产生静电或积聚静电,则容易吸附大气中的浮游尘屑而使服装沾污。由导电性能差的合成纤维织成的面料在使用时可带 10kV 以上的高电压,所以不可避免地会产生放电现象,有时会对人体或仪器设备造成极大的危害。

纺织面料上的静电问题,可通过加快电荷的逸散速率或抑制静电的发生加以控制。大多数的纺织面料在一般大气条件下是电的良好绝缘体,在纺织面料与其他材料的摩擦过程中,不可避免地会产生许多电荷。对吸湿性好的、电阻率低的纤维素纤维面料来说,摩擦产生的电荷容易逸散,不至于积聚大量静电荷,在加工和使用过程中一般不会出现明显的静电现象;但大部分合成纤维面料的吸湿性较差,纤维间摩擦因数较高,极易在纤维上积聚静电荷。

改进合成纤维面料抗静电性的途径主要有两条:一是提高合成纤维的吸湿性能。由于纤维的吸湿性能与纤维泄露电阻之间有很密切的关系,当提高了纤维的吸湿性能,即可改进纤维及其面料的抗静电性能;二是制取导电纤维,再以少量的导电纤维与常规纤维进行混纺和交织,利用导电纤维导电或电晕放电作用,有效地释放电荷。

五、面料的防霉抗菌性能

对于内衣面料和蛋白质纤维面料,均要求具有较好的防霉抗菌性能。防霉抗菌性能对人体的健康和纺织面料的保养很有重要的意义。

面料的防霉抗菌性能主要是通过后整理而获得,常用的整理技术有六种。

(1)不溶化整理技术。是在合成纤维或再生纤维的纺丝液中加入某种药剂或把天然纤维面料、合成纤维面料用溶液浸轧、焙烘,使纤维上沉积一层不溶物或微溶物,从而制得抗微生物纤维或耐水洗、耐干洗的抑菌面料。

(2)用接枝、均聚和共聚法对面料进行处理,使其获得抗菌活性。

(3)用树脂或交联剂整理,使面料获得耐久性的抗菌作用。

(4)生成共价键整理法。如聚乙烯醇(维纶)与 5 - 硝基呋喃丙烯醛进行缩聚化反应,得到具有防霉抗菌性能的变性纤维。

(5)在面料表面涂上一层三烷氧基甲硅烷基季铵盐的水解产物,使其在纤维表面形成薄膜,既具有杀菌效果,可产生范围很广的抗菌、抗微生物活性,又具有有机硅的耐久性、耐水洗和淋漓的特性。

(6)微型胶囊技术,是一种物理化学整理方法。将抗菌活性物质储存在两层保护塑料薄膜之间,抗菌活性物质能游移到外层来,当外层的活性物质被水洗去或被紫外线降解用完时,通过控制释放机构能够从保护塑料薄膜中给予补充,从而得到耐久性的抗菌性能。

六、面料的紫外线防护性能

紫外线照射到纺织面料上,一部分在面料表面反射,一部分被面料吸收,其余则透过面料。随着反射率和吸收率的增大,透过率减少,对紫外线的防护性较好。抗紫外线机理就是增加纺织面料对紫外线的反射或吸收能力,达到遮断紫外线的目的。

依据防紫外线辐射的基本原理,紫外线防护方法可分为选择抗紫外线辐射的纤维和对纺织面料实施抗紫外线辐射的涂层。对面料进行含有抗紫外剂物质涂层浸渍处理,可以使面料对紫外线辐射反射和无损伤吸收,以此防紫外线透过,达到防护人体的目的。

评价纺织面料抗紫外线效果的指标有多种,主要有防晒因子(SPF)和防紫外线因子(UPF)两个指标,其中 SPF 用于化妆品,UPF 用于纺织面料。UPF 值越高,纺织面料的抗紫外性能越好。

由于防紫外线整理面料主要用于制作夏季服装或防护品,与人体皮肤直接接触,因此必须加强对防紫外线整理剂的皮肤过敏试验、毒性试验以及抗紫外线效果的稳定耐久性实验,确保产品防护功能的有效和对人体安全,而且对环境无害。

七、面料的隔音吸声性能

一般认为 ≤ 40dB 是人类可承受的正常声强环境,高于该值就会对人体的健康造成危害,包括影响睡眠、干扰工作、妨碍谈话和听力受损。若在 80dB 以上的噪声环境中生活,造成耳聋者可达 50% 。噪声还可导致女性生理机能紊乱、月经失调、流产率增大等。对生长发育期的婴幼儿来说,噪声危害更为明显,经常处在嘈杂环境中的婴儿不仅听力受到损伤,智力发展也会受到影响。

纺织面料是纤维的集合体,具有多孔、微振元、摩擦接触点,空隙内空气起着低通滤波器的作用,衰减了高频声波或使噪声的频谱失真,而且多空隙结构的界面,形成声波的来回反射和振动,产生内耗,从而降低噪声的强度和改变其传播途径,收到吸音、降噪的效果。

纺织面料作为优良的吸声和隔音材料,不会直接大量发射声音而造成再次污染。良好吸声的墙布和家具装饰布,可以很好地吸音而净化声音;优良隔音的纺织面料,不仅能形成美观的视觉屏风,而且可起到隔音、降噪、减少干扰的作用,是人类感官的良好防护材料。

☞ 思考题

1.纺织面料有哪些外观表现性能?

2.哪些服装要求面料具有好的悬垂性? 或要求有较高的耐日晒牢度? 或对面料的抗皱性

要求较高? 如何检测和评价?

 3. 纺织面料的穿着舒适性能与哪些因素有关?

 4. 纺织面料的密度对面料的性能有何影响?

 5. 纺织面料的物理性能通常指的是哪些? 它们对面料有何影响?

 6. 纺织面料的吸湿性、透水性、透气性、导热性和保温性与面料的哪些因素有关?

 7. 什么叫缩水率? 引起缩水的原因是什么? 哪些面料易缩水? 为什么?

 8. 什么是染色牢度? 它主要包括哪些内容?

 9. 哪些纺织面料要求具有较好的阻燃性能? 如何衡量纺织面料阻燃性能的好坏?

 10. 纺织面料如何获得较好的拒水拒油性能?

 11. 纺织面料如何获得较好的防污性能?

 12. 哪些纺织面料要求具有较好的防静电性能? 如何获得较好的防静电性能?

 13. 试述纺织面料降噪隔音的原理及其应用。

第十章 纺织面料的鉴别

● 本章知识点 ●

1. 掌握纺织面料的成分鉴别的方法及原理。
2. 掌握感官鉴别法的依据、主要方法和步骤及各种纺织纤维和面料的感官特征。
3. 掌握燃烧鉴别法的依据和鉴别过程及常见纺织纤维的燃烧特征。
4. 掌握密度梯度法的依据和鉴别过程及常见纺织纤维的密度。
5. 掌握显微镜观察法的依据及常见纺织纤维的纵向和横截面的形态特征。
6. 掌握溶解法的依据和鉴别过程及常见纺织纤维在化学试剂中的溶解情况。
7. 掌握试剂着色法的依据。了解碘—碘化钾溶液着色剂的配制及各种纺织纤维在碘—碘化钾溶液着色剂中的着色情况。
8. 掌握熔点法的依据和鉴别过程及常见合成纤维的熔点。
9. 掌握纺织面料正反面、经纬向的识别方法。
10. 掌握纺织面料疵点的识别方法。
11. 掌握变质纺织面料的识别方法。

纺织面料的鉴别,主要指的是纺织面料的成分鉴别,纺织面料的正反面、经纬向的识别,纺织面料的外观质量识别等方面。鉴定的方法不同于生产部门,是从应用的角度对纺织面料进行分析鉴别,方法简便易行,多数只作定性分析。

第一节 纺织面料成分的鉴别

纺织面料的种类很多,如何正确地识别和区分各类纺织面料,了解并掌握它们的组成和特点,对于纺织面料的选择和应用有很大意义。

对于纺织面料成分的鉴别,目前能够采用的方法很多,而各种方法的选定,都以纺织纤维的性质为基础的,因为构成纺织面料的最原始材料是纺织纤维。对于纯纺面料来讲,一般比较容易鉴别;但是对于混纺与交织的面料就复杂得多,它们往往无法用单一的方法进行鉴别,而常常需要两种或两种以上的方法同时使用。所以说,要想达到正确鉴别各种面料的目的,必须掌握各种纤维的性能及各种鉴别的方法和要领。

目前用于鉴别纺织纤维的方法通常有感官鉴别法、燃烧鉴别法、密度梯度法、显微镜观察法、溶解法、试剂着色法和熔点法等。在实际测定中,往往需要用几种不同的方法进行观察测试,最终才能得出正确的结论。

一、感官鉴别法

感官鉴别法又称手感目测法,它是指运用人的感觉器官,用眼看、手摸、耳听、鼻嗅的方法,对面料进行直观的判定,判定出面料的弹性、柔软性和折皱性等情况,再观察纤维的光泽、长度、粗细和弯曲程度,可以初步判断出纤维种类的方法。

用感官鉴别法来鉴别面料,必须要求测试者熟练地掌握各种面料的外观特征及其性能,同时还要掌握各类纤维的感官特点,才能够对面料的成分作出准确的判断。

由于感官鉴别法主要是依靠鉴别者的经验来鉴别面料,因此对于初学者比较难掌握。而且感官鉴别法不能鉴别化学纤维中的具体品种,因而准确性也受到一定的局限。所以感官鉴别法在实际运用中只是作为一种粗略的鉴别纤维种类的方法,要与其他鉴别方法结合运用。

(一)感官鉴别法的依据

感官鉴别法主要是依据纤维的外观形态、光泽、长短、粗细、曲直、软硬、弹性、强力等性能特征来进行鉴别的,因为纤维原料的以上特征决定了由它所构成的面料的基本特征。从纺织纤维到纱线,再到面料,经过了一系列的纺织染整加工过程,赋予了面料一定的组织结构、外观风格和内在性能,因而决定了面料的最终感官特征。

因此,感官鉴别法的依据是:各种纺织纤维的感官特征、纱线的特征、面料的风格特征以及后整理赋予面料的特殊性能等。

(二)感官鉴别法的主要方法和步骤

1.方法

(1)眼看:眼看是运用眼睛的视觉效应,观看面料的光泽明暗、染色情况、表面粗糙与否及组织、纹路和纤维的外观特征。

(2)手摸:手摸是运用手的触觉效应,感觉面料的软硬、光滑、粗糙、细洁、弹性、冷暖等。用手还可察觉出面料中纤维和纱线的强度和弹性。

(3)耳听、鼻嗅:听觉和嗅觉对判断某些面料的原料有一定的帮助。如蚕丝具有独特的丝鸣声;各类不同纤维面料的撕裂声不同;腈纶和羊毛纤维面料的气味有差异等。

2.步骤 感官鉴别法一般分四个步骤进行。

第一步:初步区分纤维或面料的所属大类。根据各类纤维或面料的感官特征,凭借视觉和触觉先初步判断出纤维或面料的大类:棉型、麻型、毛型、丝型;判断它是天然纤维还是化学纤维,是长丝面料还是短纤维面料。

第二步:由面料中纤维的感官特征,进一步判断原料的种类。从面料中抽出一些纱线,如果是机织面料应该经纬向分别取样分析,如果是针织面料而且是几种纱线交替或合并织入,也应该分别取样分析。将纱线分解成纤维状态,依据纺织纤维的感官特征,分析判断它应该属于哪一种纤维。

如果第一步中将被测面料初步判断为毛型面料,而其整根纱线的纤维符合羊毛特征,则基本上可以判断为羊毛纤维面料。如果纤维长度虽与羊毛相当,但是长度和卷曲度整齐均匀,手感缺乏柔和性,则可能是化学纤维仿毛面料。再如,第一步将被测面料初步判断为天然纤维面料,那么将面料中纤维的长度、形态、软硬、光泽、弹性等与天然纤维的感官特征相对照,作出判断结果。如果第一步中将被测面料判断为长丝面料,则有可能是蚕丝、黏胶纤维长丝或合成纤维长丝。此时可用舌尖润湿纤维的某一部分并拉伸。如果纤维的强度较大,而且干湿态无差别,不容易拉断,属于合成纤维长丝:涤纶长丝、锦纶长丝或丙纶长丝;如果强度较低,而且湿态时强度降低幅度明显,润湿处很容易被拉断,则属于黏胶纤维长丝;如果强度一般,湿态时略有下降,不一定在润湿的地方拉断,长丝光泽柔和,手感柔软而有弹性,则为蚕丝。

第三步:根据面料的感官特征做出最终判断。在上述判断的基础上,综合分析面料的外观和手感特征,再与各类面料的感官特征相对照,找出该面料与其他近似或易混淆面料间的感官差别,最终判断其原料组成。

第四步:验证判断结果。如果对判断把握不大时,可以采用其他方法予以验证。如果判断有误,可以重新进行感官鉴别或与其他方法相结合进行鉴别。

随着化学纤维和纺织染整工业的发展,许多化学纤维面料的外观和手感越来越接近于天然纤维面料,仅用感官鉴别法是很难作出准确判定的,因此还应当选择其他方法予以鉴别。

(三)各种纺织纤维和面料的感官特征

1. 天然纤维　　天然纤维的共同特点是:纤维长短不一,具有自然的光泽和天然的转曲,手感一般比较柔软,除了蚕丝以外,棉、麻、毛纤维比较细短(属于短纤维),并且含有一定的细小杂质,而蚕丝是纤细的长丝。

(1)棉纤维:短而细,长度一般为25～33mm,长度的整齐度较差。外形有天然转曲,光泽通常较暗淡,有棉结杂质。弹性较差,制品能攥起折痕,起皱后不易恢复,手感柔软。将一根纤维拉断后,断处纤维参差不齐,长短不一,浸湿时的强力大于干燥时的强力,伸长度比较小。

(2)麻纤维:麻纤维较长、粗硬,粗细不匀,没有天然卷曲,常因存在胶质而呈小束状(非单纤维状)。麻纤维比棉纤维长,但比羊毛纤维短,长度差异大于棉纤维。略有天然丝的光泽,颜色为象牙色、棕黄色、灰色等,纤维之间存在色差。纤维较平直,弹性和光泽较差,面料易于起皱,折皱不易消失。强力大,湿水后强力还会增大,伸长度较小。麻纤维面料比较粗硬,毛羽与人体接触会有刺痒感。

(3)蚕丝:蚕丝纤维在天然纤维中是最长、最细的,也是天然纤维中唯一的长丝,其长度为800～1000m。蚕丝弹性比较好,但不及羊毛。手感细腻柔软(柞蚕丝比桑蚕丝略粗),富有蚕丝所特有的光泽,手摸有凉爽的感觉。强度较好,伸长度适中,在干燥和湿润状态下拉断蚕丝,所用的力无明显区别,拉伸断裂后断处参差不齐。

(4)羊毛:通常是指绵羊身上卷曲的毛和山羊身上的直状毛。毛纤维表面覆盖鳞片,好像鱼鳞瓦片。纤维长度比棉、麻要长,一般细毛长度为 60 ~ 120mm,半细毛长度为 70 ~ 180mm,粗毛长度为 60 ~ 400mm。纤维呈明显的天然卷曲状,光泽柔和、滑糯。手感柔软,手摸有温暖的感觉,蓬松而富有弹性。但强度较小,伸长度较大。面料揉搓时不易折皱,手感滑爽挺括。有植物性杂质。

(5)山羊绒:该纤维极细软,长度较羊毛短。一般白羊绒长度为 34 ~ 58mm,青羊绒长度为 33 ~ 41mm。纤维细腻、轻柔、温暖,强度、弹性、伸长度优于羊毛,光泽柔和,有"软黄金"之称。但是卷曲度低于羊毛。

(6)兔毛:由绒毛和粗毛组成。纤维长、轻、软、净。其长度一般为 35 ~ 100mm,纤维比较松散,不结块。手感柔软,蓬松温暖,表面光滑。但是兔毛纤维的鳞片不发达、卷曲少,强度较低。

(7)马海毛:该纤维粗长而硬,长度一般为 120 ~ 150mm。卷曲不明显,强度高。表面光滑,光泽明亮,具有蚕丝般的光泽。纤维鳞片扁平、重叠少,可形成闪光的特殊效果,而且不易毡缩,易于洗涤。断裂强度高于羊毛,但是伸长率低于羊毛。

(8)牦牛绒:绒毛很细、很短,长度为 26 ~ 60mm,平均为 36mm。手感柔软、滑腻、蓬松、温暖,保暖性与羊绒相当,比羊毛好,弹性好。光泽较暗淡,在特种动物毛中是最差的。强力和卷曲率高于羊绒。有植物性杂质。

2. 化学纤维

(1)再生纤维:

①黏胶纤维:柔软、滑爽,但缺乏弹性,质地较重。可以分为长丝和短纤维两类,以短纤维为主。短纤维长度整齐。有光丝光泽明亮,稍有刺目感;消光后的无光丝光泽较柔和。纤维外观有平直光滑的,也有卷曲蓬松的。强度较低,特别在湿的状态下强度下降较多,伸长度适中,润湿后易折断,断头处呈散乱的纤毛物状,用水浸湿后揉之容易破碎(湿韧性较差),纤维在水中变厚、发硬。

②醋酯纤维(简称醋纤):手感柔软、滑爽,有优雅的珍珠般的光泽,纤维的强度和伸长率与羊毛接近,低于蚕丝、棉花、黏胶纤维和合成纤维。

(2)合成纤维:品种繁多,纤维的长度、细度、光泽、曲直等可根据用途设定。合成纤维一般来说强度大,弹性较好,手感光滑,但是不够柔软,伸长率适中,弹力丝伸长率较大。短纤维整齐度好,纤维端部切取平齐。

采用感官鉴别法来鉴别合成纤维,只能进行初步的鉴别,常见的合成纤维的感官特征如下。

①涤纶:强度高,延伸性好。弹性回复好,不折不皱,手感挺滑,硬挺性最好。吸湿性很差。

②锦纶:强度大,比其他合成纤维高,弹性回复好,不易拉断。手感比涤纶软塌,光泽与蚕丝接近,有凉爽感,色泽鲜艳。

③腈纶:蓬松、温暖,有类似于羊毛的外观和手感,色泽不够柔和,手感光滑而干爽,弹性较差。

④维纶:外观近似于棉纤维,但不如棉纤维柔软,吸湿性好,弹性较差,容易折皱,有凉爽感,色泽不鲜艳。

⑤丙纶:具有蜡状的手感和光泽。纤维强度高,弹性回复性好。相对密度很小,几乎不吸

湿,有闷热感。

⑥氯纶:手感温暖,摩擦后容易产生静电,弹性和光泽比较差。相对密度较小,几乎不吸湿,有闷热感。

⑦氨纶:具有较高的弹性回复性和尺寸稳定性,弹性和伸长率在合成纤维中是最大的,弹性伸长可以达到 6 ~ 8 倍,瞬时弹性回复率 100%。

3. 纯纺天然纤维面料

(1)纯棉纤维面料:光泽普遍柔和暗淡,外观不够细洁,有些发涩;粗糙的面料有棉结杂质,其手感柔软有身骨,但是弹性不佳,悬垂性不好,易皱折,用手紧握面料后迅速松开,面料会有明显的折痕,而且不容易回复。经过丝光或树脂整理后的棉纤维面料,其光泽、手感和弹性有所改观,毛羽减少,柔软光洁,略带丝绸光泽,不容易起皱。经过拉绒磨毛整理的棉纤维面料,其表面覆盖一层薄的绒毛,有温暖感。

(2)纯麻纤维面料:用苎麻或亚麻织成。苎麻纤维面料的布身细致洁净、紧密,布面的光泽好,手感硬挺滑爽,表面有绒毛,强度大,刚性强,凉爽感强,容易折皱,而且不容易回复。遇水能膨润。面料撕裂时声音干脆。亚麻纤维面料不容易吸附灰尘,表面有特殊的柔和光泽;手感比较松软,容易折皱,而且不容易回复。强度大,刚性强,遇水能膨胀。

(3)纯毛纤维面料:

①纯毛精纺呢绒是采用精梳毛纱织成的,所用羊毛的品质高。大多数质地较薄,布面光洁平整,纹路清晰精细,光泽自然柔和,有油润感,有天然膘光,颜色纯正。面料柔软、温暖,身骨挺括、滑糯,有弹性,不板、不烂、不粗、不硬,用手紧握面料后迅速松开,折痕能即时回复,基本没有折痕,即使有轻微折痕也可在短时间内消退。

②纯毛粗纺呢绒是采用粗梳毛纱织成的,面料一般经过缩绒和起毛处理。大多数质地紧密,厚重,布面丰满,色光柔和,膘光足。呢面和绒面类面料表面有绒毛覆盖,不露或半露底纹,纹面类织纹清晰。面料手感温暖,柔软而厚实,无板结,挺括而有弹性。用手紧握面料后迅速松开,折痕少,而且能很快回复平整。

(4)丝绸面料:

①桑蚕丝绸面料:以桑蚕丝(家蚕丝)为原料织成。面料光泽明亮、自然、柔和,色彩纯正、鲜艳,手感轻柔、平滑、细腻、富有弹性。用手紧握面料后迅速松开,有折皱,但是不很明显,以手托起能自然悬垂。干燥时用手去摸绸面时,有丝丝凉爽感和轻微的拉手感;摩擦绸面会发出清脆悦耳的"丝鸣"声。面料撕裂时声音清亮。在长丝的某一部位润湿后拉伸,断裂不一定发生在润湿处,而且纤维呈长短、粗细不一的断面。

②柞蚕丝绸面料:以柞蚕丝(野蚕丝)为原料织成。面料的光泽和鲜艳度不及桑蚕丝绸好,略显粗糙。手感不及桑蚕丝绸柔软,略带生硬感,表面有细小皱纹,不够平滑。吸湿性、透气性良好,而且湿强度比较高。因为天然色素难以去除,柞蚕丝绸呈天然的淡黄色,故不如桑蚕丝绸色泽纯净。柞蚕丝绸比桑蚕丝绸厚实,但细洁度、弹性稍差,易起皱,易起水渍印和泛黄。

4. 化学纤维与棉混纺面料(棉型化学纤维面料)

(1)涤/棉面料:光泽较纯棉纤维面料明亮,白中泛蓝光,色泽淡雅柔和。表面光洁平整、洁净,几乎没有棉结杂质。手感挺爽,弹性较好,抗折皱性能比纯棉纤维面料好,用手捏面料后有折痕,但不明显,而且回复较快。

(2)黏/棉面料:表面比较光滑,细致洁净,光泽柔和,色泽鲜艳。手感柔软,悬垂性好,有飘逸感。弹性较差,用手捏面料后有明显折痕,而且不容易回复。

(3)维/棉面料:色泽较暗,光泽有不匀感。手感粗糙而不柔和。用手捏面料后的折痕比黏/棉面料少,但是折痕比较明显,而且回复比较慢。

5.化学纤维与毛混纺面料(毛型化学纤维面料)

(1)毛/黏面料:以毛型黏胶纤维与羊毛纤维混纺织成。面料的光泽一般较暗淡,颜色不够鲜亮,缺乏羊毛的油润感,膘光不足。毛型感较差,弹性较差,容易折皱,而且不容易恢复,尤其是混纺原料中黏胶纤维的成分多时,用手紧握面料后形成的折痕更加明显。

薄型面料(精纺类)看上去有类似棉纤维面料的感觉,手感较疲软,有软塌感。厚型面料(粗纺类)有松散感,不够坚实挺括。

(2)毛/涤面料:多数为精纺面料。面料挺括、平整、光滑、细腻。织纹清晰,手感光滑、挺爽,身骨略为板硬而缺乏柔软,稍有粗糙感,不丰糯,呆板而不活络,并随着混纺原料中涤纶的成分增加而更加明显。光泽比较明亮,有闪光感,但是缺乏柔和的油润感。面料的弹性比纯毛呢绒的要好,但是毛型感不如纯毛呢绒和毛/腈呢绒。用手捏面料后迅速松开,几乎无折痕。

(3)毛/腈面料:光泽类似于人造毛纤维面料,纹理一般比较平坦不突出,质地轻柔,蓬松,毛型感强,呢面丰满,弹性好,折皱少,回复快,光泽没有纯毛呢绒柔和。手感柔润,温暖,抗皱性没有毛/涤面料好,悬垂性也不够好。

(4)毛/锦面料:有蜡状光泽,不够丰润,有蜡状手感,毛型感差。手感硬挺而不柔软,不活络,弹性和抗皱性较差,用手紧握面料后迅速松开,面料有明显的折痕,而且回复比较慢。

(5)毛/棉面料:外观和光泽都比较差,手感硬挺而不丰满,弹性比较差,用手紧握面料后迅速松开,面料有比较明显的折痕,而且回复比较慢。

6.化学纤维仿丝绸面料(丝型化学纤维面料)

(1)绢丝面料:是指由各种绢丝织制的面料,比如桑蚕绢丝面料、柞蚕绢丝面料和木薯蚕绢丝面料等。面料具有良好的吸湿性和透气性,手感柔糯、丰满、凉爽,质地坚韧牢固,光泽没有桑蚕丝绸的好。柞蚕绢丝面料和木薯蚕绢丝面料容易泛黄、起毛,用清水喷洒晾干后容易出现水渍。

(2)黏胶长丝面料:该品种繁多,由于组织结构和规格的不同,面料的形态特征会有所不同。其共同特点是:面料有耀眼的光泽,没有真丝绸柔和。手感柔软,滑爽油润,但不挺括,质地沉重,垂感好,身骨没有真丝绸轻盈、飘逸。用手紧握面料后迅速松开,面料折皱多而且明显,回复慢。强度较低,湿强度更低,润湿后容易被拉断,断裂处总是位于润湿处。

(3)涤纶丝面料:有蜡状的光泽,光泽明亮、耀眼,色泽均匀,有闪光感,但是不够真丝绸柔和。手感硬挺、光滑,有生硬感,没有真丝绸柔软、膨润,垂感较好,表面有比较强的凉爽感。弹性好,抗折皱性比真丝绸好,用手紧握面料后迅速松开,面料能立即平复,折痕少。揉搓时会发出涩硬的声音。

(4)锦纶丝面料:表面有蜡状感,光泽暗淡,色彩不够鲜艳。手感较硬挺,缺乏光滑性和柔软性。质地较轻,垂感一般。弹性好,抗皱性好,用手紧握面料后迅速松开,折痕比较轻,但是回复比较慢。面料结实耐用,不容易撕裂。

7.化学纤维仿毛面料(毛型化学纤维面料)

(1)涤纶仿毛纤维面料:大多数为精纺类面料。光泽不柔和,有金属般的光泽,缺乏膘光,闪色感强。手感挺括发涩,有弹性,悬垂性好,用手紧握面料后迅速松开,几乎没有折痕,但是面料比较生硬,缺乏柔和感,温暖感和丰满感没有纯毛纤维面料的好。揉搓时比较滑爽,声音响而生硬,没有纯毛纤维面料的柔糯感。

(2)腈纶仿毛纤维面料:质地轻盈、蓬松,手感温暖、柔软、毛型感强。用手搓揉面料会有涩滞感,没有羊毛纤维面料的滋润感,色彩鲜艳但是不够柔和。弹性没有涤纶仿毛纤维面料好,挺括感和悬垂感不强,有一种特殊的腈纶气味。

(3)黏胶纤维仿毛纤维面料:光泽比较暗淡,缺乏羊毛的油润感,毛型感比较差。手感疲软,身骨不够挺括,有板结感,布面不够匀净,容易起毛,弹性较差,很容易出现折痕,而且不容易消退。面料湿水后发硬、变厚,强度明显下降。悬垂性好。

8.化学纤维仿麻纤维面料(麻型化学纤维面料)

(1)麻/棉面料:外观不如纯棉面料,柔软性、抗皱性和光洁度比纯麻纤维面料好,其余性能与纯麻纤维面料相似,具有纯麻纤维面料的风格。

(2)麻/毛面料:风格粗犷,手摸时有扎手的感觉。弹性没有纯毛纤维面料好,但是比纯麻纤维面料好。

(3)麻/涤面料:集中了麻和涤纶两种纤维的优点,克服了各自纤维的缺点。面料比较光洁、平整,抗皱性大大改善,光泽比较好。弹性好,手感挺爽,有凉爽感。

(4)仿麻纤维面料:常见的有棉仿麻纤维面料和涤纶仿麻纤维面料等。棉仿麻纤维面料表面的结节由花式纱线或组织结构所形成,具有独特的风格,自然感不强,没有天然棉纤维面料的柔和光泽,手感不够刚硬。涤纶仿麻纤维面料挺括清爽,手感挺滑,强度高,弹性好,光泽均匀。用手紧握面料后迅速松开,没有折痕。

二、燃烧鉴别法

燃烧鉴别法是一种简便易行、常用,同时也是比较准确的鉴别方法。

燃烧鉴别法是通过纤维在火上燃烧,仔细观察纤维靠近火焰、在火焰中燃烧和离开火焰的燃烧情况;气味;烟的颜色;燃烧后灰烬的颜色、形状和硬度等。记录这些特征,与纤维燃烧应该具有的特征相比较,即可大致判断出燃烧纤维的种类。

(一)燃烧鉴别法的依据

燃烧鉴别法是依据各种纺织纤维燃烧时的现象和特征不同而进行的,如燃烧速度、熔化收缩情况、火焰颜色、燃烧气味、灰烬状态等。

对于纯纺面料和纯纺纱的交织面料采用燃烧鉴别法鉴别时,燃烧现象十分明显,表现出单一原料的特征,比较容易进行鉴别。

对于混纺面料和混纺纱的交织面料,燃烧时具有混合原料的现象,特征不够明显,特别是多种纤维混纺时,很难准确判断其中的原料成分。当纤维的混纺比悬殊时,主要表现出含量较高的纤维的燃烧特征,而含量少的纤维所表现的微弱特征往往容易被忽略,可能使得判断结果不准确。

对于某些经过防火、防燃及抗菌等处理的面料,其燃烧现象会有较大的出入,因而不宜采用燃烧鉴别法进行鉴别。

因此,为了准确起见,燃烧鉴别法可在感官鉴别法的基础上进行,对于已经确定的纯纺、混纺和交织面料可采取不同的处理方法。

(二)燃烧鉴别法的鉴别过程

燃烧鉴别时必须准备好镊子、酒精灯和火柴。用于鉴别的镊子应该清洁无污垢,以免影响正常燃烧而使现象失真。每做完一种纤维的燃烧试验,镊子必须清洁干净后再用于下一种纤维的鉴别。因为如果火焰本身有特殊的气味,会掩盖面料燃烧发出的气味,造成判断错误。

具体的燃烧鉴别过程是:把面料拆成几束经纬纱,用镊子夹持一束纱线先靠近火焰,看是否有卷缩和熔化现象,然后伸入火焰中,看燃烧情况和燃烧速度。再将试样离开火焰,观察能否继续燃烧及燃烧的速度。最后将试样放入火焰中进一步观察火焰的颜色、光亮、冒烟情况,有些面料可能还会发出声响。燃烧完毕,闻一闻灰烬散发的气味,观察燃烧后残留灰烬的颜色和形状,用手感觉其质地,如软、硬、松脆、能否压碎等。

(三)常见纺织纤维的燃烧特征

1. 棉纤维　遇火即燃烧,燃烧速度快,产生黄色火焰,有气味;稍有灰白色烟,离火后可以继续燃烧,吹熄火焰后仍有火星在续燃,但延续时间不长;燃烧后能保持原绒形状,手触易碎成松散的灰,灰烬呈灰色细软粉末,纤维的烧焦部分为黑色。

2. 麻纤维　燃烧很快,软化,不熔、不缩,产生黄色或蓝色火焰,有烧草的气味;离开火焰继续迅速燃烧;灰烬少,呈浅灰色或灰白色草灰末状。

3. 羊毛　接触火焰不马上燃烧,先卷缩,后冒烟,然后纤维起泡燃烧;火焰呈橘黄色,燃烧速度比棉纤维慢,离开火焰立即停燃,不易续燃,有烧头发和羽毛的臭味;灰烬不能保持纤维原状,而呈不定形或球状有光泽的黑褐色脆块,用手指一压即粉碎,灰烬数量较多,有燃烧时的气味。

4. 蚕丝　燃烧比较慢,熔融并卷曲,烧时缩成一团,有烧毛发的臭味;离开火焰时略带闪光,缓慢燃烧,有时会自灭;灰为黑褐色松脆小球,用手指一压即碎。

5. 黏胶纤维　燃烧性状基本与棉相似,但黏胶纤维燃烧速度比棉纤维稍快,灰烬更少,有时不易保持原形,黏胶纤维燃烧时会发出轻微的哔哔声。

6. 醋酯纤维　燃烧速度快,有火花,一边熔化,一边燃烧,烧时有刺鼻的醋酸味;离开火焰时,一边熔化,一边燃烧;灰为黑色有光泽的不规则块状,可用手指压碎。

7. 铜氨纤维　燃烧速度很快,不熔融,不收缩,有烧纸的气味;离开火焰继续迅速燃烧;灰烬少,呈浅灰色或灰白色。

8. 涤纶 燃烧时纤维先卷缩，一边熔化，一边缓慢燃烧，有黄白色火焰，火焰边呈蓝色，火焰顶部冒黑烟；离开火焰继续燃烧，有时会停止燃烧而自灭；燃烧时有芳香族气味或甜味；灰烬为黑褐色硬质小球，用手指不易捻碎。

9. 锦纶 与火焰接近时引起纤维收缩，接触火焰后，纤维迅速卷缩，并熔融成透明的胶状物，同时有小气泡，如趁热用针挑动，可将胶状物拉成细丝。燃烧时无火焰或呈橘黄色的微弱火焰，火焰的边缘呈蓝色，离开火焰则停止燃烧，有氨基味或芹菜香味。燃后纤维尖端呈浅褐色玻璃球体，坚硬不易压碎。

10. 腈纶 一边熔化熔融，一边燃烧，燃烧速度快；火焰呈白色，明亮有力，有时略有黑烟；有类似烧煤焦油的鱼腥臭味或辛辣味；离开火焰继续燃烧，但燃烧速度缓慢；灰烬为黑褐色不规则脆性小球，用手指易捻碎。

11. 维纶 燃烧时纤维迅速收缩，缓慢燃烧，火焰很小，几乎无烟；当纤维大量熔融时会产生较大的深黄色火焰，有小气泡；烧时带有电石气的特殊臭味；离开火焰继续燃烧，有时会自灭；灰烬为黑褐色不规则脆性小珠，用手指可捻碎。

12. 丙纶 一边卷缩，一边熔化，缓慢燃烧；有蓝色明亮火焰，冒黑色浓烟，有胶状物滴下；有类似烧石蜡的气味；离开火焰继续燃烧，有时会自灭；灰烬为不规则硬块状，透明，用手指不易捻碎。

13. 氯纶 难以燃烧；在火焰中熔融燃烧，冒黑色浓烟；离开火焰立即熄灭，不能续燃；烧时有难闻的刺鼻氯臭味；灰烬为不规则黑褐色硬块，用手指不易捻碎。

14. 氨纶 接近火焰先膨胀成圆形，而后收缩熔融；在火焰中熔融燃烧，燃烧速度比较缓慢，火焰呈黄色或蓝色；离开火焰边熔融边燃烧，缓慢自灭；烧时有特殊的刺激性气味；灰烬为白色黏着性块状物。

三、密度梯度法

(一)密度梯度法的依据

密度梯度法是依据各种纺织纤维具有不同密度的特点，通过检测纺织纤维的密度来进行鉴别纤维的。密度梯度法的特点是方法简便、精确度较高。

(二)密度梯度法的鉴别过程

用密度梯度法测定纤维的密度比其他方法准确、稳定、重现性好。

密度梯度法的鉴别过程是：首先配制密度梯度液，配制的方法是将两种不同密度而又能互相混合的轻液和重液适当混合，一般采用二甲苯为轻液，四氯化碳为重液，利用扩散作用，在两种液体界面轻液分子与重液分子互相扩散，使混合液在密度梯度管中形成一种具有从上而下连续变化的密度梯度液。用标准密度的小球来标定各个高度的密度值。然后将待测纺织纤维进行脱油、烘干等预处理，做成小球，把小球依次投入密度梯度管中，测定纤维的密度值，与纤维的标准密度作比较，从而鉴定出纤维的种类。因为密度梯度液会随温度的变化而变化，所以进行测试时务必保持密度梯度液的温度恒定。

(三)常见纺织纤维的密度

用密度梯度法测得的各种纺织纤维的密度见表10-1。

表 10 – 1　密度梯度法测得的各种纺织纤维的密度

纤维名称	密度(g/cm^3)	纤维名称	密度(g/cm^3)
棉	1.54	锦纶	1.14
羊毛	1.31 ~ 1.32	腈纶	1.14 ~ 1.17
苎麻	1.54 ~ 1.55	氨纶	1.00 ~ 1.30
蚕丝	1.33 ~ 1.36	维纶	1.26 ~ 1.30
黏胶纤维	1.49 ~ 1.50	丙纶	0.90 – 0.91
醋酯纤维	1.30	氯纶	1.39 ~ 1.40
涤纶	1.38 ~ 1.39		

四、显微镜观察法

(一)显微镜观察法的依据

显微镜观察法是依据纺织纤维的纵向和横截面形态特征来鉴别各种纤维,是广泛采用的一种方法。它既能鉴别单一成分的纤维,也可用于混纺产品的鉴别。用显微镜观察法鉴别纺织纤维时,检验者必须要熟悉各类纺织纤维的纵向和横截面形态特征,才能获得准确的鉴别结果。

在显微镜下通过观察纺织纤维的纵向形态,可以区分其所属的大类;通过观察纺织纤维的横截面形态,可以确定纤维的具体名称。

各种天然纤维与再生纤维的形态特征明显而独特,因此用生物显微镜放大 150 倍左右进行观察,很容易确定纤维的种类,准确率高。

但是大多数合成纤维纵向平滑,呈圆柱状,横截面为圆形,因此不能够单凭显微镜观察法得出结论,在鉴别时应适当与其他方法相结合。特别是近年来,由于异形化学纤维的品种逐渐增多,在显微镜下观察时容易与某些天然纤维混淆,各种化学纤维的异形丝如果只是根据横截面是无法判断其原料组成的,必须同时采用准确率较高的其他鉴别方法进行鉴别。

(二)常见纺织纤维的纵向和横截面的形态特征

用显微镜测得的常见纺织纤维的纵向和横截面的形态特征见表 10 – 2。

表 10 – 2　常见纺织纤维的纵向和横截面的形态特征

纤维名称	纵向形态	横截面形态
棉	扁平带状,有天然转曲	腰子形,有中腔
羊毛	细长柱状,有鳞片,有卷曲	圆形或接近圆形
山羊绒	鳞片的边缘比较光滑,紧贴毛干,环形覆盖,间距比较大	圆形或接近圆形
兔毛	表面有鳞片,卷曲比较少,有断开的髓腔	哑铃形
马海毛	表面有鳞片,紧贴毛干,重叠很少,卷曲少	圆形,圆整度比较高
桑蚕丝	光滑平直	不规则三角形
柞蚕丝	光滑平直	不规则三角形
蓖麻蚕丝	光滑平直	不规则三角形

纤维名称	纵向形态	横截面形态
苎麻	长带状,没有转曲,有横节竖纹	腰圆形,有中腔和裂缝
亚麻	长带状,没有转曲,有横节竖纹	不规则多角形,中腔小
黄麻	长带状,没有转曲,有横节竖纹	不规则多角形,中腔大
罗布麻	长带状,没有转曲,有横节竖纹	不规则腰子形,中腔小
剑麻	圆筒状,中间略宽,两端比较钝,而且厚,有时有尖形或分叉	多角形,有明显的中腔,呈大小不一的腰子形或比较圆的多角形
黏胶纤维	有平直的沟槽	锯齿形,有皮芯结构
富强纤维	光滑平直	圆形或有少量的锯齿形,几乎是全芯层
醋酯纤维	有1~2根沟槽	三叶形或不规则锯齿形
涤纶	光滑平直	圆形
锦纶	光滑平直	圆形
腈纶	光滑平直或有1~2根沟槽	圆形或哑铃形
维纶	有1~2根沟槽	腰圆形,有皮芯结构
丙纶	光滑平直	圆形
氯纶	光滑平直或有1~2根沟槽	近似圆形
氨纶	光滑平直	圆形或腰圆形

从以上纺织纤维的特征可以看出,化学纤维的横截面大多数为圆形。其纵向一般比较光滑平直,呈长棒状,在显微镜下很难进行区分,所以必须与其他方法结合才能鉴别化学纤维。

五、溶解法

(一)溶解法的依据

溶解法是依据不同的纺织纤维在不同种类和浓度的化学试剂中有不同的溶解性能来鉴别纺织纤维的方法。它适用于各种纺织纤维和面料,包括染色纤维或混合成分的纤维、纱线与面料。溶解法是常见的鉴别纺织纤维的方法,具有简单易行、测定快速、准确性高的特点,而且实验结果的判断不受纺织纤维后整理(如防缩、防皱、阻燃等整理)的影响。

(二)溶解法的鉴别过程

对于纯纺面料,鉴别时,要将一定浓度的化学试剂加入盛有要鉴别纺织纤维的试管中,然后观察和仔细区分纺织纤维的溶解情况(溶解、部分溶解、微溶、不溶解),并仔细记录其溶解时的温度(常温溶解、加热溶解、煮沸溶解)。

对于混纺面料,鉴别时,需要先把面料拆分为一根根的纺织纤维,然后把纺织纤维放在有凹面的载玻片上,将纤维展开,滴入化学试剂,在显微镜下进行观察,从中观察组分纤维的溶解情况,确定纤维的种类。

由于化学溶剂的浓度和温度对于纺织纤维的溶解性能有比较明显的影响,因此用溶解法鉴别纺织纤维时,应当严格控制化学试剂的浓度和温度。

(三)常见纺织纤维在化学试剂中的溶解情况

常见纺织纤维在化学试剂中的溶解情况见表 10-3。

表 10-3　常见纺织纤维在化学试剂中的溶解情况

纤维名称	盐酸(37%,24℃)	硫酸(75%,24℃)	甲酸(88%,室温)	氢氧化钠(5%,煮沸)
棉	不溶解	溶解	不溶解	不溶解
麻	不溶解	溶解	不溶解	不溶解
羊毛	不溶解或微溶	不溶解	不溶解	不溶解
蚕丝	溶解	溶解	不溶解	溶解
黏胶纤维	溶解	溶解	不溶解	溶解
醋酯纤维	不溶解	溶解	不溶解	溶解
涤纶	不溶解	不溶解	不溶解	不溶解
锦纶	溶解	溶解	溶解	溶解
腈纶	不溶解	微溶	不溶解	不溶解
维纶	溶解	溶解	溶解	溶解
丙纶	不溶解	不溶解	不溶解	不溶解
氯纶	不溶解	不溶解	不溶解	不溶解
氨纶	不溶解	部分溶解	不溶解	微溶

在纺织生产中,往往是由几种纤维组成的混合原料,因此,不仅要鉴别出各种纤维的种类,而且还要鉴别出各种纤维的含量。比如在羊毛纤维面料中,纯毛面料只占一小部分,大部分是混纺面料。混纺面料的鉴别,实际上是对组成面料的纱线的各部分纤维及其含量进行鉴别和分析。鉴别的方法一般是将面料分拆成经纱和纬纱,并将经纱和纬纱解开成纤维状,采用感官鉴别法、燃烧鉴别法、密度梯度法和显微镜观察法等鉴别出组成纱线的纺织纤维的种类,再采用溶解法用某种溶剂把其中一种或几种纤维溶解,从溶解失重或不溶解纤维的重量计算出各种纤维的百分含量。

六、试剂着色法

(一)试剂着色法的依据

试剂着色法是根据各种纺织纤维对某种化学试剂的着色性能不同来迅速鉴别纺织纤维品种的方法。试剂着色法只适用于未染色或纯纺纱线及面料。对有色的纺织纤维或纺织面料必须先进行脱色处理。

用于鉴别纺织纤维的着色剂分专用显色剂和通用显色剂两种。专用显色剂是用于鉴别某一类特定的纺织纤维。通用显色剂是由各种不同的染料混合而成,可以对各种纺织纤维着色,再根据着色情况来鉴别纺织纤维。

(二)碘—碘化钾溶液着色剂的配制和纺织纤维的着色情况

将 20g 碘溶解于 100mL 的碘化钾溶液中,放置几分钟后,将碘过滤掉,得到碘—碘化钾溶液。把碘—钾溶液着色剂分别滴到纺织纤维中,观察纺织纤维是否着色。各种纺织纤维在碘—钾溶液着色剂中的着色情况见表 10 −4。

表 10 −4　纺织纤维在碘—钾溶液着色剂中的着色情况

纤维名称	着色情况	纤维名称	着色情况
棉	不染色	涤纶	不染色
麻	不染色	锦纶	黑褐色
羊毛	淡黄色	腈纶	褐色
蚕丝	淡黄色	维纶	灰蓝色
黏胶纤维	黑蓝青色	丙纶	不染色
醋酯纤维	黄褐色	氯纶	不染色
铜氨纤维	黑蓝青色		

七、熔点法

(一)熔点法的依据

熔点法是依据各种合成纤维的熔融特性不同,利用熔点仪测定其熔点,从而鉴别出纺织纤维的品种。大多数合成纤维都没有确切的熔点,同一种合成纤维的熔点也不是一个固定值,但是熔点基本上固定在一个比较狭小的范围内,因此,根据熔点可以确定合成纤维的种类。这是鉴别合成纤维的方法之一,这种方法一般不单独使用,而是在初步鉴别之后作为证实的辅助方法,只适用于未经抗熔处理的纯纺合成纤维面料。

(二)熔点法的鉴别过程

1. 样品制备　先用剪刀将待测的合成纤维剪成不超过 1mm 长的小段,然后取适量纤维段放在载玻片的中部,用镊子把纤维段尽量的平铺均匀分布,面积约 8mm²,盖上盖玻片。

2. 开机准备　开机预热 15min 左右,其间以负荷压块代替纤维试样,启动加热装置使温度升高到 270℃左右,然后打开风机降温到 90℃左右,取下负荷压块,关闭风机,准备试验。

3. 试验过程

(1)将已经制好的样片放在试样加热台上,使纤维遮住导光孔,将负荷压块压在样片上,套上保温罩,盖上隔热玻璃。

(2)在对每一个纤维品种的测试之前,首先要进行样板试验。样板试验时,按下加热键后仪器快速升温到试样熔融,仪器自动将样板试验的熔点值减去 50℃作为预置点温度存入计算机。正式试验中当温度升到预置点温度时,仪器将自动调整加热效率,控制升温速度。

(3)打开加热装置,仪器开始对试样进行加热、监测,在熔融前 50℃左右(即预置点温度)时自动控温,逐步减慢升温速度,在熔融前 10℃左右进入等速升温,当试样全部熔融后,仪器自动报出熔点温度值,并自动切断加热器电源。此时,操作者打开风机,取下隔热玻璃和保温罩等,并在加热台上放上散热器,使温度下降到要求值(一般在90℃左右)。

（三）常见合成纤维的熔点

常见合成纤维的熔点见表10-5。

表 10-5　常见合成纤维的熔点

纤维名称	熔点(℃)	纤维名称	熔点(℃)
涤纶	255~325	乙纶	125~135
锦纶66	250~268	腈纶	不明显
锦纶6	215~250	维纶	不明显
氨纶	200~250	二醋酯纤维	255~300
氯纶	200~210	三醋酯纤维	300
丙纶	165~173		

第二节　纺织面料的正反面及经纬向的识别

一、纺织面料正反面的识别

识别纺织面料正反面的方法很多,一般可以用眼看、手摸的感官方法来识别;也可以从纺织面料的组织结构特征、花色特点、特殊整理后的外观特殊效应,以及从纺织面料的商标贴头和印章等方面来识别。

（一）根据纺织面料的组织结构识别

各种棉、毛、麻、丝和化学纤维面料的组织结构,总是以平纹、斜纹和缎纹为基本组织。其他各种小花纹、复杂组织和大花纹面料,都是从基本组织发展变化而来的,所以从纺织面料的组织结构的基本规律不难识别它的正反面。

1. 平纹面料　正面比较平整光洁,颜色、花型清晰,色泽匀净鲜明。反面较暗淡,布边较粗糙,纹路不清。

2. 斜纹面料　主要看其纹路斜势。华达呢、双面卡、涤卡等面料的正面斜纹是从右上方向左下方倾斜,称"撇纹";纱卡、哔叽、涤/棉布等面料的正面斜纹是从左上方向右下方倾斜,称"捺纹"。

（1）单面斜纹:正面纹路明显、清晰。反面则模糊不清。

（2）双面斜纹:面料正反面纹路都比较明显、饱满、清晰。

（3）线斜纹:面料的斜纹由左下斜向右上者为正面。

（4）纱斜纹:面料的斜纹由右下斜向左上者为正面。

3. 缎纹面料　纹路倾斜度较小,经面缎纹的正面,经纱浮长较长。纬面缎纹的正面,纬纱浮长较长。缎纹面料的正面比较紧密、平直、光滑,并富有光泽。反面织纹不明显,不如正面光洁柔滑,光泽也比较晦暗。

(二)根据纺织面料的外观效应识别

各种纺织面料的花纹、图案,一般来讲,正面比较清晰、洁净,图案的造型、线条轮廓比较精细明显,层次分明,色彩鲜艳、饱满。而反面则较正面色泽浅淡,线条轮廓比较模糊,花纹缺乏层次,光泽也比较暗淡。

1.印花布 正面花型色泽清晰、醒目,色泽较鲜艳。反面则模糊、暗淡。

2.纱罗面料 正面纹路清晰,绞经突出。

3.毛巾面料 正面毛圈密度大。

(三)根据纺织面料的花纹识别

凡是提花、提格、提条面料正面的织纹,一般浮纱较少,不论条纹、格子和提花的花纹,都比反面明显,线条清晰,轮廓突出,色泽匀净,光泽明亮柔和。

提花面料的正面织得精致细密。反面有长条挑纱。

具有条格外观的面料和配色花纹的面料,其正面花纹必然是清晰悦目。凸条及凹凸衣料,正面紧密而细腻,具有条状或图案凸纹。而反面较粗糙,有较长的浮线。

(四)根据纺织面料的布边特征识别

一般正面的布边比反面平整、光洁。反面的布边边沿呈向里卷曲状。

无梭织机面料的正面边沿比较平整。反面边沿可以见到纬纱纱头的毛丝。

有些面料的布边上织出字码或其他字号,正面的字码或字号清晰、明显、光洁。反面的字码或文字比较模糊,字体呈反写状。

(五)根据纺织面料经过特殊整理后的外观效应识别

1.起毛面料 单面起毛的面料,起毛绒的一面为正面。双面起毛的面料(如绒布),则以绒毛光洁、紧密整齐的一面为面料的正面。

2.双层、多层的面料 如正反面的经纬密度不同,则正面一般具有较大的密度或正面的原料较佳。

3.烂花面料 正面轮廓清晰,有层次,色泽鲜明。

(六)根据纺织面料的商标和印章识别

整匹面料,除了出口产品,在检验成包时,一般都粘贴产品说明书(商标),粘贴的一面是面料的反面。

每匹、每段面料的两端盖有出厂日期和检验印章的是面料的反面。

外销产品,商标贴头和印章盖贴在正面。

(七)根据纺织面料的包装形式识别

各种纺织产品成匹包装时,每匹布头朝外的一面是反面。

毛纤维面料或有些化学纤维面料大部分是双层折合的,折在里面的是正面。

多数纺织面料,其正反面有明显的区别,但也有不少面料的正反面极为相似,两面均可应用,因此对这类面料可不强求区别其正反面。

二、纺织面料经纬向的识别

纺织面料的经纬向在外观上存在一定的差别,如图案、条格等,在性能上也有所不同,如延伸性、悬垂性等。

(一)根据纺织面料的布边识别

有布边的面料,与布边相平行的方向,即匹长方向为经向。与布边相垂直的方向,即幅宽方向为纬向。

(二)根据纺织面料的密度识别

一般面料的经密大于纬密。

(三)根据纱线的原料识别

交织面料的经纱一般原料较好,强力较高。

在不同原料的交织面料中,一般棉毛或棉麻交织的面料,棉为经纱。毛丝交织面料中,丝为经纱。毛丝、毛棉交织面料中,则丝、棉为经纱。天然丝与绢丝交织面料中,天然丝为经纱。天然丝与黏胶长丝交织面料中,则天然丝为经纱。由于面料的用途极广,品种也很多,对面料原料和组织结构的要求也是多种多样,因此在判断时,还要根据面料的具体情况来定。

(四)根据成纱的捻向识别

单纱面料的成纱捻向不同时,则 Z 捻向为经向,S 捻向为纬向。

(五)根据纱线的捻度识别

一般捻度大的为经向,捻度小的为纬向。

(六)根据纱线的结构识别

如果面料的一个方向为股线,另一个方向为单纱,则股线为经向。

如果面料经纬向的纱线粗细不同,一般经向多为纱,纬向多为花色纱(如竹节纱)。

(七)根据浆纱情况识别

一般面料的上浆方向为经向,不上浆的方向为纬向。

(八)根据筘痕识别

筘痕明显的面料,筘痕方向为经向。

(九)根据面料的经纬纱线密度、捻向和捻度识别

面料的经纬纱线密度、捻向、捻度都差异不大时,则纱线条干均匀、光泽较好的为经向。

面料有一个系统的纱线具有多种不同的线密度,则这个系统纱线的方向为经向。

(十)根据面料的伸缩性识别

面料的伸缩性,一般是经向较小,纬向较大。

第三节　纺织面料外观质量的鉴别

一、纺织面料疵点的识别

纺织面料在纺纱、织造和印染的生产过程中,因各种因素造成损害面料外观质量的各种缺

陷,称为面料的外观疵点。

疵点可以分为局部性疵点和散布性疵点。出现在一匹面料部分位置上的称为局部性外观疵点;散布面积很广的称为散布性外观疵点。

纺织面料的轻微疵点仅会影响面料的外观,但是严重的疵点不但影响外观,而且会损害面料的局部强度和耐磨程度,降低面料的耐用性,影响服用性能。因此,如果发现面料有疵点,在裁剪时一定要尽量避开,假如实在避不开,应将疵点安排在隐蔽处或不易摩擦、拉伸的部位,以保证服装的外观和质量。

疵点的种类很多,产生的原因和外观特征各不相同,识别时可以参照表 10 - 6。

表 10 - 6　常见面料的疵点及外观特征

疵点名称	疵 点 外 观 特 征
断经	在面料中缺少一根或数根经纱的直条缝
沉纱	面料的正面或反面的个别经纱脱离组织,并有相当长距离未与纬纱交织
跳花	三根或三根以上的经纱或纬纱相互脱离组织,形成规则或不规则的疵点
豁边	边组织内经、纬纱共断或单断三根以上者
蛛网	在棉纤维面料中,经纬纱相互脱离组织在 16 根以上
破洞	经纬纱断裂,在面料上呈现窟窿
粗纱	包括粗经和粗纬,指在面料上出现几根或十几根较本身纱支粗的经纱或纬纱
竹节纱	面料上经向 20~30cm 内无规则地散布着若干粗节纱
大肚纱	包括捻纱,带入纱线、回丝、回毛等成枣核状者
双纬	一梭口内同时织入两根纬纱,或纱线在布边断头,又被带入面料中
紧捻纱	相当长的一段纱上捻度较大,使平面上光泽较暗且皱缩
条干不匀	经纬纱粗细不匀,致使较大面积的面料上呈现不规则的粗细纱节
稀弄、稀纬、薄段	面料横向只见经纱而无纬纱成空隙者,称稀弄;纬纱排列稀少不匀,在棉纤维面料中,其经向长度在 3cm 以内者,称稀纬;超过 3cm 者,称薄段
密路、厚段	面料纬向形成紧密的横条痕,在棉纤维面料中经向的长度在 3cm 以内者,称密路;超过 3cm 者,称厚段
边疵	破边、布边颜色深浅不匀或呈荷叶边
棉结杂质	在棉纤维面料中,坯布表面有棉籽屑、飞花、回丝、棕毛和棉结杂物
斑渍	面料表面呈现大小不一的深浅色的斑痕,根据成因的不同分为油斑、锈斑、水斑、色斑、污斑等
色条	沿经向伸延长短粗细不一的色
横档	沿纬向伸延深浅分明,宽窄不一的色
脱纬	纬纱从梭内跳出三根以上者
百脚	斜纹面料在织造时,组织破坏,沿纬向出现很长一段跳花
折痕	织坯布时,将织成的疵点部分纬纱拆除,重新再织后,布面仍留有明显的丝绒毛的横条痕迹
轧梭	梭子运行不正常,中途被筘打纬所轧住,部分纱受损或断裂,形成菱形特稀的空隙

疵点名称	疵点外观特征
搔损	在用铁制梳状工具修理布面时,因操作不当,而使面料纱线受损伤
错纬	纬纱特数用错
松经	经纱松弛如弓或捻度过小
筘路	筘号使用不当及质量问题,使面料经纱排列稀密不均匀而出现的条纹疵点
筘穿错	穿错筘齿而造成的经向条纹
狭幅	布幅小于规定
斜纹反向	斜向纹路与规定相反
花纹不符	色经排列错误,或各色纬纱织错,使成品花纹与设计不符
色差	色泽与标准色不符。一匹面料的两头色泽不一致,幅宽左右有差异,染色不匀有深浅
色条	沿经向延伸的线状、条状或阔条状的疵点,包括皱纹、油经、拖纱、污纱造成的色条
条纹	面料经向延伸或断续散布全匹的色泽有深浅的条状
条痕	面料着色深浅不一,形成横向色差
花纹不符	印花面料的花纹与设计图样有差别,包括对花不准、花纹错刻、漏印、露底、变形等
深浅细点	印花面料的表面散布着过多的深浅色细点。在浅色面料上表现较明显
歪斜	印花面料的花纹图案或格线发生歪斜
印偏	面料布幅间的花纹颜色深浅不一
拖浆	面料上有不规则的带状或块状的非花纹色浆
色花	纱线染色不匀,成品后形成花斑,面料有深浅色花
沾色	纱线染色后,浮色没有洗干净,或染料不佳,使与色纱相邻的白纱或浅色纱受到沾染,以致面料表面出现晕状花斑或花纹界限不清

二、变质纺织面料的识别

当纺织面料发生变质之后,总是在它的外观和性质上引起一些变化,而这些变化是可以通过人的感官器官加以识别的。其主要方法不外乎是"看、摸、听、嗅、舔",利用人的视觉、触觉、听觉、嗅觉和味觉来进行初步的识别。

(一)看

看就是观察面料的色泽、外形,有无变质所留下的痕迹。如风渍、油污、水斑、霉斑点、沾色、变色或与面料正常状态不一的异样特征。

(二)摸

摸就是用手紧握面料,感觉有无僵硬、潮黏、发热等发生变质的症状。

(三)听

听是通过撕扯面料所发出的声音与正常面料所发出的清脆声响相对照,如声音哑、浊、无声时,可能发生变质。

(四)嗅

嗅是通过对面料闻味,来判别面料是否变质。除了经过特殊整理的面料(如涂防雨剂或用树脂处理等)外,凡是有异样气味的,如酸、霉、漂白粉味等,说明面料已经变质。

(五)舔

舔就是通过舌舔面料后,如有面粉发霉或带酸味道的,说明已经发霉。

☞ 思考题

1. 简述感官鉴别法的依据及各种纺织纤维和面料的感官特征。

2. 简述燃烧鉴别法的依据及常见纺织纤维的燃烧特征。

3. 简述密度梯度法的依据及常见纺织纤维的密度。

4. 简述显微镜观察法的依据及常见纺织纤维的纵向和横截面的形态特征。

5. 简述溶解法的依据和鉴别过程及常见纺织纤维在化学试剂中的溶解情况。

6. 简述试剂着色法的依据及各种纺织纤维在碘—碘化钾溶液着色剂中的着色情况。

7. 简述熔点法的依据及常见合成纤维的熔点。

8. 如何根据纺织面料的组织结构、外观效应、组织变化的花纹、布边特征、经过特殊整理后的外观效应、商标和印章、包装形式等识别纺织面料的正反面?

9. 如何根据纺织面料的布边、密度、纱线的原料、成纱的捻向、纱线的捻度、纱线的结构、浆纱情况、筘痕、经纬纱特数、捻向和捻度、伸缩性等识别纺织面料的经纬向?

10. 如何识别变质的纺织面料?

11. 试用所学的知识鉴别几块流行面料的原料、正反面和经纬向。

12. 鉴别棉、麻、毛、丝、涤纶、锦纶、腈纶纤维,各采用何种方法最简便可靠?

13. 比较下列面料在感官上的差别,并用感官鉴别法进行鉴别。

(1)纯棉面料、涤棉面料、人造棉面料

(2)纯毛呢绒;涤纶与羊毛,腈纶与羊毛,黏胶纤维与羊毛的混纺呢绒;黏胶人造毛、纯涤纶仿毛呢绒

(3)桑蚕丝绸、柞蚕丝绸、人造丝绸、涤纶丝绸、锦纶丝绸

(4)纯麻纤维面料、涤/麻纤维面料、仿麻纤维面料

第十一章　纺织面料的使用、储藏和保养

● 本章知识点 ●

1. 掌握纺织面料成品说明书包括的主要项目及纺织面料编号的
   方法和含义。
2. 掌握纺织面料在选用、裁剪、缝制、熨烫过程中对制作工艺的影响及
   其应用，掌握纺织面料熨烫的要点。
3. 掌握纺织面料在储藏过程中变质的情况及其储藏和保养要点。
4. 掌握洗涤剂的选择原则及纺织面料洗涤的要点，熟悉国际常用的
   洗涤标志。
5. 掌握污渍去除的原则和方法及常见污渍的去除与注意的问题。

第一节　纺织面料的成品说明和面料的编号

一、成品说明书的主要项目

成品说明书是在贸易或销售中，贸易商或厂家向消费者提供确切的纺织面料的有关说明。国际上所有的纺织面料在销售时必须要有相应的成品说明书，以便在销售纺织面料时，对顾客起到说明和介绍的作用；对销售人员来说，则可根据所销售的品种掌握面料的性能，再向顾客宣传，以促进销售。

成品说明书的主要项目有成品商标、面料品名、原料成分、规格、等级、厂名等内容。

(一)成品商标

商标是产品生产者、经销者为使生产、制造、加工的产品区别于其他生产者、经销者的产品，而置于产品表面或说明书上的一个标志。在成品说明书上标示出的商标可说明产品的来源，保证产品质量，提高企业的知名度并具有广告宣传的作用。

(二)面料品名

1.棉纤维面料的品名　平布、府绸、卡其、牛仔布、灯芯绒、平绒、泡泡纱、帆布、绒布、牛津布、直贡、斜纹布、条格布等。

2.毛纤维面料的品名　华达呢、哔叽、啥味呢、凡立丁、派力司、女衣呢、贡呢、花呢、麦尔登、大衣呢、法兰绒、粗花呢、女式呢、海军呢、制服呢、大众呢等。

3.麻纤维面料的品名 纯苎麻纤维面料、纯亚麻纤维面料、棉/麻面料、棉麻交织面料、涤/麻面料、黏/麻面料、麻黏交织面料等。

4.丝面料的品名 电力纺、涤丝纺、尼丝纺、富春纺、有光纺、双绉、乔其纱、绉缎、织锦缎、乔其绒、绵绸、杭罗、莨绸、斜纹绸、美丽绸、建春绡、烂花绡等。

5.针织面料的品名 汗布、棉毛布、起绒针织布、天鹅绒、罗纹布、网眼布、提花针织布、经编丝绒、驼绒等。

(三)原料成分

在成品说明书上必须标示出纺织面料所用的原料。原料成分标识可为消费者在购买成品时提供该产品价格的依据,并根据原料的种类了解纺织面料的性能。原料成分说明要标示成分名称,若为混纺面料,须标示出各种原料成分所含的比例。在纺织品贸易中,对于进出口的面料,其成品说明书的原料成分标识为外文标识。

(四)规格

纺织面料规格由品名、经纬纱线的细度、经纬密度、幅宽、重量等组成。表示方法为:品种,经纱细度×纬纱细度,经纱密度×纬纱密度,幅宽(重量)。从事纺织面料设计、生产、测试及其销售人员必须熟悉面料的规格。各种面料规格举例如下。

例1:纯棉府绸 20tex×2×20tex×2(100/2×100/2),567 根/10cm×299 根/10cm,幅宽135/137cm

例2:21 条纬弹灯芯绒 36tex×27tex＋27tex＋70 旦,173 根/10cm×528 根/10cm,幅宽132/135cm

例3:棉/涤(65/35)色织青年布 13tex×13tex,404 根/10cm×278 根/10cm,幅宽109/112cm

例4:纯棉府绸 14.5tex×2×14.5tex;526 根/10cm×372 根/10cm;幅宽 144cm

例5:毛/涤(60/40)华达呢 15.6tex×2tex×23.8tex×2(64 公支/2×42 公支/2),494×290,幅宽 144cm

在纺织面料规格的表示中,棉纤维面料的经纬纱细度采用英制支数或线密度表示,毛纤维面料中的经纬纱细度一般采用公制支数表示。丝面料中的蚕丝和化学纤维长丝的经纬纱细度一般采用纤度表示。麻纤维面料中的经纬纱细度一般采用英制支数表示。

(五)等级和厂名

纺织面料在出厂前经等级检验,并将检验的结果和厂名均标注于使用说明书上。

(六)纺织面料生态标识

天然纤维面料以其优良的舒适性深受人们的喜爱,符合现代消费观念的发展潮流,即回归自然、追求舒适的消费理念。为了维护天然纤维优质产品在国内外市场上的信誉,保护消费者和生产企业的合法权益,营造良好的天然纤维制品市场环境,提高产品的品质与档次,使消费者买到称心如意、货真价实的天然纤维面料,面料厂家还可申请在成品说明书上标示纯棉产品标志、纯羊毛标志、纯麻标志、纯真丝标志。生态标识的使用象征着该面料为高品质的产品。

成品说明书主要包括以上项目。另外,纺织面料除合成纤维面料或以合成纤维为主的混纺面料以外,一般面料如果未经防缩整理,落水或洗涤后经纬向都会有一定程度的收缩。服装企业要根据经、纬向缩水率,预计面料的尺寸,预留缩水量,以保证成衣尺寸的合适与稳定。对于面料采购商要考虑缩水率对采购数量的影响。因此,成品说明书中还可将面料的缩水率标示出来。成品说明书的格式见表11-1。

表11-1　成品说明书的格式

商标图案			
品　名		面料成分	
幅宽(厘米或英寸)		匹长(米或码)	
规格(面料的经纬纱细度;经纬密度)			
缩水率(%)	经向		
	纬向		
等　级			
厂　名			

二、纺织面料的编号方法和含义

(一)棉纤维面料的编号方法和含义

棉纤维面料的编号用以表示面料所属的品种类别,可分为本色棉纤维面料的编号和印染棉纤维面料的编号两种。

1. 本色棉纤维面料的编号　本色棉纤维面料的编号由三位数字构成。第一位数字表示品种类别,第二、三位数字表示顺序号。本色棉纤维面料的编号和含义见表11-2。

表11-2　本色棉纤维面料的编号和含义

编号	第一位数字(品种种类)									第二、三位数字
	1	2	3	4	5	6	7	8	9	
含义	平布	府绸	斜纹布	哔叽	华达呢	卡其	直贡	麻纱	绒布坯	顺序号

如棉纤维面料编号为"642",第一位数字"6"表示棉纤维面料为卡其类;第二、三位数字"42"表示该卡其品种的顺序号。

2. 印染棉纤维面料的编号　印染棉纤维面料的编号由四位数字构成。第一位数字表示加工类别,后三位数字表示本色棉纤维面料的编号。印染棉纤维面料的编号和含义见表11-3。

表11-3　印染棉纤维面料的编号和含义

编号	第一位数字									第二、三、四位数字
	1	2	3	4	5	6	7	8	9	
含义	漂白布类	卷染染色布类	轧染染色布类	精元染色布类	硫化元染色布类	印花布类	精元底色印花布类	精元花印花布类	本光漂色布类	本色棉布编号

如印染棉纤维面料编号为"6237",第一位数字"6"表示印花面料,第二位数字"2"为府绸类,第三、第四位数字"37"表示该府绸品种的顺序号。

(二)毛纤维面料的编号方法和含义

1.精纺毛纤维面料的编号 精纺毛纤维面料的编号由五位数字组成。自左到右,第一位数字表示产品的原料。其中第一位数字为"2"表示纯毛纤维面料;"3"表示毛混纺或毛交织面料;"4"表示纯化学纤维仿毛纤维面料;第二位数字表示产品的品种;第三、四、五位数字表示产品的顺序号。精纺毛纤维面料的编号和含义见表11-4。

表11-4 精纺毛纤维面料的编号和含义

品 种	品 号		
	纯毛纤维面料	毛混纺或毛交织面料	化学纤维仿毛纤维面料
哔叽	21001～21500	31001～31500	41001～41500
啥味呢	21501～21999	31501～31999	41501～41999
华达呢	22001～22999	32001～32999	42001～42999
中厚花呢	23001～24999	33001～34999	43001～44999
凡立丁、派力司	25001～25999	35001～35999	45001～45999
女衣呢	26001～26999	36001～36999	46001～46999
贡呢类	27001～27999	37001～37999	47001～47999
薄花呢类	28001～29500	38001～39500	48001～49500
其他类	29501～29999	39501～39999	49501～49999

2.粗纺毛纤维面料的编号 粗纺毛纤维面料的编号由五位数字组成。自左到右,第一位数字表示面料的原料。其中第一位数字为"0"表示纯毛纤维面料;"1"表示毛混纺或毛交织面料;"7"表示纯化学纤维仿毛纤维面料;第二位数字表示产品的品种;第三、四、五位数字表示产品的顺序号。粗纺毛纤维面料的编号和含义见表11-5。

表11-5 粗纺毛纤维面料的编号和含义

品 种	品 号		
	纯毛纤维面料	毛混纺或毛交织面料	化学纤维仿毛纤维面料
麦尔登	01001～01999	11001～11999	71001～71999
大衣呢	02001～02999	12001～12999	72001～72999
海军呢、制服呢	03001～03999	13001～13999	73001～73999
海力斯	04001～04999	14001～14999	74001～74999
女式呢	05001～05999	15001～15999	75001～75999
法兰绒	06001～06999	16001～16999	76001～76999
粗花呢	07001～07999	17001～17999	77001～77999
大众呢	08001～08999	18001～18999	78001～78999

如毛纤维面料编号"22026"表示纯毛华达呢。"02368"表示纯毛大衣呢。另外,生产厂家还将工厂所在地代码放于编号前。如"S"表示上海;"B"表示北京;"J"表示江苏;"T"表示天津。

3. 驼绒的编号 驼绒的编号由五位数字组成。第一位数字表示面料的原料。其中第一位数字为"0"表示纯毛驼绒;"1"表示毛混纺驼绒;"7"表示纯化学纤维驼绒;第二位数字表示产品的花型。其中第二位数字为"1"表示花素驼绒;"4"表示美素驼绒;"9"表示条形驼绒;第三位数字表示织造工艺。其中"1"表示纬编;"2"表示经编。第四、五位数字表示面料规格代号。

如驼绒编号"04126"表示纬编纯毛美素驼绒;"71206"表示经编纯化学纤维花素驼绒。

(三)麻纤维面料的编号和含义

麻纤维面料的编号由四位数字组成。第一位数字表示坯布印染加工的类别。第二位数字表示面料的品种类别。麻纤维面料的编号和含义见表11-6。

表11-6 麻纤维面料的编号和含义

位 数	编 号	含 义
第一位	1	漂白布类
	2	染色布类
	3	印花布类
	4	色织面料类
第二位	1	单纱平纹面料
	2	股线平纹面料
	3	单纱提花面料
	4	股线提花面料
	5	单纱交织面料
	6	股线交织面料
	7	单纱色织面料
	8	股线色织面料
第三、第四位	顺序号	

在四位数字前冠以表示原料的字母代号。如冠以R表示纯苎麻纤维面料;RT表示麻涤混纺或交织面料;TR表示涤纶与麻混纺或交织面料;RC表示麻棉混纺或交织面料。

(四)丝面料的编号和含义

丝面料的编号有外销编号和内销编号两种。

1. 外销丝面料的编号和含义 外销丝面料的编号由五位数字组成。第一位数字表示丝面料的原料,分别以"1、2、3、4、5、6"表示,"7"表示被面;第二位数字或第二、三位数字分别表示丝面料所属大类的类别;第三、四、五位数字或第四、五位数字表示品种规格序号。外销丝面料的编号和含义见表11-7。

表11-7 外销丝面料的编号和含义

第一位数字	原 料	第二位或第二、三位数字	大类品种	第三、四、五位数字或第四、五位
1	桑蚕丝绸	0	绡类	
		1	纺类	
2	合成纤维丝绸	2	绉类	
		3	绸类	
3	绢纺丝绸	40～47	缎类	
		48～49	锦类	
4	柞蚕丝绸	50～54	绢类	品种规格序号
		55～59	绫类	
5	人造丝绸	60～64	罗类	
		65～69	纱类	
6	交织绸	70～74	葛类	
		75～79	绨类	
7	被面	80～84	绒类	
		85～89	呢类	

如:丝面料编号"12102"表示真丝双绉;"1160"表示真丝电力纺;"15209"表示真丝塔夫绸。

2. 内销丝面料的编号和含义 内销丝面料的编号由五位数字组成。第一位数字表示用途,其中"8"表示衣着用绸;"9"表示装饰用绸;第二位数字表示原料,衣着用绸的原料分别用"4、5、7、9"表示,装饰用绸的原料分别用"1、2、3、7、9"表示。第三位数字表示丝面料的组织结构;第四、五位数字表示丝面料的规格。在编号前面冠以地区代号。地区代号见表11-8。

表11-8 地区代号

地区	代号	地区	代号	地区	代号	地区	代号	地区	代号
江苏	K	浙江	H	四川	C	湖北	E	重庆	CC
南京	NJ	广东	G	成都	CD	福建	M	江西	J

内销丝面料的编号和含义见表11-9。

表11-9 内销丝面料的编号和含义

第一位数字表示用途		第二位数字表示原料		第三位数字表示组织结构				第四、五位数字表示规格
				平纹	斜纹	缎纹	变化	
8	衣着用绸	4	人造丝纯织	0～2	6～7	8～9	3～5	
		5	人造丝交织	0～2	6～7	8～9	3～5	50～99
		7 蚕丝	纯织	0	3	4	1～2	50～99
			交织	5	8	9	6～7	01～99
		9 合成纤维	纯织	0	3	4	1～2	01～99
			交织	5	8	9	6～7	01～99

第一位数字表示用途		第二位数字表示原料		第三位数字表示组织结构				第四、五位数字表示规格
				平纹	斜纹	缎纹·	变化	
9	装饰用绸	1	被面	0~9				01~99
		2	人造丝交织被面	0~5				01~99
		2	人造丝纯织被面	6~9				01~99
		7	蚕丝纯织被面	0~5				01~99
		7	蚕丝交织被面	6~9				01~99
		9	装饰绸	0~9				01~99
		3	印花被面	0~9				01~99

第二节　纺织面料的选用、裁剪、缝制和熨烫

一、纺织面料的选用

在服装设计和制作中,对面料的选择与应用是从服装的整体出发,应用面料的质地、色彩、性能、工艺技巧和装饰手法等,构成对人体整体服饰的设计。因此,面料的选择是根据服装的款式、风格、服用性能和穿着者的特点来选择,再通过现代化服装工艺实现服装设计、制作与穿着效果。在服装设计中选用面料主要有以下四种方式:一是先有构思,然后画出效果图,再寻找合适的面料;二是由面料萌发设计的灵感;三是根据客户成衣来样,选择面料。四是根据服装品种选择面料。这四种面料选择的方式有所不同,但都要求设计与面料以及服装工艺制作互相密切结合,表现出整体结构的美感。

(一)服装品种与纺织面料的选择

下面以服装品种与纺织面料的选择为例,说明在服装设计与加工中面料的选用。

1.衬衫

(1)男式正规衬衫:可以在正式社交场合及办公室等场合穿着的衬衫。这类衬衫严谨、端庄,对面料要求较高。高档面料可选用全棉精梳高支府绸、毛混纺高支精纺花呢等。大众面料可选用涤棉府绸、细布、纬向弹力棉纤维面料、棉锦交织府绸、小提花面料、牛津纺等。

(2)休闲衬衫:注重穿着轻松舒适,随意自然,款式多样且风格各异。因此面料要舒适自然柔和。如纯棉细平布、府绸、特细条灯芯绒、条格棉布、绒布、泡泡纱、麻黏混纺面料、水洗面料等。

(3)时装化衬衫:多采用流行色和流行面料以及高档的丝绸面料。如华贵的真丝斜纹绸、绉缎、双绉、烂花绡、杭罗、莨绸等。

2.西服　西服面料要求平整挺括,弹性优良,定型效果与保型性要好,选择纯毛纤维面料最为理想。根据款式和价格因素,其他面料也可选择。夏季西服可选择精纺毛纤维面料中的凡立

丁、派力司、薄花呢等;春秋季西服面料选择范围较广,各种纯毛、毛混纺的精纺毛纤维面料均是首选面料,如华达呢、啥味呢、花呢、驼丝锦等;冬季西服面料以选择厚实、保暖、丰满的毛纤维面料为宜,如法兰绒、粗花呢、直贡呢、厚花呢等。纯毛纤维面料制作西服性能好,但价格高,多用于正规西服;休闲西服款式变化多,风格轻松随意,近年来深受消费者欢迎,面料可选择毛混纺花呢、毛黏法兰绒、毛黏粗花呢、涤纶仿毛纤维面料、纯棉卡其、纯棉灯芯绒、水洗面料、涤纶针织面料等。

3. 风衣 风衣面料要求质地紧密,挺括抗皱。一般多选择涤/棉卡其、中长化学纤维面料等制作。随着近年来风衣的时装化,目前所采用的面料也趋于高档化。一种是选择纯涤纶丝面料、锦棉交织面料、涂层面料;另一种是选择高档毛纤维面料,如纯毛缎背华达呢、直贡呢,适用于制作正规的男式风衣,穿着既挺括又庄重。

4. 休闲装 休闲装穿着轻松随意,舒适方便,越来越受到消费者的欢迎。冬季的休闲装可以选择厚实、保暖的面料,如粗花呢、法兰绒、麦尔登、海军呢、人造麂皮等;还可以采用紧密、平滑、防风性好、易护理的涂层面料制作休闲装。春秋季休闲装面料选择范围较广,以棉纤维面料与麻纤维面料最为理想,常用的如纯棉灯芯绒、卡其、帆布、牛仔布、竹节面料、棉弹力面料、棉麻混纺或交织面料、涤麻混纺面料、麻黏混纺或交织面料等。水洗面料制作的休闲装更具有柔和舒适感。

5. 裤子 因穿着的时间、场所、用途不同,裤子的种类有西裤、运动裤、休闲裤、裙裤、喇叭裤、直筒裤、工作裤等。裤子的种类不同,对面料的选择亦有差异。

(1)西裤:西裤近年来一直受欢迎且销量较多,其造型穿着典雅挺拔,要求面料平整挺括,柔软悬垂。精纺毛纤维面料是制作西裤理想的高档面料。为降低成本,涤纶面料制作的西裤在市场上应用也很多。如夏季宜选择凡立丁、派力司、薄花呢、涤纶薄型面料等;春秋冬季西裤可选择弹挺丰满的华达呢、哔叽、驼丝锦、中厚花呢或涤纶仿麻、涤纶仿毛纤维面料。

(2)休闲裤:因其着装轻松舒适,柔和大方,深受消费者的喜爱,在裤子市场上占有很大的比例。棉纤维面料与麻纤维面料是理想的休闲裤面料。如棉纤维面料中的卡其、帆布、斜纹布、直贡、灯芯绒、纯麻纤维面料、麻混纺面料、麻交织面料均是制作休闲裤的面料。水洗布、磨毛卡其制作的休闲裤更具有柔和怀旧、纯朴自然的风格。

6. 童装 童装面料应以柔软舒适、坚牢易洗、价格便宜为选择原则。棉纤维面料易满足童装面料的要求。可选择中细平布、府绸、泡泡纱、绒布、灯芯绒、牛仔布、卡其、细帆布、水洗布等。冬季高档童装可选择粗纺毛纤维面料中的法兰绒、粗花呢及学生呢。针织面料以其较好的柔软性、良好的吸湿性与透气性、较大的弹性与延伸性更能符合儿童服装的穿着需要。如起绒针织面料、弹力针织面料、罗纹面料、网眼面料等均是童装理想的面料。

(二)纺织面料选用中应注意的问题

1. 价格因素 面料的价格要符合服装的档次。如果面料的风格特征符合设计的需要,但价格超出纺织面料的成本预算,就会直接影响到产品的定价策略,最终影响服装的销售。如果价格低,但面料的质感达不到服装造型的效果,则同样会造成不良的结果。所以,面料的性价比是选择面料的因素之一。要根据实用性与审美性的需要,全面衡量面料的价格,分档次、合理地选择与运用。

2. 面料与服装的协调统一　面料的选用是对面料再创造、再丰富的过程,它关系到服装的整体效果。因此选择面料既要考虑服装款式造型的要求和色彩的运用,还要注意与其他服装、服饰及环境的合理搭配。

3. 面料的风格特征对服装效果的影响　面料的原料、纱线结构、组织结构以及染整工艺使面料形成了不同的质感与风格特征。如面料的光面与毛面、轻薄与厚重、柔软与硬挺、平滑与粗糙、弹力与非弹力等,决定着服装的表现效果。在面料的选用中要注意合理地把握。

二、纺织面料的裁剪

裁剪工艺是将面料、里料、衬料和其他材料按照纸样要求裁剪成合格衣片的过程。纺织面料因原料、纱线结构、组织结构以及染整加工的不同使面料性能各异。纺织面料的性能影响裁剪工艺,不同面料其裁剪要求不一。

(一)不同缩水性的面料

缩水性大的面料,裁剪前应先下水预缩,晾干后再裁剪,如棉纤维面料、麻纤维面料、丝面料、黏胶纤维面料等;缩水性小的面料,裁剪前不必下水预缩,也不必把尺寸留得很大,如涤纶面料不需缩水直接裁剪即可。毛纤维面料不宜落水预缩,采用在裁剪前喷水预缩,从反面烫干再进行裁剪的方式。

(二)丝面料

丝面料裁剪时容易滑动或纠缠,裁剪时要尽量少移动或用重物压住。为了防止裁片移位走样,可用大头针将面料别在大小相当的牛皮纸上,别针时要注意丝缕的横平竖直,要使面料自然舒展,合成纤维长丝面料用电刀多层裁剪时,要注意电刀摩擦发热而引起合成纤维面料局部熔融。

(三)松结构面料及易变形的面料

对于结构稀松、易脱散的面料及尺寸不稳定易变形的面料,裁剪时用力要轻,避免拉、抻。裁片不要长时间悬挂,以免产生伸长,对服装尺寸造成影响。另外,裁剪时还可适当加宽放缝,如乔其纱、松结构的粗花呢、女衣呢、针织面料、黏胶纤维面料等。

(四)弹力面料

弹力面料以其特有的舒适合体性及良好的折皱回复性满足了现代人类生活方式的需求,应用广泛,深受人们的喜爱。在制作弹力面料的服装时要与其他面料有所不同,而且随着弹性纤维含量的增加,面料的弹性、延伸性将增大,因此应采取一定措施控制面料的拉伸性,以避免面料产生变形,影响成衣的形态稳定。如在裁剪前应将弹力面料平摊松弛一段时间,使其恢复自然状态再进行裁剪。操作时不可用力过大,以免引起延伸。

三、纺织面料的缝制

面料缝制工艺会影响产品的外观质量与服用性,且缝制的方法与缝纫工艺参数的选择因面料的种类不同而有差异。缝纫工艺参数主要是指压脚压力、缝纫线张力、线迹密度、送布牙高度等。

(一)正确选择缝纫工艺参数

缝纫线张力的大小是决定线迹松紧的主要因素之一。面料在缝制过程中若缝线张力不当，会产生针迹处起皱现象。合成纤维面料比其他纤维面料容易在缝制中起皱，轻薄型面料比厚重型面料易皱，长丝面料比短纤维面料易皱，组织紧密者比疏松者易皱。缝厚型面料时，面线与面料的摩擦较大，挑线杆收线较费劲，因此面线张力应调大一些。薄型面料在缝制时，压脚的压力应小些。缝制厚型面料时压脚的压力则应大些。缝制细薄合成纤维面料时，在压脚下衬垫薄纸，并用双手协助平整送布，可减少起皱。线迹的密度对可缝性能也有影响。缝线张力过大，针迹过密，缝速过快，都易引起面料起皱。目前纬向弹力面料制作服装较多，这类面料由于有较大的伸缩性，缝纫时要特别注意校正缝线的张力，以免面料伸长时缝线被拉断。

送布牙的工作高度指送布牙上升至最高位置时，露出针板面的高度。缝制较厚或较硬的面料时，送布牙的工作高度要高；缝制较薄较软的面料时送布牙工作高度要低些。在缝制一般面料时，送布牙工作高度约为 $0.7 \sim 0.9$mm，缝厚型面料可调至 1mm，缝薄型面料则可调至 0.5mm。

(二)缝纫线、缝针应与面料相匹配

面料所用的原料成分、纱线线密度、密度、厚薄、组织结构等不同，所选择的缝纫线的原料、规格、缝针与针距也不同。一般来说，缝纫线的原料应尽量与面料相同或相近，以保证面料与缝线的缩水性、耐热性、强度、弹性等相匹配，使服装形态稳定。针织面料和弹力面料要选择弹力较好的缝线缝制，以适应服装伸缩的需要。薄型面料要选择较细的缝纫线，厚型面料则要选择较粗的缝纫线来缝制。面料、缝纫线和缝针的选配见表 11 - 10。

表 11 - 10　面料、缝纫线和缝针的选配

面料品种	纯棉缝纫线	涤/棉线	锦纶线	涤纶线	缝针号数
薄型面料	80/4 60/3	60/3	100/3	75/3 60/3	9~11
中厚型面料	42/3 38/3 32/2	42/3	75/3 65/3	60/3 50/3 40/3	12~14
厚型面料	60/6 16/3	42/3	35/3	40/3	16~18

四、纺织面料的熨烫原理和工艺

熨烫是利用熨烫工具，通过热、湿、压力的作用使面料平整、挺括的定形过程或进行"推、归、拔"处理的过程。

(一)纺织面料的熨烫原理

利用面料在热或湿热条件下拆散纤维分子内部的旧键，使纤维产生较大的变形能力，经过压烫后冷却，便在新的位置上建立平衡并产生新键，将形态固定下来，从而赋予面料平整、倒伏、

褶裥的外观效果。

（二）纺织面料的熨烫工艺

熨烫工艺与纺织面料的耐热性和热稳定性有关,熨烫效果的好坏取决于温度、湿度、压力、时间和冷却等因素。

1. 熨烫温度 温度在熨烫过程中起着主要作用,是影响定形效果的主要因素。温度越高,定形效果也就越好。温度过低,水分不能汽化,无法使纤维中的分子产生运动,达不到熨烫的目的。但温度过高,超过纤维的承受范围,会引起面料熔化、炭化或燃烧。因此关键是根据纤维的种类掌握适宜的温度。同时也要考虑:同类原料的面料,厚型比薄型熨烫温度高;纹面类比绒面类熨烫温度高;湿烫比干烫温度高。易变色的面料熨烫温度应适当降低。对于混纺或交织面料,熨烫温度应根据其中耐热性较低的一种纤维而定。由此可见,纺织面料的熨烫需要一定的温度控制。

常见纺织面料适宜的熨烫温度见表 11 – 11。

表 11 – 11 纺织面料适宜的熨烫温度

面料的成分	直接熨烫温度(℃)	垫干布熨烫温度(℃)	垫湿布熨烫温度(℃)
棉	175 ~ 195	195 ~ 220	220 ~ 240
麻	185 ~ 205	200 ~ 220	220 ~ 250
羊毛	160 ~ 180	185 ~ 200	200 ~ 250
桑蚕丝	165 ~ 185	190 ~ 220	200 ~ 230
柞蚕丝	155 ~ 165	180 ~ 190	190 ~ 220
黏胶纤维	160 ~ 180	190 ~ 200	200 ~ 220
涤纶	150 ~ 170	180 ~ 190	200 ~ 220
锦纶	125 ~ 145	160 ~ 170	190 ~ 220
腈纶	115 ~ 135	150 ~ 160	180 ~ 210

2. 熨烫湿度 熨烫时在面料或服装上洒点水或垫上湿布,以利于借助水分子的润滑作用,使纤维润湿、膨胀、伸展,较快地进入预定的排列位置,在热的作用下定形。熨烫时对面料的给湿程度取决于面料的纤维成分和厚薄程度。一般质地较轻薄的棉、麻、丝、黏胶纤维、合成纤维面料都可在熨烫前喷水,过一段时间,等水点化匀后再熨烫。厚型的羊毛、涤纶、腈纶等面料,因质地厚实,给湿量要略多一些。但水喷得过多,熨烫温度会下降,面料不易烫干,因此最好垫一层湿布熨烫。柞蚕丝面料不能喷水,否则易出现水渍印。给湿的方法除上述直接喷水和垫湿布以外,目前多采用给湿加热同时进行的蒸汽熨烫,此方法使用方便,快速高效。

3. 熨烫压力 熨烫压力的大小取决于面料所用纤维的种类和面料的质地。质地轻薄、组织结构较松的面料,熨烫压力宜轻;质地厚重、组织结构较紧密的面料,熨烫压力宜重;垫湿布熨烫时用力要重;绒面面料最好采用蒸汽冲烫,以免绒毛压倒;易产生极光的面料压力要轻。

4. 熨烫时间 熨烫时间关系到定形效果和对面料的影响。若时间过短,面料未充分定形,时间过长,面料局部受损。因此熨烫时熨斗在面料的同一部位应不停地摩擦移动,同一部位移动熨烫时间一般为3~5s,并根据具体面料和服装部位灵活掌握。热稳定性好的面料、含湿量高的面料、厚型面料熨烫时间可长些;质地轻薄、结构稀松的面料熨烫时间宜短。

5. 熨烫后冷却 熨烫后,通过急骤冷却,才能使纤维分子在新的位置上停止或减少运动,以达到完全定形的目的。冷却有机械冷却法和自然冷却法两种。机械冷却法是在熨烫中或熨烫完毕后,通过抽风机将水分、余热全部抽掉,即可迅速冷却。家庭熨烫可准备一把凉熨斗,进行一热一冷定形。自然冷却法是熨斗离开面料后自然降温,为加快速度,最好将其挂在通风处进行冷却。

(三)纺织面料的熨烫要点

1. 棉纤维面料的熨烫 采用蒸汽熨烫、喷水或垫湿布进行高温熨烫的方法,也可使面料在半干状态时直接熨烫。白色和浅色面料直接熨烫正面,深色面料宜熨烫反面以避免出现极光。灯芯绒、平绒、绒布的熨烫在垫湿布或蒸汽熨烫时用力不宜重且熨斗走向要均匀。

2. 毛纤维面料的熨烫 采用蒸汽熨烫或垫湿布进行熨烫的方法。具体操作要根据面料的厚薄及结构而有所不同。如薄花呢、凡立丁、派力司等薄型面料可用湿布进行直接熨烫。而华达呢、贡呢、中厚花呢等结构紧密、纹路清晰饱满的面料不宜熨烫正面,以免产生极光。绒面风格的面料宜采用蒸汽熨烫,熨烫时勿重压,以防止绒毛倒伏。麦尔登、大衣呢等厚重型面料可用力稍大些,熨烫时间稍长些,以达到充分的定形。

3. 麻纤维面料的熨烫 采用喷水或垫湿布进行高温熨烫的方法。喷水要均匀且含水量约在20%~25%之间。若需要光泽可直接在正面熨烫,反之可在反面熨烫。

4. 蚕丝面料的熨烫 采用垫湿布、蒸汽、喷水或半干时进行熨烫的方法。半干时在反面直接熨烫较易操作。如熨烫正面需垫湿布,以免温度过高引起泛黄或变色。缎类丝面料易擦伤起毛,应熨烫反面。绒类丝面料要用蒸汽熨斗冲烫,以防绒毛倒伏。薄型蚕丝面料熨烫时间宜短,熨斗用力要轻且均匀。柞蚕丝面料不可喷水熨烫,否则会出现水渍。

5. 涤纶面料的熨烫 涤纶纤维具有优良的热塑性,其面料较容易熨烫且定形效果好,采用喷水或垫湿布进行熨烫的方法。薄型面料轻熨即可达到定形效果。深色面料宜熨烫反面。

6. 锦纶、腈纶面料的熨烫 在反面低温熨烫,温度过高会收缩、发黏、变色。

7. 维纶面料的熨烫 必须干烫,喷水、垫湿布会引起湿热收缩,温度过高也会发生收缩。

8. 黏胶纤维面料的熨烫 采用喷水或蒸汽熨斗进行熨烫的方法。轻薄疏松的面料宜在反面垫布熨烫,以免损伤面料。熨烫较厚或深色的黏胶纤维面料正面时,用力要适当,才能达到平挺而无极光的效果。

第三节 纺织面料的洗涤

面料在纺织、染整、运输、储存、成衣加工和服装日常穿着中会形成脏污。面料脏了以后就要进行洗涤,否则不仅影响美观,而且污垢堵塞了面料的缝隙,妨碍正常的排汗和透气性能,致使穿着者感觉不舒适。同时污垢、油渍也为细菌和微生物提供了生长繁殖的场所,甚至影响人体的健康。

一、洗涤方法

洗涤方法根据所采用的溶剂不同分为水洗和干洗两种。

（一）水洗

水洗是借助水、洗涤剂、温度和机械力的作用去除污垢。一般面料均可采用水洗，方便易行，适合家庭洗涤。日常水洗主要是手洗和机洗，也可手洗与机洗相结合。机洗就是用洗衣机洗涤，省时省力，是洗涤的常用方法，应用范围广。但对于轻薄易损的丝绸、易缩绒变形的纯毛纤维面料等不宜机洗，宜采用手洗。若要采用机洗，应选择轻柔且短时间洗涤，以保证面料完好不变形。水洗又可分为搓洗、挤压洗、刷洗等。要根据面料的特征来选择合适的水洗方式。

（二）干洗

干洗是利用有机溶剂如汽油、三氯乙烯、四氯乙烯等将衣物上的污垢溶解并挥发，从而达到洗涤清洁的目的。整个洗涤过程由于不用水，洗涤物不湿，故干洗后面料不变形，整理容易且快干。该洗涤方法主要用于水洗后易变形、褪色及质地精致、细薄易受损的面料，如纯毛纤维面料、纯真丝面料等。干洗对于各种油溶性污垢有去除的作用，具有水洗所达不到的效力。如经干洗的面料不变形、不褪色，能保持面料原有的质地和色泽，解决了高档面料不能水洗的问题。但干洗对于一些水溶性污垢去除能力差，浅色较脏的面料洗净力较差，且干洗费用较高，采用的有机溶剂有易燃和中毒的危险性。干洗前还应将衣物随带的钮扣摘除，以免被干洗剂溶解。

二、洗涤剂的选择

去除面料上的污垢、油渍单靠水洗是达不到目的的，必须借助于洗涤剂。常用的洗涤剂有肥皂、洗衣粉、液体洗涤剂等。洗涤剂所含成分、助剂不同，其特性、去污力和洗涤范围也不同。因此应根据面料的种类和污渍特点选择合适的洗涤剂，以保证洗涤的效果和面料的完好性。各种洗涤剂的特点和选择应用范围见表11－12。

表11－12　洗涤剂的特点和选择应用范围

洗涤剂		特　　点	应　　用
一般肥皂		碱性，去污效果好，但碱性过大，对面料和人体皮肤有刺激，起泡性好，耐硬水性差	棉、麻及其混纺或交织面料，如床上用品、台布、毛巾、棉、麻纤维面料的服装等
洗衣粉	一般洗衣粉	碱性，去污力较强，应用多，但对蚕丝面料、毛纤维面料不适用	棉、麻、化学纤维面料，手洗与机洗均可
	加酶洗衣粉	含有碱性蛋白酶，能催化水解污垢中的蛋白质，对奶渍、汗渍、血渍有特殊去污效果	棉、麻、化学纤维面料，尤其对有奶渍、汗渍、血渍的面料及服装的领子、袖口等处，去污效果好
	增白洗衣粉	含有荧光增白剂，能增加面料洗后的光泽和洁白度，使白色面料增白	棉、麻及化学纤维浅色面料
液体洗涤剂		中性或弱碱性，易于溶解，使用方便，性能温和，对天然丝面料与毛纤维面料无损伤	蚕丝面料、毛纤维面料

三、纺织面料的洗涤要点

纺织面料由于原料不同,其性能各异。因此在洗涤时浸泡时间、洗涤的水温、洗涤的方式、晾晒方法及注意事项也各不相同。下面是各种纺织面料洗涤的要点。

(一)棉纤维面料

棉纤维面料的耐碱性强,不耐酸,抗高温性好,可用各种肥皂、洗衣粉或洗涤剂洗涤。洗涤前,可放在水中浸泡若干分钟。浸泡时间视面料的种类和脏污程度而定,不宜过长,以免颜色受到破坏。对于纯棉内衣面料不要用热水浸泡,以免使汗渍中的蛋白质凝固而黏附在面料上,且会出现黄色的汗斑。

(二)毛纤维面料

因羊毛纤维耐碱性差,所以洗涤毛纤维面料时要用中性洗涤剂。毛纤维面料具有缩绒性,为防止其收缩变形,洗涤水温不宜高,用力不宜大,洗涤温度不宜超过30℃。通常在25℃以下温水中倒入洗涤剂,将待洗面料浸入,浸泡5min左右后轻揉挤压,然后用清水漂洗。洗涤时切忌用搓板搓洗,若使用机洗,应选择轻柔且洗涤时间不宜太长,以防止面料产生缩绒,从而影响产品的外观和使用价值。洗涤后不要拧绞,用手挤压除去水分然后沥干。用洗衣机脱水时以半分钟为宜。晾晒时要在通风处,不要在强日光下曝晒,以防止面料失去光泽和弹性。

(三)麻纤维面料

麻纤维刚硬,而且抱合力差,因此洗涤麻纤维面料时用力要轻,切忌使用硬刷刷洗,以免面料起毛。漂洗后不宜用力拧绞,深色面料不要用热水浸泡,也不宜在阳光下曝晒,以免褪色,影响产品的外观。

(四)丝面料

蚕丝面料耐碱性、耐晒性均差,而且其纤维纤细柔软,因此在洗涤蚕丝面料时要倍加小心,洗涤剂要选择中性洗涤剂,如市场上出售的丝绸洗涤剂,采用手洗的方法进行。将一盆5L30℃左右的温水,加入18mL左右的丝绸洗涤剂调匀,将待洗的蚕丝面料放入洗液中,浸泡10～15min,轻搓后漂洗,然后在阴凉处晾干。切忌曝晒,以防止面料的色泽、弹性和手感受到影响。对于局部的顽固性污渍取洗涤剂少许涂于污渍处,轻揉后即刻投入水中浸洗。

(五)黏胶纤维面料

黏胶纤维面料缩水性大,湿强力比干强力低得多,故洗涤时要采用轻揉的方式。选择中性洗涤剂或低碱洗涤剂均可,洗涤液温度在45℃以下。漂洗完后带水晾干,切忌拧绞。洗后不宜曝晒,在阴凉处晾干。

(六)涤纶面料

涤纶面料耐酸碱性和强力均较好,洗涤较易掌握,选择一般的洗衣粉即可,洗液温度一般在30～45℃之间。对于领口、袖口较脏处可用衣领专用洗涤剂涂刷。洗涤漂洗完后,可轻轻拧绞,然后置于阴凉通风处晾干,不要曝晒,不宜烘干,以免因热产生皱缩。

(七)腈纶面料

将待洗面料先在温水中浸泡10～15min,然后用一般洗衣粉洗涤,要轻揉。厚型腈纶面料可用软毛刷洗刷,然后脱水去除水分。腈纶因具有优良的耐晒性,故其面料可以在阳光下晾晒。

（八）锦纶面料

将待洗面料先在冷水中浸泡 10~15min，然后用一般洗衣粉洗涤，洗液温度不宜超过 45℃。锦纶耐晒性较差，故其面料洗后不宜在阳光下晾晒，在通风处阴干为宜。

（九）混纺面料

混纺面料的洗涤，要根据混纺成分和比例多少决定洗涤方法。化学纤维与毛纤维混纺，按毛纤维面料的洗涤方法操作。化学纤维与棉、麻纤维混纺的则采用化学纤维面料的洗涤方法。还可按混纺比例来选择洗涤方法，即按混纺比例大的纤维面料的洗涤方法进行洗涤。

四、国际常用的洗涤标志

为了使消费者能够正确洗涤、熨烫、晾晒、保养面料，国际上以通用、直观的图形符号来表示出面料的洗涤方法，这就是国际通用的洗涤标志。这些标志以水洗唛的形式缝制在服装侧缝以及刷印在服装吊牌上，使消费者合理、正确地使用面料。常见纺织面料的洗涤标志见下图。

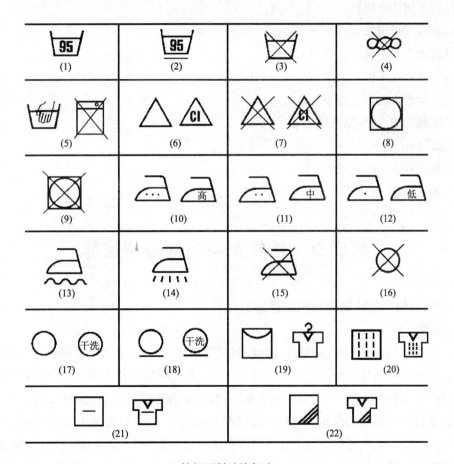

纺织面料洗涤标志

（1）表示可以水洗，横线下的数字表示洗涤的温度。

（2）表示可以水洗，但要小心，缓和。

（3）表示不可水洗。

（4）表示洗后不可拧绞。

（5）表示只可用手轻揉、冲洗，不可机洗。

（6）表示可以使用含氯的漂剂，图中并列的图形符号为同义符号，可根据销售对象选用。以下同。

（7）表示不可使用含氯的漂剂。

（8）表示可以放入转筒或干洗机内干燥处理。

（9）表示不可使用转筒或干洗机干燥处理。

（10）熨烫标志，表示熨斗底板最高温度可达200℃。

（11）熨烫标志，表示熨斗底板最高温度可达150℃。

（12）熨烫标志，表示熨斗底板最高温度可达110℃。

（13）表示垫湿布熨烫。

（14）表示用蒸汽熨烫。

（15）表示不可熨烫。

（16）表示不可干洗。

（17）表示常规干洗。

（18）表示干洗时需倍加小心。

（19）晾晒标志，表示悬挂晾干。

（20）晾晒标志，表示悬挂滴干。

（21）晾晒标志，表示平摊干燥。

（22）晾晒标志，表示阴干。

第四节　纺织面料的储藏和保养

一、纺织面料变质的情况和预防措施

（一）发霉

纺织面料发霉是由于存在着温度、湿度、氧气等微生物生长、繁殖的客观条件。温度在26～35℃时，最适宜于霉菌生长繁殖。随着温度的降低，霉菌的活动能力降低，一般在5℃以下时，霉菌停止生长。纺织面料本身含有一定水分，当所含水分超过公定回潮率时，便满足了霉菌滋生、繁殖的条件。纺织面料存在的空间一般都有丰富的氧气，这是霉菌生长繁殖的一个重要条件。而纺织面料本身，其原料和加工过程中附着的一些物质，如纤维素、蛋白质、淀粉、胶质等均是霉菌赖以生存、繁殖的养料。由于这些自然因素的存在，加上在加工、运输、保管过程中，由于退浆不净、包装或保管不善等人为因素，使霉菌得以生存、繁殖。纤维素纤维面料因其组分的原因更易发霉。

预防发霉的措施是在面料使用和储藏过程中使面料保持清洁、干燥、低温。生产加工和流通过程中,仓储保管要采取通风、排湿、密闭、降温、防潮、防热等措施,并注意清洁。还可采取喷射抑菌药品等措施,以达到预防的目的。

(二)虫蛀

由蛋白质纤维构成的面料易被虫蛀。毛纤维面料中因其原料成分含有角质蛋白质,所以会发生虫蛀现象;棉、麻及合成纤维面料的原料中虽然不含蛋白质,但在加工过程中或包装物上有残留物质,也会遭虫蛀。

预防面料虫蛀的措施是保持面料干净、干燥、通风。面料入库时要仔细查看包装用料。对盛放面料的货架及铺垫材料应进行消毒。仓库要洁净,防止各种油污、污垢沾染面料。对于家庭储存毛纤维面料应在衣橱内放置樟脑球等杀虫剂,但樟脑球要选购有一层无纺布包装好的品种,以免樟脑球沾染衣物。

(三)泛黄、变色

面料中经漂白加工的产品,由于在练漂时皂洗不净、脱氯不净,或在裁剪缝纫中沾染汗渍,或熨烫后未充分冷却而带热包装,使面料过度吸湿或仓储时间过长、过于潮湿、通风不好,都会不同程度地发生泛黄现象。一部分用直接染料加工的纺织面料,由于风吹、日晒也会使颜色由深变浅等。

预防面料泛黄、变色的措施是仓库要通风、防潮,面料要存放在不受阳光直射的地方。橱窗、货柜陈列的面料要时常更换,以免时间过久而发生风渍、褪色、泛黄等现象。

(四)脆损

面料在加工过程中因各种染化料用量不当和印染操作不当会使面料脆损。面料长期受到空气、日晒、风吹、闷热、潮湿的影响或接触到酸、碱等腐蚀性物质均会使面料发生强度降低、光泽变暗的脆损现象。

预防面料脆损的措施是防热、防光。面料要存放于通风、不受阳光直接照射的地方,并控制好仓储的温湿度。

二、纺织面料的储藏和保养要点

(一)棉、麻纤维面料

棉、麻纤维面料一般不怕日晒,但长时间在日光下曝晒会降低服用的坚牢度,尤其易使面料褪色或泛黄,因此应忌曝晒,并最好晾晒反面。使用过程中应避免沾上酸液引起腐蚀破损。绒类面料要尽量减少压、磨,以防脱绒及产生色泽差异。棉、麻纤维面料的服装洗净、晒干、熨烫后,叠放平整,且深浅色面料宜分开存放。棉、麻纤维面料易吸湿,收藏时要避免潮湿、不通风以及衣橱不洁引起的霉变。

(二)毛纤维面料

毛纤维面料宜选择阴凉处晾晒,曝晒会引起褪色和光泽、弹性、强度的下降。较厚的深色面料晾晒时间可以长些,较薄的浅色面料晾晒时间宜短。毛纤维面料的服装穿着时不要与尖锐、粗糙的物品或强碱性物质接触,防止起毛或腐蚀。粗纺毛纤维面料在服用中还要注意尽量减少摩擦,以免绒毛脱落,露出底纹。面料在收藏前应洗净、熨烫、晾晒,待充分干燥、凉透后,悬挂于衣橱中,并放入包装好的樟脑球,以防虫蛀。收藏过程中应适当打开衣橱,让其通风透气。

(三)丝面料

蚕丝面料不宜在日光下曝晒,以免褪色,强度下降,手感变硬,光泽暗淡。穿着蚕丝面料的服装时,注意不要与粗糙或锋利物品接触,防止钩丝。柞蚕丝面料的服装还应避免沾水渍,否则较难去除。蚕丝面料的服装在收藏时应先洗净、晾干、熨烫后,叠放平整,不宜长期吊挂在衣橱中,以免使面料悬垂伸长。最好采用平放的方式。

(四)化学纤维面料

化学纤维面料不宜长时间日晒,否则会老化变硬,强度下降,变色或褪色。化学纤维面料的服装在收藏时应洗净、晾干、熨烫后,叠放平整。化学纤维面料一般不会虫蛀、霉变,存放时不需放樟脑球。如存放化学纤维与毛纤维混纺面料的服装时,可放入少量樟脑球。

第五节　纺织面料污渍的去除

纺织面料在使用过程中会沾染污渍,有些污渍采用常规的水洗或干洗方法无法去除,这时应选择适当的去污剂或化学药品进行局部去除。

一、污渍去除的原则

根据不同纤维材料、不同污渍,采用不同的去污剂进行除渍。

(一)沾上污渍尽可能及时去除

面料沾上污渍后要及时去除,时间过长,污渍会渗透到纤维内部与纤维牢固结合,甚至发生化学反应,以致不能去除。

(二)不同类型的污渍采取不同的措施

同一种污渍在不同面料上,选用的去污剂和方法各不相同。要根据污渍的性质和面料的种类,选用适当的去污方法和去污剂。

(三)不同种类的面料采取不同的措施

某些去污剂对部分纤维或色泽有损,需先了解面料的纤维成分,再选用合适的除渍剂和方法。

(四)动作要轻快,切忌剧烈硬刷

去污时动作要轻而快,由污渍外围向中心擦拭,以防污渍扩散。

二、污渍去除的一般方法

不同的面料应采用不同的去污方法。目前污渍去除的主要方法有喷射法、浸泡法、擦拭法和吸收法。

(一)喷射法

利用喷射枪喷射力的作用去除水溶性污渍的方法。适用于结构紧密、承受能力强的面料。

（二）浸泡法

利用化学药品或去污剂与面料上的污渍有充分的反应时间以达到去除污渍的方法。适用于污渍与面料结合紧密且污渍面积较大的面料。

（三）擦拭法

利用刷子或干净的细白布等工具对污渍擦拭以去除污渍的方法。适用于污渍渗透较浅或较易去渍的面料。

（四）吸收法

对面料上的污渍注入去污剂后，待其溶解，然后再用棉花吸收被去除的污渍的方法。适用于质地精细、结构疏松且易脱色的面料。

三、污渍去除时应注意的问题

（一）注意安全

汽油、酒精、松节油等为易燃品，使用和存放时要远离火种。草酸要注意防毒，有机去污剂用后要加盖密封，以防挥发。

（二）注意去污剂的性质和使用方法

强酸会使棉、麻、黏胶纤维等面料炭化，应注意掌握浓度、温度和时间。丝、毛纤维面料不用氨水或碱水除渍，必要时浓度一定要低，操作要快。用有机溶剂去除化学纤维面料上的污渍时，要防止面料溶解而导致破损。染色与印花面料要防止褪色与搭色现象。

四、常见污渍的去除

常见污渍的去除方法见表 11－13。

表 11－13 常见污渍的去除方法

污渍种类	去 除 方 法
油渍	用干净的布或软毛刷蘸汽油擦拭，然后用温水洗净
墨汁	新墨渍用米饭粒涂于污渍处揉搓，然后用洗涤剂搓洗，清水漂洗。旧墨渍用酒精和肥皂按 1：2 制成的混合液反复涂擦，然后用清水漂洗
蓝墨水渍	新渍立即浸于冷水中，用肥皂搓洗即可去除。旧渍用 2% 草酸溶液浸洗，再用洗涤剂搓洗，最后用清水洗净
红墨水渍	新渍用冷水浸泡洗去浮色，再用洗涤液浸泡 15min 左右搓洗。旧渍先用洗涤剂洗涤，再用 10% 酒精溶液搓洗或用高锰酸钾溶液洗涤
圆珠笔油	冷水浸泡后，用苯或四氯化碳擦拭，或用冷水浸湿，涂上牙膏加少量肥皂揉搓，再用酒精去除
鞋油	用汽油、松节油或酒精擦拭，然后用洗涤液洗涤
汗渍	将污渍处浸泡在浓盐水中大约 15min，然后用洗涤剂搓洗
水果汁渍	新渍用食盐水揉洗即可去除。旧渍可用冲稀 20 倍的氨水擦拭，再用洗涤剂揉洗
血渍	切忌用热水洗，以免遇热凝固，难以去除。用冷水浸泡 15min 后，在污渍处用加酶洗衣粉揉搓，然后用清水冲洗

污渍种类	去 除 方 法
酒渍	新渍用水冲洗即可。旧渍用2%的氨水和硼砂水混合液揉洗,再用清水漂洗
酱油	新渍用冷水浸泡,然后用肥皂或洗涤剂洗涤。旧渍可在洗涤剂中加2%的氨水洗涤,然后清水漂洗
皮鞋油渍	用汽油或酒精擦拭,再用肥皂洗净,清水冲洗
蜡笔或复写纸渍	用酒精擦拭污渍,再用温的洗涤剂搓洗,然后清水漂洗
霉渍	新生成的霉渍用刷子沾温水刷洗,再用酒精擦拭,然后漂洗。旧霉渍用稀氨水浸泡几分钟,再用高锰酸钾溶液处理,最后用亚硫酸氢钠溶液水洗
铁锈	用1%的草酸溶液搓洗,然后用清水漂洗

五、纺织面料使用的注意事项

纺织面料在穿着、洗涤、熨烫、保管等过程中,对面料的品质会产生影响。如穿着中会引起的水渍、汗渍、易折皱、污渍难以去除,洗涤后面料产生收缩、沾色、变色、变形等。合理地使用面料会延长其使用价值并长久保持其优良的品质。

面料在使用过程中应注意以下事项:

(1)不同颜色的面料要分开清洗,以避免颜色失去光泽或产生沾染。提花面料或多彩色织面料不宜长时间浸泡,以避免因此产生的串色。棉针织面料切勿使用高温烘干机烘干,否则易变形。麻纤维刚硬,抱合力差,其面料洗涤时要比棉纤维面料轻些,切忌使用硬刷用力揉搓,以免布面起毛。

(2)毛纤维面料的服装标识干洗的请注意选择专业干洗店进行洗涤。若标识可手洗的服装,浸泡时间不宜长。毛针织面料要摊平阴干,不可曝晒,勿吊挂存放,储藏时注意通风干燥。因毛纤维面料容易虫蛀,收藏前,首先要洗干净且放在阴凉通风处晾干,整烫平整后放入防蛀剂,但防蛀剂不能与面料直接接触,否则会使面料产生斑迹。

(3)丝面料在缝制服装时要注意尺寸不宜过小、过紧,穿着时要防止面料与座垫剧烈摩擦,以免产生抽丝现象,还要防止钩挂。夏季穿用蚕丝面料服装要及时洗涤,不宜带汗过久,否则对面料的结构将会产生影响。漂洗后勿拧,带水晾干时,含水量在10%左右进行烫平。

(4)有珠片、亮片等饰缀的面料,因饰缀极易脱落,需要小心手洗。不宜挤压、拖甩、拉扯,而且要与其他面料分开清洗。穿着时要小心,以免绣花、珠子或珠片被钩起。熨烫时不能用熨斗直接烫于珠片上,应将熨斗离珠片3cm以上,用熨斗的蒸汽来回喷烫。

☞ 思考题

1. 试解释毛纤维面料与丝面料编号的方法和含义,并举例加以说明。

2. 纺织面料的熨烫温度和熨烫要点是什么?

3. 常用的洗涤剂有哪些? 各自有什么特点? 分别适用于什么面料的洗涤?

4. 水洗和干洗各有何特点？哪些面料应采用干洗的方法？

5. 举例说明常见纺织面料的洗涤要点，并在实际洗涤中加以运用。

6. 晾晒时哪些面料要阴干？哪些面料要平摊晾干？请说明理由。

7. 熨烫的作用是什么？影响熨烫效果的因素有哪些？

8. 什么是国际常用的洗涤标志？熟记各项洗涤、干燥和熨烫标志。

9. 为下列服装选择合适的面料，并说明理由。

（1）正规西装

（2）夏季衬衫

（3）男式夹克衫

参考文献

[1]周璐瑛,吕逸华.现代服装材料学[M].北京:中国纺织出版社,2000.

[2]张一心.纺织材料[M].北京:中国纺织出版社,2005.

[3]姜怀.纺织材料学[M].北京:中国纺织出版社,2003.

[4]于伟东.纺织材料学[M].北京:中国纺织出版社,2006.

[5]陈继红,肖军.服装面辅料及服饰[M].上海:东华大学出版社,2003.

[6]刘建华.纺织商品学[M].北京:中国纺织出版社,1997.

[7]于新安.纺织工艺学概论[M].北京:中国纺织出版社,1998.

[8]中国纺织大学绢纺教研室.绢纺学[M].北京:纺织工业出版社,1986.

[9]李允成,徐心华.涤纶长丝生产[M].2版.北京:中国纺织出版社,1995.

[10]蔡陛霞.织物结构与设计[M].北京:中国纺织出版社,2002.

[11]黄翠蓉.纺织面料设计[M].北京:中国纺织出版社,2007.

[12]刘森.纺织染概论[M].北京:中国纺织出版社,2004.

[13]陶乃杰.染整工程[M].北京:纺织工业出版社,1991.

[14]滑钧凯.纺织产品开发学[M].北京:中国纺织出版社,1997.

[15]陈运能,范雪荣,高卫东,等.新型纺织原料[M].北京:中国纺织出版社,1998.

[16]马大力,晏细红,刘晓洁,等.服装材料概论[M].北京:化学工业出版社,2005.

[17]杨建忠.新型纺织材料及应用[M].上海:东华大学出版社,2003.

[18]张镁,胡伯陶,赵向前,等.天然彩色棉的基础和应用[M].北京:中国纺织出版社,2005.

[19]中国化纤总公司.化学纤维及原料实用手册[M].北京:中国纺织出版社,1996.

[20]徐亚美.纺织材料[M].北京:中国纺织出版社,2002.

[21]王曙中.高科技纤维概论[M].北京:中国纺织出版社,1999.

[22]邢声远.纺织纤维[M].北京:化学工业出版社,2004.

[23]王建坤.新型服用纺织纤维及其产品开发[M].北京:中国纺织出版社,2006.

[24]言宏元.非织造工艺学[M].北京:中国纺织出版社,2000.

[25]邢声远,江锡夏,文永奋,邹渝胜,等.纺织新材料及其识别[M].北京:中国纺织出版社,2002.

[26]周世洪.服装面料[M].北京:纺织工业出版社,1991.

[27]邢声远,孔丽萍.纺织纤维鉴别方法[M].北京:中国纺织出版社,2004.

[28]曹修平.印染产品质量控制[M].2版.北京:中国纺织出版社,2002.

[29]杨静.服装材料学[M].北京:高等教育出版社,1995.

[30]朱进忠.实用纺织商品学[M].北京:中国纺织出版社,2000.

[31]朱松文.服装材料学[M].3版.北京:中国纺织出版社,2002.

[32]贺庆玉.针织工艺学(纬编分册)[M].北京:中国纺织出版社,2000.

[33]沈雷.针织工艺学(经编分册)[M].北京:中国纺织出版社,2000.

[34]杨尧栋,宋广礼.针织物组织与设计[M].北京:中国纺织出版社,1998.

[35]蒋高明.现代经编产品设计与工艺[M].北京:中国纺织出版社,2002.